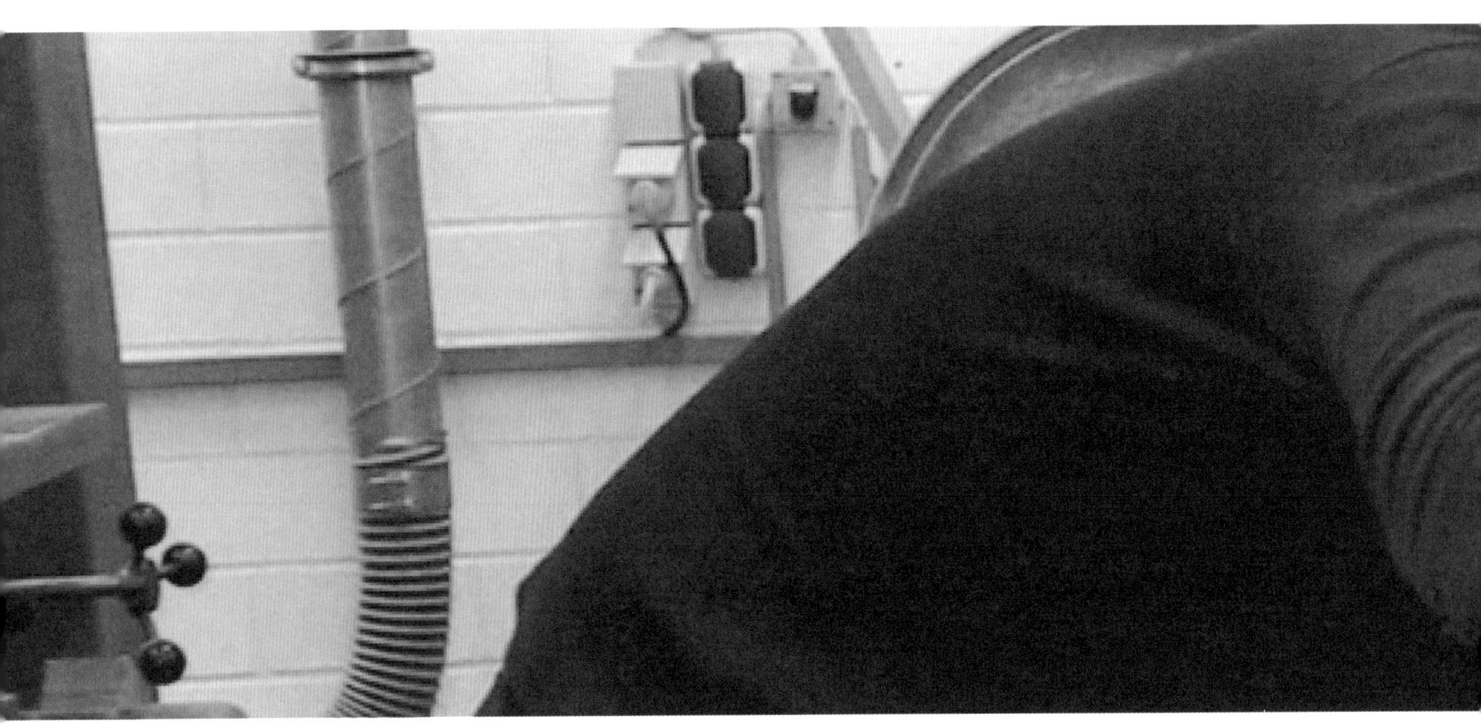

The Beginnings.

Observing, listening, make it tangible.

高等教育“十四五”部委级规划教材

设计师眼中的

博朗设计准则

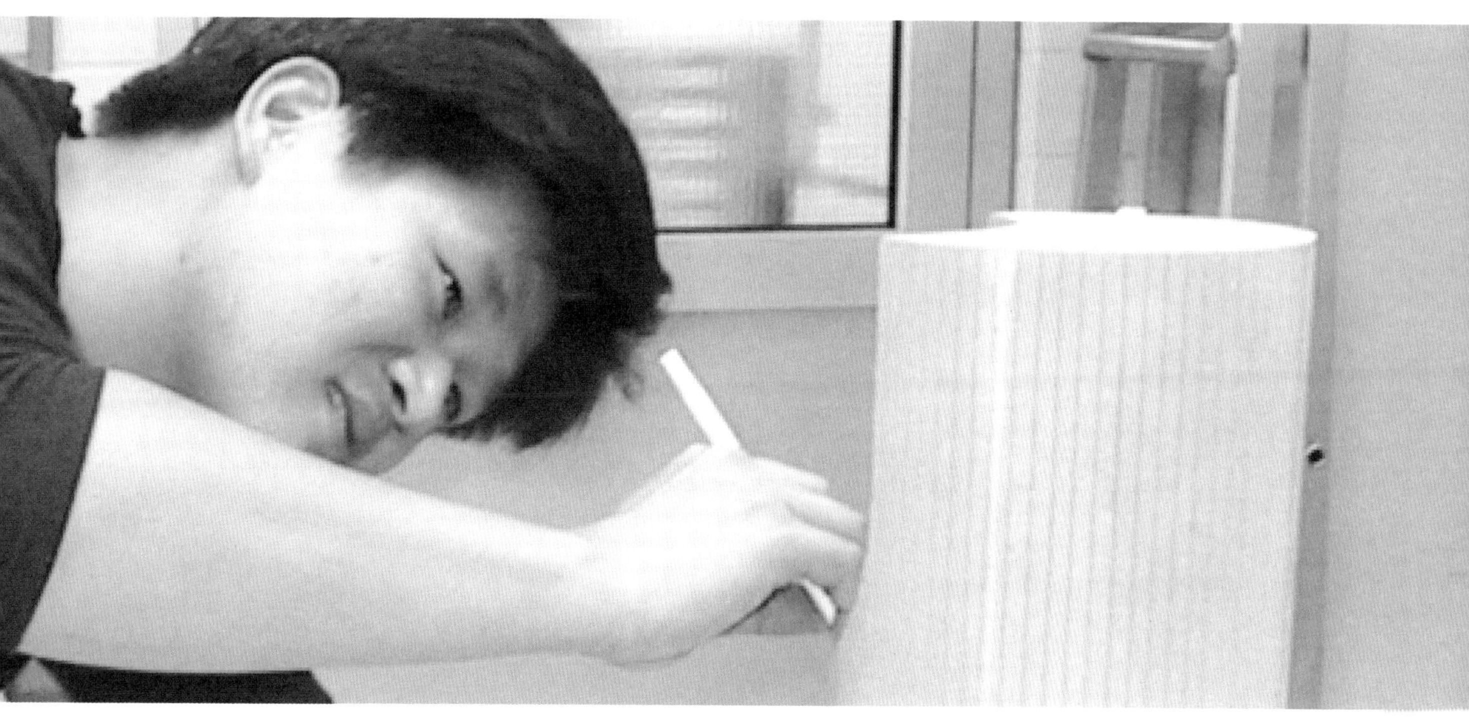

[主　编]　唐　智

Duy Phong Vu

王朝晖

[编委会]　德龙电器（上海）有限公司

信古文化传播（上海）有限公司

刘俊健　范战胜　吴　莹

東華大學出版社・上海

内容简介

《设计师眼中的博朗设计准则》一书历时3年完成。内容涉及博朗的发展历史和产品设计观念，书稿中无论从史料的稀缺性还是讨论过程中的访谈方式都是极有特点的。德国的博朗公司是世界现代设计中的一个里程碑，第二次世界大战后公司在思考如何为大众提供物美价廉的产品时逐渐形成了自己的设计价值观，也在研发一系列产品的过程中形成了自己小规模但稳定的设计团队。其中诞生了像迪特·拉姆斯这样的德国现代工业设计大师，他提出了"少但是更好"的设计理念，并在1968年博朗设计大奖时提出了重要的"设计十大准则"。时至今日，该准则还是广大设计师在设计过程中遵循的典范。本书由东华大学唐智教授、前博朗设计总监（现德龙集团设计总监）Duy Phong Vu以及东华大学王朝晖教授共同完成，其中大量素材来源于现场访谈和博朗博物馆以及博朗公司退休和现任的一线设计师，大部分内容均为一手资料，是近年来少有的由中德学者共同撰写介绍德国当代设计的专著。

图书在版编目（CIP）数据

设计师眼中的博朗设计准则 / 唐智等主编. —上海：东华大学出版社，2022.10

ISBN 978-7-5669-2113-0

Ⅰ. ①设… Ⅱ. ①唐… Ⅲ. ①工业设计—研究—德国 Ⅳ. ①TB47

中国版本图书馆CIP数据核字（2022）第168053号

责任编辑 杜亚玲

设计师眼中的博朗设计准则

SHEJISHI YANZHONG DE BOLANG SHEJI ZHUNZHE

主　　编：唐　智　Duy Phong Vu　王朝晖
出　　版：东华大学出版社（上海市延安西路1882号，200051）
网　　址：http：dhupress.dhu.edu.cn
天猫旗舰店：http：//dhdx.tmall.com
营销中心：021-62193056　62373056　62379558
印　　刷：上海盛通时代印刷有限公司
开　　本：889 mm × 1194 mm　1/16　印张：15
字　　数：450千字
版　　次：2022年10月第1版
印　　次：2022年10月第1次
书　　号：ISBN 978-7-5669-2113-0
定　　价：128.00元

目录 Contents

作者简介

唐 智

教授，博士生导师，工业设计国家一流本科专业建设点负责人，上海创意设计师协会理事，北京光华设计发展基金会服务设计人才和机构评定委员会委员，上海市人工智能协会智能设计与传播专委会委员。长三角G60科创走廊青年创新英才，上海市首席（创意类）技能大师。主持承担国家自然科学基金、国家科技重大专项等在内的纵向项目20余项，主持企业项目10余项。在国内外期刊上发表论文40余篇，30余篇为SCI、EI检索，授权发明专利15项，参与制定企业标准两项。先后获瑞典利乐最佳学术合作伙伴奖，上海汽车教育基金委员会优秀著作奖。

Duy Phong Vu

德龙集团首席设计总监。Duy Phong Vu 出生在越南，毕业于德国达姆施塔特大学工业设计专业。随后在博朗、宝洁、吉列、欧乐-B、德龙和凯伍德等公司进行设计工作。拥有超过25年消费品行业设计经验。自2018年10月起，作为首席设计总监，在德龙集团内承担了对各品牌（德龙、凯伍德和博朗家电）的整体战略责任。他和他的团队已经在全球收获了100多个国际设计奖项，包括：IF产品设计金奖、好设计奖、红点设计金奖、德国设计金奖、Plus X 2015年度最佳创新品牌奖及2016年度最佳设计团队奖等。自2016年，在东华大学为艺术设计学院研究生授课。自2018年开始在米兰理工大学设计学院担任客座教授。

王朝晖

东华大学服装与艺术设计学院教授，博士生导师，副院长。中国服装设计师协会学术委员会主任委员。日本文化服装学院访问学者。上海市浦江人才。主要从事基于人体工程的服装造型理论研究和面向个性化的数字化服装生产技术的研究。主讲课程《服装造型学》获上海市重点课程和上海市精品课程。曾荣获上海市育才奖、国家级教学成果二等奖、上海市教学成果特等奖、上海教育博览会优秀国际教育辅导教师奖，中国服装设计师协会育人奖等。

序言一 Foreword Ⅰ

细算一下，和唐智的师生之谊至今已有22年，我也一直很关注他的成长。我曾是他本科毕业论文的导师，很高兴他的新书《设计师眼中的博朗设计准则》即将出版。作为工业设计界的老兵，看到博朗的设计理念有机会可以更广泛展现给全国的工业设计从业人员和更多读者，我还是非常高兴和振奋的，因为这也是国内第一次系统介绍博朗这家在设计界具有举足轻重地位的企业的理念和相关标准。

记得是1999年，我开始给本科生上色彩构成这门课，当时课上一个重要的内容就是包豪斯的色彩构成练习，包豪斯色彩构成与基础理论创始人是约翰，伊顿，他是现代设计基础课程的创建者。他最早将现代色彩体系引入设计教学。讲包豪斯的设计必然也会讲到包豪斯的历史，那是一段充满激情和设计智慧的历史。2019年是包豪斯设计学院成立100周年，设计界谁都不会忘记这100年间包豪斯带给我们的知识冲击，它的出现启蒙了世界范围内的现代设计，也让我们所有人明白了原来生活是可以设计的。德国的乌尔姆设计学院在很大程度上继承了包豪斯的思想，而博朗公司则是第一个与乌尔姆设计学院在工业设计领域建立产学研关系的公司，博朗公司的代表人物迪特·拉姆斯先生无疑对二战后现代设计的发展起到了推波助澜的作用，他被誉为德国现代工业设计之父，我想这也是有一定道理的。

这本书的名字叫《设计师眼中的博朗设计准则》，我想其原因肯定是因为迪特·拉姆斯先生为设计界定下的十大设计准则，这十大准则是设计专业的学生必须熟悉的。十大设计准则最早出现在1968年博朗设计大赛的评奖标准中，经过50多年的沉淀，今天已经以准则的方式被大家所接受。这十大准则现在看起来似乎是一些设计界的常识，但是大家有没有想过，正是迪特·拉姆斯先生50年前对设计作品的不懈要求，才让这些设计理念变成了我们所熟悉的常识。博朗的设计作品在迪特·拉姆斯先生主持下一贯地表达了这些设计准则，也诞生了设计界很多大家耳熟能详的好作品，例如MPZ2柑橘榨汁机、T2打火机、ET66计算器等，当然还有那个被称为白雪公主棺材的SK4收音机—留声机组合。这些在这本书中也都有呈现并且给读者带来了它们背后的故事。

这本书的另一个作者是Phong，一位越南裔德国人，他1998年进入博朗，是从博朗公司成长起来的设计师，他做过博朗设计总监，博朗家电后来被德龙收购，现在他是德龙集团的设计总监，所以说他对博朗的历史和发展理念有着非常清晰的认识。Phong前几年也曾到访过华东理工大学，为我们的师生带来非常精彩的讲座，他很健谈，也能够把一个设计作品的前因后果说得清楚，这让我印象深刻。在这本书里，他亲自采访了很多曾经在博朗工作过的元老设计师，这些访谈录非常朴实和深刻，表现了欧洲老一辈设计师坚定和执着的设计理念，相信书里的内容一定会让读者们收益颇多。希望读者们可以喜欢这本书。

华东理工大学艺术设计与传媒学院原院长，
教授、博士生导师
上海市领军人才、享受国务院特殊津贴专家
中国工业设计协会特邀副会长
中国高校科学与艺术创意联盟副理事长

BRAUN

序言二 Foreword Ⅱ

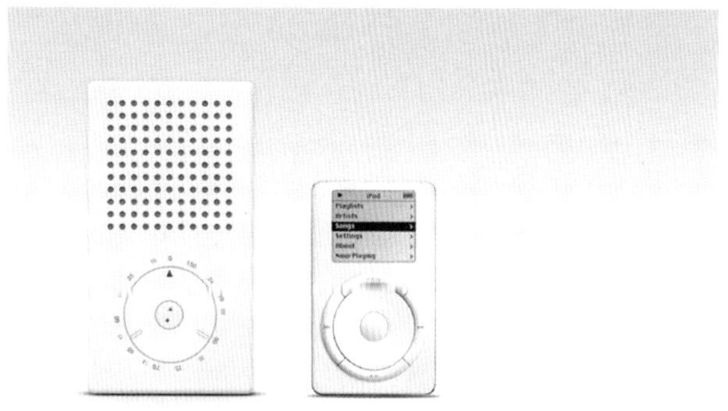

设计中的准则精神

德国和美国的设计教育印象

2019年，我带着8名本科生到德国法兰克福参加东华大学—博朗暑期大师班夏令营。这个暑期大师班夏令营活动是第三次举办，但我还是第一次参加。我对这次活动的印象很深刻，因为它和我以前去访问的德国其他学校的活动有很大的区别。2016年我曾来过德国，主要拜访的是位于德绍的安哈尔特应用技术大学，包豪斯曾经的德绍校区就在这所学校。我在20世纪90年代末上大学的时候读过Frank Whitford写的《包豪斯》一书，当时几乎国内所有的设计者也都将包豪斯看成现代设计的起源地和圣地。后来虽然也到访过位于魏玛的包豪斯大学，但是德绍校区从各个方面带给我的震撼直到今天还是久久难忘。众所周知，包豪斯德绍新校区1926年开始正式定名“包豪斯设计学院”，学校的办学宗旨更加明确，教学体系也发生了重大变化，取消了原来的双轨制教学体制，学校聘用的各种工匠只协助教学，不再享有与导师一样的同等待遇。最大的变化是增加了一个系——建筑系，这个系由建筑大师汉斯・迈耶主持。德绍包豪斯的一个重要任务就是新校舍的设计和建立。但对一名工业设计从业人员来说最深的印象还是包豪斯的工业创新精神，虽然后面的研究者总结出了包豪斯时代的各种主义和理论，但是作为一位工科背景的工业设计教师，我认为其最大的价值是其将艺术和工程进行了最大的融合，这不同于过去的制造工艺革命，也不同于今天的智能制造革命，更多的是将当时非常成熟的工业技术引入现代设计活动中。这种案例在校园中可谓比比皆是，例如利用船用卷锚机结构设计的可横向拉伸的窗帘，利用冲压和焊接技术设计的各种餐具，这些作品现在看起来可能觉得没有什么特别了不起，但是这些作品启发设计师去尝试新材料、新工艺和新技术。2019年是包豪斯设计学院成立100周年，这百年间不知道有多少优秀的产品因为受到包豪斯的启发应运而生，而诞生于20世界20年代的博朗毫无疑问也是包豪斯现代设计运动的受益者，从技术出发、从市场需求出发成了今后大多数德国制造的设计之源。

德国的设计教育虽然有其独特之处，但应该说和中国的设计教育结构有相似之处。这几年我们的工科专业都在做工程教育认证，国内的大学为了通过该认证，这几年都做得很辛苦，主要是要把以前本科四年200多学分改到160学分左右就可达标。我曾经很困惑，为什么要把我们已经习惯的课程计划进行如此大的修改？随着后来逐渐了解到更多的一些国内外情况，我也试着从新的角度去看待这些问题。

2016年和2018年，我曾有两次机会到访美国的一些大学，包括位于德州的德州农工大学和旧金山的美国艺术大学，在德州农工大学工程学院和当时的机械工程系系主任周建仁教授做了深入的讨论。周教授是我们学院的校友，是恢复高考后的第一批大学生，他也是改革开放后最早在欧美拿到博士学位的一批中国人之一，这批人当时也是最早接触到学分制的一群人，所以我理所当然地和周教授谈到了美国的学分问题。周教授是这么认为的，美国是践行学分制最彻底的国家，学生可以通过一定的必修课和大量的选修课达到专业学习的目的，甚至在大三一年都是没有学分课程的，而是通过一种创新课程的方式培养学生的创新创业能力，在这一年中，学生可以在创新实验室和不同专业的同学共同完成各种创新项目，之后大四年级时再回到学院进行专业课学习和毕业设计。这期间，学生们如果通过创新项目有进一步研究的兴趣甚至可以通过休学和延期毕业的方式进行创业，学校会保留很长时间的学籍和学分记录。美国的大学非常强调学生的动手能力和自我支配能力。

我到访德州农工大学的时候，正好埃隆·马斯克在德农做一个关于地下高铁的创新大赛，不少德农的学生都参加了这个项目。美国学生的自我管理能力和我院学生更习惯于课程学习的特点让我对工程认证有了一些新的思考。第一，我们的学生从义务教育开始就习惯于通过必修课去学习和掌握技能，而美国的学生在中小学阶段接受的大量课程都是通过自我研究进行，没有预设的学习轨迹和预期成果，所以我们的本科生如果仅仅通过减少学分和课时是否能达到提升学习效果的目的？第二，工业设计其实是一门艺工融合的专业，很多学生入校时既没有艺术基础也没有工科基础，大学四年需要学习的知识量很大，既包括机械设计原理、有限元分析和机电一体化等大量机械类课程，也包括绘画、设计速写和设计策划等一批设计类课程，所以在自我学习和授课学习上，要达到一种平衡确实是有一定困难的。

国内外工业设计专业的课程浅析

我在担任东华大学工业设计系系主任期间曾大量地将机械类课程导入工业设计专业。一开始，学院和系里老师都有一些不理解，觉得会减弱专业的特色和艺术性，但是未来的社会一定是需要能将产品落地的复合型人才，仅仅是草图或效果图画得好不能带给企业足够的信心使之将优秀的设计作品产业化，还需要注入很多新的工科类课程并适当压缩一些艺术和设计类课程。总的协调起来160个学分是远远不够的，一个工业设计学生在大学四年中得应该掌握足够的机械工程、计算机科学和设计学相关知识，并且这些知识还不能以简化和缩水版的形式存在。

2015年之后，学院将国际化合作这方面的行政工作交给了我，包括机械工程和工业设计两个专业，我也借此更多地了解了不同国家的大学工科和设计学的教育模式和课程结构。在这5年间，因为工作关系，除了拜访过美国和德国的高校，我还陆续拜访了英国、荷兰、法国、俄罗斯、日本和新加坡等一些国家的高校，并详细了解了这些国家的教育体系和课程计划。我认为与我国目前工业设计教育最接近的国家是德国和俄罗斯，这两个国家不相邻，但却与我国的工业设计教育有着千丝万缕的联系。

我们国家的工业设计教育于20世纪80年代开始建设，1984年有着留德背景的柳冠中教授在清华大学建立了第一个工业设计系。当时国内第一批工业设计教授很多都有着德国留学经历，除了柳冠中教授，还有同济大学的林家阳教授等一批具有留德背景的老师开启了中国工业设计教育的先河。我院目前和德国的亚琛工业大学、俄罗斯的托木斯克理工大学都有工业设计的双学位和联合培养项目，我在课程对接的过程中发现这两个国家本科教育的学分数都很高，并且选修课占的比重很低。俄罗斯的托木斯克理工大学甚至不允许我院与他们联合培养的学生在上海的最初两年有选修课，所有的国内课程都是他们指定的，除了俄语之外四年的总学分达到了237分，亚琛工业大学两年的学分也达到了120分，四年差不多是240分。原以为这个教学计划很难在学校通过，毕竟我们正在进行工程化认证的途中，但是没想到学院和学校很快就通过了，这可能和苏联教育有关吧。我的博士生导师王生泽教授曾不止一次地对我说，他于20世纪80年代在华中科技大学读博士的时候发现，在他的研究领域机械动力学方面能查到最多的文献就是苏联的论文，那些研究成果是又深又难，但对他论文的撰写帮助极大，到现在他都相信俄罗斯在高等教育方面一定是严谨而艰深的。

另外一点就是德国和俄罗斯的工业设计专业相当一部分设置在大学的机械类学科中，这和我们国家近几年工业设计的发展趋势非常雷同。自从2012年教育部实行学科调整之后，工业设计就被划分在了机械工程专业之下，工业设计的教学指导分委会也设在机械工程教学指导委员会之中。这个过程其实对工业设计专业的建设震动很大。2012年之前，有部分院校已经将工业设计设置在机械工程学科之下，但专业中有机械背景的工业设计教师数量极少，有博士学位的教师就更少了。2008年我在东华大学攻读机械工程下的工业设计方向读博士，也是我校第一位机械背景的工业设计方向博士生，在全国应该也是第一批此类博士生，所以我在2009年担任工业设计系系主任之后需要考虑的不仅是如何培养学生，还包括如何建设我们的师资队伍和改革我们的课程结构。在机械工程学科下，工业设计专业最困难的就是如何打破工科这个天花板，我们老师的职称评审要参照机械工程系列，这就使得工业设计专业晋升教授非常难，就算晋升副教授也很难。我院工业设计专业的创始人王继成教授退休后，十年都没有再晋升过一个教授，全国机械学科建设工业设计专业的建设中都有这个职称难题。

我的本科是在华东理工大学完成的，当时工业设计设置在设计学院之下，后来硕士是在英国伯明翰艺术与设计学院完成的，也是典型的艺术背景。有段时间我确实不理解为何我国的工业设计要放在机械工程学科，当时我没有去过德国，只知道欧洲大陆有两所知名大学建有工科背景的工业设计专业，一所是英国的拉夫堡大学，一所是荷兰的代尔夫特大学。2016年我曾经访问过拉夫堡大学，它有一所独立的设计学校，以人机工程和人机交互方向见长，甚至在硕士培养中还有独立的人机工程和人机交互学位。代尔夫特大学我们更加熟悉，我们有很多同学毕业后去那里继续攻读硕士和博士。我的研究团队中的刘志辉副教授在2019年也去那里开展了为期一年的访学工作，代尔夫特大学还和我们学院一起合作了针对本科生的暑期大师班，至今已经开展了三次，他们每年都会派三位教师来学院承担为期一周的暑期课程，学生也确实从中收获良多。

2019年我在到访德国法兰克福应用技术大学并参加了他们的本科毕业生答辩后突然发现，德国的工业设计教育模式和我们现在机械学科建设工业设计的模式如出一辙，虽然我不知道深层次的原因，但是有以下几点让我觉得倍感亲切：① 德国工业设计的学生进入大学之前需要作品集和入学考试，这是因为我看到他们毕业设计中的草图继而和老师沟通了解到的。② 德国的工业设计专业也同时有工程类和艺术类，例如柏林设计学院就是偏艺术类的，而我上面提到的法兰克福应用技术大学就是在工程学院进行建设的。③ 都不约而同地将有限元分析、材料成型与加工等与壳体成型及加工等机械类课程作为工程类的核心课程。更有意思的是，我发现两所学校在办学过程中的困惑也都是一样的。

一个学生在答辩过程中展示了自己的产品爆炸图，作为在机械学院有15年教学经验的我马上就看出这张爆炸图不太“专业“。我国在制图上采用的是1993年颁布的国家标准《技术制图》（GB/T14689—1993），但是我也粗略浏览过欧标，该学生在粗细线上的选择明显是有问题的，我当场问了一句你们建模用什么软件？学生回答我，用的是Rhino（后来了解到德国学校使用的软件没有统一要求，Rhino只是其中一种）。我当时就有点惊讶，向他提出你们的最终的模型制作如果要进行3D打印或者数控机床加工，

明显使用国际通用的工程软件会更好，它们的Engineering Access显然会比Rhino更具有亲和力。结果他们的老师竟然在教室里抢先直截了当地对我说使用Rhino在艺术的表现力上可能会有一定的优势，加上这个软件也具有一定的工程能力，所以经过讨论学院就选择这个软件作为学生的建模工具。显然这个回答并没有说服我，我从2005年开始就教授计算机辅助设计，那时候将这门课程交给我的是王俊民老师，他也是我们专业建设的元老之一，担任过中国工业设计协会常务理事和上海工业协会副会长，他很早就将Solidworks选作本科生的建模软件。那时候国内大多数学校工业设计专业还在学习3DMAX和MAYA，因为采用多边形建模原理的软件确实好用，通过拖拽点线面就可以

完成产品的基本形体，再通过涡轮平滑等后期表面处理建的模型有模有样，特别是自带的渲染工具和V-Ray等一些外接渲染器，配合使用在效果上堪称完美。

我自己的学习经历也是如此。但后来我在接触Solidworks软件的十多年间，对这个软件却越发热爱，它在工程领域的专业性上绝不是一般的动画类三维软件可比的。举个简单的例子，如果做个小风扇外壳，采用放样，再通过加厚获得壁厚。如果是其他一些软件，到这里就结束了，放大模型，会发现被放样的壳体底部并不是水平的，而是因为放样的原因，底部有一个斜面。但是Solidworks可以通过底部边线拉伸出新的界面对壳体底部再进行环切从而得到准确的壳体模型，即使3D打印，上下两个半模合体也不会有任何问题。除此之外，软件自带的有限元分析、用于模型验证的斑马线分析对模型后期的进一步测试和加工都有很多益处。正因为如此，我深知这类专业级工程软件在工业设计中的优势和作用。

出于礼貌，我也没有对这位教授的回答继续深究，但是明显感觉到他的脸上有一丝尴尬。之后午餐时，他还特地坐到我旁边，和我推心置腹地详细交流了这个问题。他讲到，主要是因为目前一些设计企业和国际比赛Rhino使用得非常频繁，考虑到就业问题，老师们才采用这个软件作为学生的建模工具。看到这个情况，我发现这和国内的现状何其相似，说从众心理也行，解释为劣币驱逐良币也行，总之结果就是工业设计专业已经在很大程度上实现了一种“国际标准”。

众所周知，Rhino是由美国Robert McNeel公司于1998年推出的一款基于NURBS为主的三维建模软件。其开发人员基本上是原Alias（开发MAYA的A/W公司）的核心代码编制成员。说白了，这就是一款美国软件，而美国在推行自己的行业标准上总是不遗余力，因为他们明白，获得利益的最好抓手就是被制定出来的各种标准，现在看来即使在很多工业化程度很高的欧洲国家也不能免俗。

其实Solidworks软件也是美国人开发的，那为什么他们会花大力气推广Rhino这样在工程应用上缩水的软件呢，主要是因为价格原因。Solidworks官方正版软件的价格为6~10万人民币，且这样的价格在没有额外授权的情况下只能在一台电脑上安装，即使是大型企业，如果要配置一个设计部的电脑也是一笔庞大的软件投资。所以正版Solidworks在企业和高校推广的情况并不理想，除了价格问题，盗版软件的盛行也是主要的原因，即使在一些西欧发达国家我也看到不少大学生使用破解后的版本。但是Rhino的出现打破了这个僵局，便宜的价格使得它可以更容易地在国际市场上进行倾销，商业正版的价格是1~2万人民币，如果是教育类个人版，只要1800元人民币，这样的价格会让很多人开始选择使用正版。作为软件开发商，与其费力地推广昂贵的正版工程软件还不如倾销价格低廉的缩水软件，所以在高等教育市场，这些年我们渐渐看到Rhino取代Solidworks、Pro-E和Catia，Rhino正在成为工业设计界头号建模软件。虽然市场永远是产品的第一导向，但是我还是建议有条件的同学尽量可以先学习专业的工程软件，因为即使将来进入工业界，从设计到产品的过程中这些专业工程软件才真正是创作的利器。

设计专业学生的能力建设

2008年前后，日本大发汽车曾经连续三年到东华大学机械学院招聘工业设计的毕业生，获聘的学生将去日本的名古屋工作，待遇和条件在当时来说是相当优厚的，但是会有一个小的招聘考试。我全程参加过其中的两次考试，企业并没有要求日语等条件，而是将软件应用作为小测试的主要考试内容，题目是通过一张产品的效果图画出其三视图。即使作为一个计算机辅助设计课的老师我看到这个题目时还是有些吃惊的，这并不是考察学生的软件操作能力，而是在考察学生的想象力，又通过学生的想象力完整地考察了学生的制图能力、造型能力。这也让我对自己的课堂教学产生了反思，过去课上的大部分时间都在带着同学练习不同的产品模型，按部就班从草图绘制到复杂曲面，学生最后的大作业就是看着产品的照片进行建模。虽然这样的课堂测试对学生来说也并不轻松，但是看了日本企业的测试题目后我也有了一些新的思考。

就产品本身而言，我们大多数艺术背景的学生在思考产品形态的时候通常喜欢从设计速写或设计草图出发，直接在纸上构思产品的轴测效果图，其实从科学的角度来说这并不是一种严谨的做法。首先，我们认识一个物体的时候，角度很重要。不过即使是考研的快题创作，很多学生还是在追求一些刁钻的角度描述物体，例如仰视和俯视，而且是大角度，这在生活中根本不是我们正常观察产品的角度。就像有时候学生画一辆摩托车，往往就是从下往上画，我曾在课堂上问同学，画这辆摩托车的设计师应该在什么位置，结果同学们想了一会哄堂大笑，几个大胆的同学首先说："应该是在地下室吧。"事实也确实如此，但是我们细想，又有谁会首先从一个大仰角开始为摩托车惊艳呢？日本的企业很现实，交通工具是水平地面上使用的产品，我们正常接触它们在Y轴上主要就是两个角度，一个是我们站着时候的小角度俯视角，一个是我们开车时看到其他车辆的水平角。如果从站立位置考虑，我们大概会看到是车头，也就是车的正视图，如果是行驶中，我们大概看到的是车身的侧面，或后面，也就是车的侧视图或后视图。因此，交通工具类的产品更应该反复推敲三视图和轴测图之间的映射关系，有时候甚至三视图比轴测图还要重要。

但是现在的问题是很多同学不太会直接从三视图出发去设计产品，因为以往高考测试题中的一项测试一般是快题创作，要求的是在有限的时间里设计出一个产品，并且用效果图的形式表现。我每年会给我们学校的MFA（在职艺术硕士）上课，也会抛出我几乎每年都会问的问题，一个产品到底应该是从三视图出发还是从轴测效果图出发？每年除了沉默的那批同学外剩下的同学都毫不犹豫会选择从轴测草图出发进行设计，我继续问他们，现在如果你们画的是正等轴测草图，要在这个基础上顺时针旋转10°和15°或者按照其他可能的视角进行草图绘制，你们行不行？这时候很多同学都会抱怨这样的问题太难，为什么需要准确表现这么多视角呢？这就牵涉到了一个多视角研究问题。

其实产品的多视角研究非常重要，除了我们刚才讨论过的交通工具之外，我们可以再举一个例子，比如喝水的把手杯。这款产品的主要应用场景是客厅的茶几和办公室的桌子，茶几的高度一般是400~500毫米，办公桌的高度一般是700~800毫米，这就形成了我们对把手杯有水平45度和30度的两个主要俯视角作为用户角度，加上部分左撇子的使用习惯，我们还有纵向正负30度的两个视角。这样我们就要考虑四个主要的场景角度作为设计视角，也就是说这四个轴测图会是我们设计把手杯的主要设计角度，这时杯子的外轮廓线和内部结构线对杯子的造型来说就显得异常重要。但是这些线条并不是一成不变，而是随着角度的不同随时发生变化，大多数的设计师并没有接受过二维视图和三视图随时转化的绘图训练，碰到这种情况一般就是靠想象或透视图来完成场景图绘制，可以想象这中间的误差会有多大。

说到制图，这又要牵涉到一个很重要的问题，就是我们目前的艺考制度和大学中的教学。陈丹青老师从各种渠道不止一次地说现在艺考中的素描和色彩已经过时了，在学生培养现代艺术能力上已经力不从心。听说中央美院的艺术校考已经取消了传统的素描和色彩，这是一个令人鼓舞的消息，不过我更认为这种改革应该从工科设计学专业首先发起，因为程序化的艺考准备过程并不能真正地锻炼出学生们的创作能力。我每年都会被邀请参加上海多所院校的研究生复试，这几年我发现大量的学生都会在各个手绘训练班进行考研准备，这些训练班会教学生默写很多不同的产品形态，有些甚至是被称作"万能形态"，无论高校出什么样的考题，这些形态都能被使用，因为这些形态都有着良好的轮廓造型和精致的细节处理，加上漂亮的马克笔技巧和得当的配色，通常第一眼都会让老师眼前一亮，觉得他们应该具有扎实的造型能力。但是这些学生进入研究生阶段后，普遍

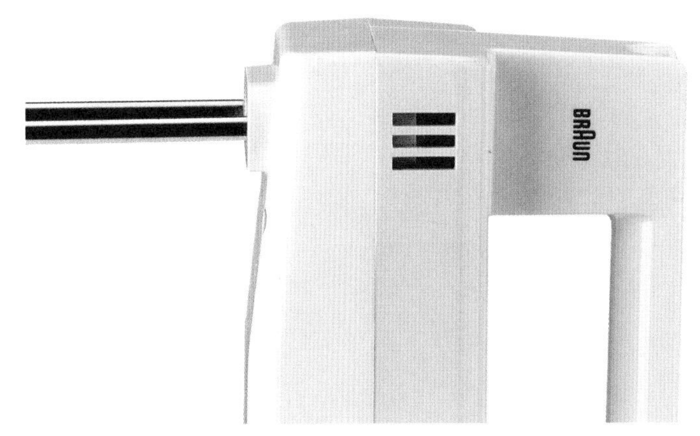

显得后继乏力，除了缺乏进一步研究的技术和手段，更关键的是过度的手绘记忆训练磨灭了他们对造型探索的热情。

那工业设计中进一步研究的技术和手段是什么呢？我认为主要集中在两个层面，一个是对设计的感性准则，一个是对设计的理性准则。设计感性准则方面，很多设计大师都或多或少地提到过。例如：1928年建筑大师密斯·凡·德·罗在设计领域提出了著名的功能主义美学口号“少即是多”（Less is more）。博朗公司的前设计总监迪特·拉姆斯先生阐述他的设计理念是“少，却更好”（Less, but better，德文：Weniger, aber besser）。两者虽然工作领域不同，但在设计哲学上有着惊人的相似之处，或正说明了殊途同归的道理，但更重要的是他们在自己的设计作品中坚持践行自己的设计理念。这种践行过程表现出来的则是对简单法则的追求和新技术与新材料的应用，这些探索过程绝不仅仅是靠记忆和默写能够完成的。

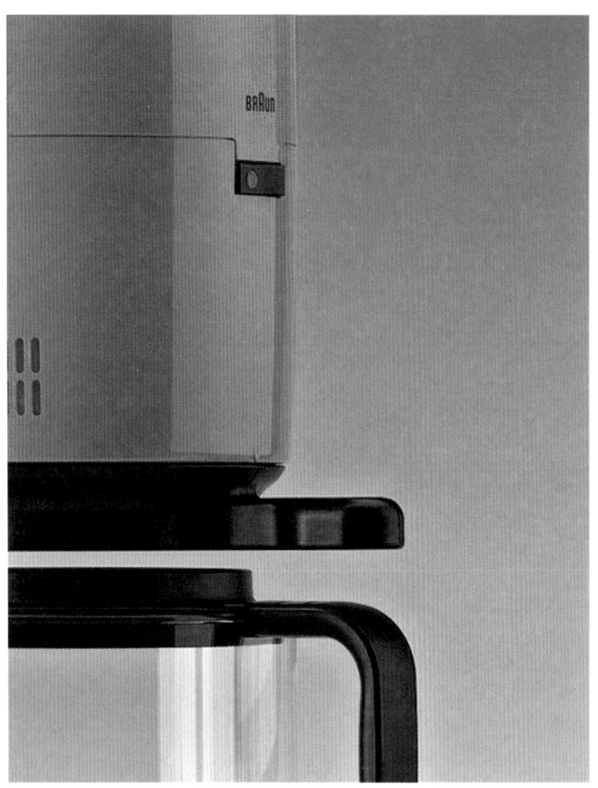

这些年设计教育体系中出现了很多新的名词，例如服务设计、设计管理、智能设计等，再如交互设计、体验设计和人因工程。这些词汇确实很多时候给设计领域带来了新的活力和激情，也让我们看到了学科交叉的可能性。除了国内高校，国外的很多高校也会投入很多精力开拓一些新的领域。我并不是反对这些新研究领域的出现，只是现在很多学生在研究时并没有掌握好这些研究领域的实质，或者说研究的核心技能，就开始大张旗鼓地说自己的研究兴趣是什么，有时候看了他们的毕业论文，我觉得自己比他们还困扰。例如每年研究生与导师双选的时候都会有很多学生说自己喜欢交互设计，想做交互设计的研究，记得前段时间我面试一个研究生候选人时忍不住问他：“你说的交互设计是什么？”“我很喜欢儿童家具产品，我想做关于这类产品的交互设计。”这个学生答道。“那这类产品的交互设计研究什么呢？”我继续问。“就是研究产品和人的关系。”学生也继续答。“那研究产品和人的什么关系呢？”我不依不饶。“呃……”学生选择了沉默。其实这样的情形并不是个例，而是现状，有些同学会觉得接近一个流行的设计领域后，自己的能力和眼界就会自然提高。其实设计的很多精髓存在于一些简单的法则之中，有些设计师为什么后来会成为大师，我认为除了践行这些设计准则，更重要的是坚持。

2007年的时候我曾厚着脸皮求着在索尼设计部工作的同学请来了山砥克己先生到学校做讲座，那时候他已经差不多70岁了，山砥克己先生早年就被派到索尼的欧洲设计部工作，最重要的是他是名满天下的随身听（WALKMAN）的设计人。我对他仰慕已久，即使到现在我也觉得他是一个气场异常强大的人。讲座那天其实他是迟到了，我心里有点不痛快，觉得日本人不是应该以准时作为生活原则么。看到他本人的时候和我预想的样子差了不少，老人家头发不多了，小小的个子，微胖的身材，但是步履矫健。那天报告厅早就人山人海了，大家也都争着想看一下随身听的设计师。于是也没有过多的寒暄，直接带着老先生进了会场。老先生没有多余的动作，直接走到会场中央，面对所有的师生，深深地鞠了一躬用蹩脚的中文说：“大家好，我是山砥克己，对不起，我来晚了。”本来吵吵嚷嚷的会场一下子就安静了，静得仿佛掉根针也能听见，这么多年过去了，我再也没有见过哪个知名设计师可以一句话就让300人的会场瞬间噪声分贝降为零。说不上为什么，大概这就是气场吧。

老人家很健谈，一个半小时很快就过去了，现场的气氛很好，他回顾了自己的过去，也讲了很多自己设计过程中曾经经历的困难。有个故事我到现在还印象深刻，经常在课上对本科生讲。山砥先生说磁带随身听发明之后，收到市场超乎想象的热烈欢迎，但是也引来了竞争对手的强力介入，其中最有名的就是松下（PANASONIC）。当时山砥先生在设计部定下的产品设计准则就是提供市场最轻最薄的产品，而松下也毫不迟疑地选择了同样的设计理念，因为随身听发明之初就是要发明一种可以随身携带的音响设备，而便携的核心要素自然也就是极尽所能的轻薄。老人家说有一次两家企业准备在同一个时间各自发布自己的新产品，都竭尽所能地希望自己能提供世界上最为轻薄的产品。有一天，山砥先生叫来了公司的工程部例行询问产品的进展情况，工程师和他说样机已经完成了，山砥先生问他是不是产品的空间潜能已经挖掘殆尽了，工程师说是的，绝无进一步小型化的可能。山砥先生拿着样机，猝不及防地丢进了脚下的一个水桶，咕咚咕咚，水桶里冒出了一连串的气泡，山砥对工程师说，看，这不是还有空间么。故事的结尾不是工程师面带愧疚，踉跄退出，而是索尼进一步开发出了更加轻薄的音乐播放器，但是浅显的道理和对设计理念的践行让我心里不由得拍案叫绝。索尼在那个年代的强大，靠的不就是伟大的设计准则和对设计准则孜孜不倦的追求么？

践行设计准则的“知易行难”

中国有句老话叫“知易行难”，很多大道理其实我们也都知道，但是能在产品中尽力践行自己的设计理念才是难能可贵的。我不反对设计师一开始就提出自己的设计准则，但我更喜欢设计师将设计准则作为自己作品的总结。建筑设计师高迪曾经说过：“直线属于人类，而曲线归于上帝。”在直线和曲线上我也曾深深地困惑过，上大学那会华东理工大学的程建新教授就曾和我们讲过各时期的各种设计风格，那时候觉得哪种风格都好看，哪种风格都新鲜。比如那会我也和很多人一样着迷流线型风格，更喜欢运用此类风格的产品，觉得饱满、圆润，亲和力强，老少皆宜，即使到现在很多同学做形态练习的时候，也喜欢用这个流线型特征去塑造产品。但是乔布斯的出现，很奇怪地一下子扭转了这个局面，所有人好像一夜之间开始喜欢四四方方的手机。在课上，我曾经很多次和同学们讨论过这个问题，现在我想从风格主义的角度去解释这种现象，就从流线型风格说起吧，流线型原是空气动力学名词，用来描述表面圆滑、线条流畅的物体形状，这种形状能减少物体在高速运动时的风阻。但在工业设计中，它却成了一种象征速度和时代精神的造型语言而广为流传，不但发展成了一种时尚的汽车美学，而且还渗入家用产品的领域中，影响了从电熨斗、烤面包机到电冰箱等的外观设计，并成为20世纪30~40年代最流行的产品风格。如果分析到这种程度，就已经是教学书级别的叙事方式了，但是关键问题是为什么苹果的小方块会在短短的时间内干掉了包括NOKIA在内的几乎所有国际手机厂家呢？

这要从产品的加工工艺角度展开，我们都知道有句老话叫物以稀为贵。何为稀，就是少并且很难得到。大部分人可能都会习以为常现在的产品形式，绝大多数电子类消费产品就是充斥着大量的塑料件、金属件、木料件等型材，我们的产品也是用这些看似普通的材料造型和加工。2005年刚回国，我被一个朋友拉着去创业，内容是做一款空气净化器，原理是利用二氧化氯去除空气中的苯、二甲苯之类的有害物质。开始没人买，就免费给别人做，有害气体的去除效果不错，但是二氧化氯的强腐蚀性也弄坏了几家人的家用电器，后来这事做得灰头土脸，不了了之。但是，我在产品样机制作过程中认识了一个台湾老板，他比我大十来岁，叫老邹，人很有趣，十年前就从台湾来大陆做塑胶生意。他很喜欢我们这批做工业设计的设计师，所以大家没事就整天泡在一起。那时我刚从学校出来，对材料的成型工艺知之甚少，他身边很多人不是开模具厂就是塑胶厂，所以后来不管设计啥都要和他讨论，他也知无不言，言无不尽，白天聊完了，大家晚上就去他的工厂看试模，吹瓶子。

那时候大陆最火的产品是按摩椅，他也介绍了几个设计按摩椅的生意给我。一开始，我们都觉得这种和人零距离接触的产品肯定应该是设计得圆头圆脑，给人一种亲近，人畜无害的感觉，于是出了几稿设计方案。老邹看了一眼就说，好看是好看了，但是肯定卖不出价钱，我追问他原因，他说晚上带我去塑胶厂看一款按摩椅的手扶侧板的试模。那晚负责试模的老先生是个高工，白天在某个国企工作，晚上出来接私活。侧板是用吹塑机吹出来的，机器开了一般就不能停，如果不满意就调整螺杆的挤出速度或温度，直到最后工艺参数定型。老先生晚上脸色一直很凝重，刚开始出来的板子缺边缺角的很多，这些就直接打碎，再丢到机器里，然后继续调参数，后来板子型算完整了，不过老人家都会用刀把新吹好的板子划开来看，检查壁厚是否均匀，就这个动作做了差不多3个小时，大家还是不满意，老人家情绪也不太好了，开始抱怨："这板子谁设计的，边上非要弄成直角，这又不是注塑机，哪那么容易吹出来。"我也拿起一个侧板看了一下，整个侧板表面是仿皮纹，这个简单，在模具型腔里做皮纹颗粒就可以了。整个侧板从正面看确实很圆润，但是折边的倒角极其小，简直就是个直角，而吹塑工艺一般做的都是瓶瓶罐罐，以大圆角为主，所以用这个工艺做直角确实难，特别是边角的壁厚很难控制。机器口上虽然有壁厚控制器，但是对这种不规则形状没有别的办法，只能不停地试。老邹就安抚老人家："没办法，这批货都是出口的，这种产品市场喜欢，能卖出价钱。"老人家叹了口气："哎，你看看，都吹了80多个还是不行，估计还要试两晚上。"我问老邹："为啥这种直角的好卖呢？"老邹抽了口烟抱怨道："这帮欧美客户看圆角的产品都审美疲劳了，直角的少，放客厅里也好看点。"不知道为什么，我后来看着这直角的侧板也越看越好看了，以至于后来我对小倒角的折边塑料产品就有了一种莫名的喜爱，更深层次的原因恐怕就是这种工艺困难吧，回到开头的话就是物以稀为贵。

审美通常是一个复杂的过程，任何人不可能一成不变，但总的来说一定会越来越追求细致和新颖。说到细致，会发现很多成功的企业家或设计师追求的就是对型材的极致应用。为什么我们会从骨子里喜欢四四方方的物品，至少有一点原因是，这种造型可以很好地体现出材料的加工工艺。如果是金属材质，90°的折角非常考验加工企业对钣金的折边工艺，如果是塑料材质，则可以体现注塑或吹塑后的壁厚控制，虽然我们很多消费者买东西的时候并不会直接考虑产品工艺的问题，但是凡是有生活经验的消费者还是很容易一眼看出产品的精致与否，这是一种直觉，但这种直觉也会在很大程度上转化成一种审美。苹果的四四方方形态可以成功的一个重要原因就是将过去我们习惯的塑料型材换成了铝合金，让大家对壳体的外观材料有了新的认知，更重要的是金属材料的成型方式还异常精致，小倒角的90°折边，正视图看虽然都是大圆角，但是边缘一摸全是直角，甚至锋利的有点扎手，一改我们对塑料件温润、圆滑的触觉体验。产品市场的占有率证明了乔布斯的正确选择和对材料成型迎难而上的企业家精神，这种精神也是用极低的成品率磨练出来的。

其实关于直角偏爱，日本企业早10年前就已经感觉到了，很多看似圆润的家用产品都有着锋利的90°折角，所以很多人都说喜欢日本产品的精致，其实都没有注意到这种精致体现的是一个国家强大的工业力量。21世纪初，一些韩国企业也开始注意到这个问题，并推出了一些具有直角偏爱的笔记本产品。我还记得2003年，一个朋友买了一台韩国某大厂的新款笔记本电脑，这款笔记本电脑价格昂贵，追寻的也是轻薄的设计理念，看着确实让人爱不释手。有一次我这个朋友站在桌边吃苹果，开着笔记本电脑放音乐，突然一不小心苹果落下来砸到笔记本的内板上，竟然砸出来一个小洞，大家面面相觑，也不好意思去修，毕竟是人为损坏，后来只得在上面贴了张不干胶小画。这当然不是在讽刺韩国品牌的质量，而是说明很多美好的设计准则并不仅仅是一句话，一段文字，更重要的是背后契而不舍的工艺追求。

唐　智

BRAUN

第一章　博朗的百年历史

威廉·马克斯·博朗（Wilhelm Max Braun）于1890年10月25日出生于东普鲁士的希尔加伦。他的父亲弗里德里希·奥古斯特·博朗（Friedrich August Braun）是一名水手，同时也是一位农民。马克斯·博朗有七个兄弟，他排行第六。由于父亲农场的微薄收入无法为所有孩子提供生活之需，马克斯·博朗逐渐萌生了进入机械领域工作的想法。1905年，他在诺伊基希镇的一家农业机械制造厂开始了学徒生涯，并励志要成为一名机械师。不久，马克斯·博朗就通过了机械师考试，并制造出了一台蒸汽驱动脱粒机，以在丰收时期帮助当地农民完成收粮。经过多年的不懈努力，马克斯·博朗最终成为了一名商人与发明家。

博朗的初创期

与20世纪初的许多年轻人一样，马克斯·博朗很快就在大城市里遇到了属于自己的那份幸运。1910年春季，他到了德国荷尔斯泰因地区的阿尔托纳，就职于一家精密工具制造企业——威廉菲特。随后，由于这份工作，他又搬家到德国汉堡。在那里，易北河隧道项目正在如火如荼地进行中，该项目是当时最具挑战的工程项目之一。年轻的马克斯·博朗也参与其中，并因此收获了一份宝贵的职业经验。在那之后，马克斯·博朗被征召到柏林附近的斯潘道，开始了一段兵役生涯。

在20世纪初，柏林为雄心勃勃的机械师们提供了前所未有的机会。柏林作为欧洲生产效率最高的工业区之一，许多重要的机械工程公司都驻扎在此。尽管当时在世界上机械制造业是新兴行业，但是在德国，它已成为经济总量中相当重要的一部分。那时的德国开发出了许多前瞻性技术，生产出的产品也陆续销往世界各地。截止到第一次世界大战前夕，德国机械出口总额已经占到整个德国出口总额的7%左右。在那段时间，电气行业也在蓬勃发展。对于城镇而言，家庭、公司、企业、有轨电车及地铁的电力需求正在日复一日地增长。当时电力机器领域的两大巨头分别是西门子—哈尔斯克公司（Hal Ske）和蔼益吉电机制造公司（AEG），这两家公司占据了德国电力机器领域绝大多数的市场份额。在20世纪初，整个世界的电力机器或装置中有50%都来自于这两家制造商。此时，马克斯·博朗正同时效力于这两家巨头。马克斯·博朗在西门子以及托斯克（Stock&Co）工厂(一家主要生产螺旋钻、机械工具和机械设备的工厂)担任机械师、绘图员和模具设计师，并积累了丰富的工作经验。1911年至1914年间，通过训练，马克斯·博朗成为了一名机电工程技术人员，之后的几年里他一直效力于AEG公司。西门子和 AEG两家公司的生产方法、操作程序都遵循了美国的模式，即生产车间布置清晰，机器和产品都进行了标准化设计，整个工厂简洁且高效，采用了流水线的生产模式。工作人员在各自工作区域内或站或坐，排成一排，员工的完成数决定着生产速度，监管员的视线监督着员工生产的专注力。这种生产模式在当时的德国几乎是革命性的。

这段在大型企业中工作的经历使得马克斯·博朗收获到了许多宝贵的工作经验，并为他建立和管理自己的公司提供了很大的帮助。但他对知识的渴求并没有就此止步。他报名进修于一所私立技术学校，并在那里学习英语。1914年第一次世界大战爆发，马克斯·博朗应征入伍。但入伍仅仅数月，AEG公司便对政府表示马克斯·博朗对于公司发展不可或缺，因此他很快又回到了柏林涡轮装配大厅继续工作。马克斯·博朗之所以能够以其出色的设计得到AEG的强烈关注，可能和一战期间原材料和机器的匮乏有关。

1918年5月，马克斯·博朗在弟弟的婚礼上与随后成为他妻子的玛蒂尔德·格特曼（Mathilde Göttelma）相识。随后他们定居在美茵河畔的法兰克福，这也是马克斯·博朗勇敢迈出创业第一步的地方。1921年2月1日，他成立了自己的公司，其名为“马克斯·博朗设备和机械制造”，办公室坐落在约旦大街12号大楼后部的一层。当时的环境下，初创企业的风险是十分巨大的，但博朗家族仍然帮助他筹集资金并建立了自己的公司。马克斯·博朗在AEG任职期间，公司发展迅速，这也从侧面体现出了他对市场以及工艺革新方面的敏锐嗅觉。

马克斯·博朗在自己公司中的第一个发明是Trumpf传动带连接器，这种类似于订书机的机器的基本功能是缩短或延长传动带，另外它还可以修理工厂的传送带。Trumpf诞生于第一次世界大战后，由于当时市场萧条，各种原材料短缺，所以这种便捷的传动带连接器十分受欢迎。1921年10月，他在法兰克福国际贸易博览会上展示Trumpf时，英国商人对在英国销售这台机器产生了浓厚的兴趣。博朗的儿子回忆说：出口销售这种机器赚取的利润帮助公司度过了日后不断严峻的经济形势，这是场十分艰难的斗争。

“这里是柏林（Voxhaus）”，这是1923年10月28日，德国电台开播的声音。至此，人们可以从广播电台收听音乐和了解新闻了。起初，这种新技术只有少数人能享受。1924年，德国政府颁发了1580份无线电许可证。此后，这一数字迅速增长，到了1925年，许可证数量达到了548749张；到了1926年，许可证数量已超过100万张；到了1928年，许可证数量超过了200万张。由于广播的时效性与新鲜性，在短短数年内，听广播便很快从业余爱好者的消遣活动转变成了人们的一项重要的闲暇活动。广播频道逐渐受到社会各个阶层人们的喜爱。

1922年，马克斯·博朗顺利通过了威斯巴登商会的机械硕士入学资格考试，这意味着他拥有了自己训练学徒的资格。在校期间，出于对广播这一新媒体的好奇，他参加了“广播与电报之友协会”的无线电技术夜校。

1925年，马克斯·博朗以优异的成绩结束了这段学习，他也因此获得了安装和操作收音机的许可证。但是当时，这项许可仍然在一些方面受到某些限制。和其他拥有许可证的人一样，马克斯·博朗只能把收音机卖给分销商和普通消费者。在那时，生产制作收音机都必须得到邮政部门颁发的生产许可证书。当时，提供接收信号的技术并不是免费的。在20世纪20年代，几乎没有人能负担得起每月两马克的无线电执照费。由于昂贵的执照费用，收音机组装零件开始变得热卖。购买收音机组装零件的主要是在第一次世界大战服役时初步掌握无线电技术且具有使用经验的工人。尽管最初的接收和制造质量非常差，并且只能通过耳机才能收听，但仍然吸引了广泛的爱好者参与。

马克斯·博朗作为这项新技术的发明者与销售者，走在了无线电技术迅速发展的前列。最初他用人造材料做实验，自己加热晶体，并制作了一个无线电探测器，该设备可以使得用户系统化地搜索无线电台，并简化了相关操作。马克斯·博朗使用新兴的泡沫塑料颗粒作为生产材料，用他自己设计的注塑机在这些探测器旁制造管架、旋钮和把手。很快，他的发明便有了成果。1925年10月8日出版的《电子工程协会技术期刊》将他发明的“Trumpf-Walzendetektor”评为“迄今为止最好最实用的无线电探测器”。

经过这一次的报导，公司收音机的市场份额急速提升。与此同时，无线电市场的竞争也越来越激烈。德律风根（Telefunken）多年来一直主导着市场，西门子、AEG、Loewe、Lorenz、Hut等公司也相继进入了无线电生产领域。成千上万的手工作坊也一并开始在无线电领域试水，但多以失败告终。

为了能够生产更多的产品，马克斯·博朗在1926年将生产厂迁至法兰克福西区。他的公司在这里生产管座、变压器、电容器、阻波器、分拨盘和插头等产品。为了能成功，他不知疲倦地工作着，每天除了在绘图板上设计电器，还要花费时间与客户进行交流。他的努力没有白费，很快，就连新的生产厂也难以满足生产加工的需要。1928年，他带领四百多名员工到了法兰克福加鲁斯区的新厂，这是一座更加现代、高效、功能齐全的工厂。值得一提的是，新厂生产所需的机器和设备有一部分是马克斯·博朗的公司自己生产制造的。这座带有“新法兰克福风格”的工厂反映了马克斯·博朗的现代管理理念。在这一阶段，收音机的设计为博朗后续的成功奠定了基础，同时，它也定义了博朗设计：创新的技术与流行的风格。时至今日，这些理念依然适用。1929年，博朗开始生产收音机和录音机的组合产品（图1-1），他们将收音机、唱盘和移动音响进行组合，使公司的产品在市场上脱颖而出。

从1931年起，马克斯·博朗加强了对外销售，并在荷兰、法国、瑞士、西班牙、突尼斯和摩洛哥设立了分公司。他还在员工威廉·维根德（Wilhelm Wiegand）的辅助下成立了自己的出口部门。随后，出口部门负责海外办事处和海外销售等事务。子公司“Max Braun & Cie”于1931年11月在巴黎开业，带有德国制造标签的博朗电器在法国很受欢迎——尤其是收音机和录音机的组合产品。在接下来的几年里，博朗出口的产品里有近三分之一都销往了德国西部的邻国。1933年，博朗在英国米德尔塞克斯郡的恩菲尔德建立了生产基地、在比利时的布鲁塞尔建立了组装车间。

此时，马克斯·博朗正在寻找一个适用于全球的文字标志来代表公司。1934年，他委托平面艺术家威尔·穆恩奇（Will Münch）设计了一个商标，穆恩奇后来还为博朗设计了广告海报和产品包装，以保持企业形象的一致性和明确性。穆恩奇为博朗找到了一种具有高辨识度价值的风格化图案：博朗名字中凸起的“A”不仅体现了Cosmophon 333博朗收音机半圆形顶部的外部形态，而且还体现了20世纪30年代博朗收音机圆形调谐显示屏的风格。之后的1952年，产品图形艺术家沃尔夫冈·施密特尔（Wolfgang Schmittel）为博朗开发了一个全新的商标，新商标也成为了提升企业形象的一种手段。施密特尔以1934年的商标设计为基础，并将其与有标注尺寸的象限拱门相结合。他的理念是，所有尺寸的字母都必须清晰，以方便画师或技术人员查阅使用。

1933年8月在柏林举行的第十届德国电台展览上，政府宣传部门展出了VE 301桌面收音机。为了使它们的结构标准化，所有的德国无线电制造商都必须生产由政府宣传部研制的收音机。这种标准化、技术简单、设计合理的收音机可以批量生产，因此可以低价格出售。

图 1–1　收音机和录音机的组合

与此同时，马克斯·博朗并未停止他的创新工作。1936年，博朗的第一台便携电池式收音机诞生，它因操作简单、造型实用而脱颖而出。1936年4月，马克斯·博朗与其他德国企业家一同前往美国进行了为期四周的旅行，期间他一直致力于寻求新的设计与生产思路。由于专业化、机械化和有序的分工，美国成为了优化操作程序的先驱，在很长一段时间里，马克斯·博朗对美国的生产流程赞不绝口。

1940年，博朗开始研制手持式发电手电筒（图1–2）。马克斯·博朗从法国的一款手持式发电手电筒中获得灵感，并将其设计发扬光大，最终取得了成功。除了设计方面的原因，这也得益于他在美国所学习到的工业化大规模生产的经验。此外，它的巨大成功也可能归功于当时的环境。因为战争时期，电池是十分稀罕的东西，停电成为了日常生活的一部分。在那时，手持式发电手电筒就成为了一个赚钱的工具。博朗每天能生产1000个，到1948 年已

图1-2 手持式发电手电筒

经生产了数百万个。

然而，这些产品并没有束缚住马克斯・博朗作为发明者与设计师的角色。1938年起，他就开始制造一款干式剃须刀，其模型多来源于瑞士和美国，但没有任何一家德国制造商生产同类产品。1942年深秋，马克斯・博朗最终决定研制干式剃须刀。作为一款日用品，它必须在尺寸和重量上与手持式发电手电筒相似，并且要便于用手操作。由于剃须刀的研发并不属于“对战争至关重要”的范畴，因此，马克斯・博朗只与少数值得信赖的专业人员一起秘密地进行这项研发工作。早在1943年，就已经出现了第一款可径向和直线移动的工作模型刀片，模具制造部门也生产出了第一款用于切削零件的冲压模具。1950年，博朗推出其第一款干式剃须刀——这是公司历史上的一个里程碑。它的模型最初是由象牙色的胶木制成的，但很快就被换成了黑色。产品有一个夹持杆，可以将外壳锁定在刀组上。

两兄弟时期的博朗

1945年3月29日，马克斯・博朗在过去24年里建立起来的公司已经不复存在。1945年5月初，马克斯和150名员工以及他两个战后归来的儿子埃尔文・博朗（Erwin Braun）和阿图尔・博朗（Artur Braun）（图1-3）开始在斯坦纳街（ldsteiner Straße）重建工厂。同年10月，埃尔文和阿图尔开始在他们父亲的公司工作，阿图尔是一名技术员，埃尔文是一名商人。

除了国内业务以外，马克斯・博朗和他的授权代表、密友威廉・维根德重新开展出口业务。从1949年开始，博朗的第一批外国代表开始在法国、瑞典、荷兰以及意大利的分公司开展业务。与此同时，博朗已经能够可以使用斯坦纳街工厂的大部分装备进行工业生产。1950年，工厂的重建工作也终于完成了。此外，公司还搬进了位于吕塞尔斯海姆街（Rüsselsheimer Straße）的新工厂，占地面积达4800平方米，马克斯・博朗将其命名为博朗第二工厂。

1951年，马克斯・博朗突然辞世，埃尔文和阿图尔两兄弟不得不接替马克斯・博朗的职位。30岁的埃尔文负责公司的销售业务，26岁的阿图尔负责公司的技术和生产。

在公司元老的帮助下，博朗兄弟接管了公司的管理，并将这家中型公司变成了全球知名企业。为了能够明确无误地将产品设计和创新技术相互作用，他们为博朗制定了新的标准，并开始书写属于兄弟二人的商业故事。

收音机、留声机、电视、剃须刀、厨房电器、摄影器材和点烟器都是其后博朗的代表产品。博朗“德国制造”的商标也逐渐在世界范围内的小型家电行业树立了精心制造、均衡设计和高品质的形象。

马克斯·博朗为两个儿子提供了很高的起点，他们继承的是一个发展稳健、中等体量、国际化的企业，同时公司的技术非常出色，生产的产品也广受好评。在20世纪50年代初，整个德国沉浸在市场繁荣的盲目乐观中，缺少居安思危的忧患意识，很多企业仍保持固有的生产模式。但是埃尔文和阿图尔两兄弟凭着与生俱来的经商天赋，迅速进行了重要的现代化改革。他们重新调整了公司的战略，使分销渠道现代化，同时特别注意广告的商业价值，使之更加专业化。兄弟俩在创新的路上不断前行，寻找着能够为公司开拓可持续市场的创新产品，就像当年他们父亲做的那样。在参加了1952年5月的摄影博览会（Photokina）后，埃尔文·博朗提出了制造一种小型、轻型、价格合理的电子闪光灯的想法。同年，电子闪光灯（Hobby）出世，标志着一种新的设备类别的诞生。

兄弟俩的想法是，设计高质量的博朗产品应注重耐用和实用，以明确展现其创新功能。特别是他们生产的收音机和留声机，为了在一众竞争对手的产品中脱颖而出，其外观都变得更加现代化。在那个时候，按照当时的传统，多数人理想的收音机应该是名贵的深色木材主体，带着打磨后的亮色，装饰着繁复图案的条带，并配有与金色交织的扬声器格栅。勇于创新的博朗兄弟开始为他们制造的收音机、留声机、电动剃须刀、厨房用具和电子闪光灯等产品寻找新的风格。值得一提的是，埃尔文·博朗在广告中发现了新的具有视觉吸引力的元素。很快，博朗不仅可以用单个电器，也可以用整个博朗产品群做广告。例如，通过健康饮食的讲座来推销食品加工机器。该公司甚至制作了第一个有关剃须刀的电影广告，这大概就是最早的广告植入了吧。

自1953年以来，埃尔文·博朗一直得到他的朋友弗里茨·艾希勒（Fritz Eichler）博士的鼎力支持，弗里茨·艾希勒博士是著名的艺术史学家、舞台设计师和导演。艾希勒希望通过个性化设计和高新技术理念，建立博朗公司明确的企业形象。此后不久，艾希勒就在博朗负责总体设计。在他的带领下，设计部成立，并继续着博朗一贯的产品理念。为了证明这一理念的价值，博朗向建筑和设计领域的合作伙伴寻求帮助。比较成功的例子有，德国工业设计的先驱威廉·华根菲尔德（Wilhelm Wagenfeld）帮助博朗设计了一种塑料外壳的便携式收音机和电唱机。最有名的是该公司与“乌尔姆设计学院”的合作，这所学校被视为包豪斯运动的后继者，但是一直沉寂无名，直到埃尔文·博朗聘请了该学院的汉斯·古格洛特（Hans Gugelot）教授和奥托·艾舍（Otl Aicher）教授后才有了名气。1954年，他们一起开始重新设计无线电和电话设备。

图1–3　埃尔文、阿图尔两兄弟（1951年）

在设计开始，乌尔姆设计学院的设计师和博朗的技术人员展开了深入的交流，顶着巨大的压力，该团队设计了全新的收音机和留声机产品线，并于1955年夏末在杜塞尔多夫举行的德国收音机、电视机和留声机展览上展出。汉斯·古格洛特、奥托·艾舍、华根菲尔德和博朗一起设计了收音机、录音机和电视机。他们从不孤立地看待这些设备，而总是把它们看作一个复杂的模块化系统的一部分。这种制造理念给制造商和消费者带来了很多好处。由于大规模生产，制造成本降低了；另外用户可以轻松地将这些设备组合在一起，无论上下排列还是左右排列都可以，而且维修起来也更方便。

奥托·艾舍不仅为博朗提供产品设计方面的建议，还为该公司印刷材料的设计提供建议。他建议将业务文档、小册子甚至使用说明（即使在今天，很多制造商仍经常忽略）设计为同一种风格。受到新兴简易电器的启发，艾舍设计了一个用于展销会的展位，该展位由易于安装的钢制型材、层压木板和嵌入式连接系统组成。1955年，博朗在杜塞尔多夫举办的展览上首次将这些物品采用明快简约的展示方式展出了最新设计的博朗电器。与其他制造商繁复华丽的展示效果形成了解明对比。该展位的美学效果是基于其清晰的结构、各个部件与材料之间的明确关系体现出来的。当时，这个特殊展位引发了争议。公众和媒体对此大加赞赏，但是也有批评的声音，马克斯·根德（Max Grundig）（他本人是该行业的先驱）认为这两兄弟违背了其父的遗愿。乍看起来这是对的，因为新产品的销售不如兄弟俩预想的那样成功。

图1–4　SK4唱机系统

尽管前进的路上充满了反对的声音和商业风险，埃尔文·博朗和阿图尔·博朗仍然继续他们的创新设计。虽然博朗仍在与乌尔姆设计学院的设计师合作，但同时也扩大了公司内部的设计部门–博朗设计部。与此同时，1955年，两名天才设计师——迪特·拉姆斯（Dieter Rams）和格尔德·阿尔弗雷德·穆勒（Gerd Alfred Mülle）开始了他们的职业设计生涯。当时的工作条件在今天看来非常简陋，但是博朗的设计师们非常敬业，即便是最简单的工具——一个木工凳，一个绘图板，一台车床和塑型的灰泥石膏也能满足工作需要。

博朗设计部的第一个产品是收音机—留声机组合的SK4唱机系统（图1–4）。在此之前的留声机是一种类似橱柜的柜子，通常与家具融为一体。SK4唱机系统的诞生标志着留声机就此转变为具有日常使用功能的物品。该唱机系统的底座是全新设计而成的，由U形金属板、矩形的木质边、扬声器和相互重叠的通风缝及几何设计的控制元件组成。与众不同的是，有机玻璃外壳很快赋予了这款设备传奇色彩，绰号“白雪公主的水晶棺”诞生了。

设计部的成立和SK4的诞生，催生了更多新的博朗设计。一个接一个，所有的博朗产品都开始进行重新设计。有序和对称成为重要的设计特征，埃尔文·博朗曾戏谑地表示“哦，我要是能申请直角专利就好了”。博朗设计风格终于确定，公司出产的电器功能强大，外形朴实无华，且易于操作。在包装和广告材料协调好的情况下，他们减少展示的内容，主要展示产品的基本情况。

博朗的新风格不仅涉及产品设计还包括公司与员工之间的沟通方式。回顾博朗针对员工的医疗服务的设立，弗里茨·艾希勒解释说："这源于埃尔文·博朗的个人信念和他对公司可持续性发展的坚持，这种结果使得博朗的产品获得了新的面貌和独特的个性。设计和健康并不是两个独立的过程，它们是整体商业概念的有机组成部分。"因此，员工受益于埃尔文·博朗对员工保健的热情，考虑到工作人员的身体健康，博朗健康服务提供疾病预防和牙齿矫正护理。在这里，员工可以接受治疗、参加运动和理疗课程或使用桑拿浴室。1957年，博朗在其医疗服务中增加了牙科诊所。1960年，位于法兰克福的第二工厂的食堂开始提供更清淡的食物，员工可以选择更健康的食物，包括乳制品和蔬菜等食品。

博朗还建立了一个公司图书馆，以促进心理健康发展，并组织讲座、电影放映和当代艺术展览。员工生日当天，公司会为员工提供唱片、运动录音带或文学作品。员工之间的联系、公司内部信息流之间的联系使员工杂志不断发展。"公司新闻"（Werksnachrichten）和后来的"公司镜报"（Betriebsspiegel）曾报道博朗各个工厂的新闻事件，并向员工通报不同部门的情况，还有技术互动、公司的战略问题和财务状况。公司还会定期举办研讨会，对员工进行生产和实际操作方面的教育。1955年，博朗是黑森州第一家引入45小时工作制的电器公司。

在20世纪50年代，由于美国的技术转让，德国工业，特别是电气工业的生产方法受到了重大的刺激。马克斯·博朗生产了大量的手持式发电手电筒，他以低单位成本大量生产标准化产品。随后，阿图尔·博朗将流水线生产现代化，让自己按照美国现代化工业生产标准行事。机床和生产机器也是专门为满足博朗的需要而制作的。

由于博朗电动剃须刀有着高需求，因此博朗投资了机械并扩大了生产。为此，阿图尔·博朗和他的团队在奥登森林的瓦尔杜恩建立了现代化的生产设施。1954年秋，那里开始生产剃须刀，大概有50名员工。20世纪50年代，在所有工厂，简化原料流动的现代化模式占领了主导地位。这样做的好处是工作效率提高了，博朗工厂每小时的产值达到18.16马克，比当地电器行业的平均产值高出51%。

1958年，为了扩大生产能力，博朗在陶努斯地区东南部的克朗伯格购置了建筑用地，选择这个地点是因为它交通便利。同时，瓦尔杜恩的工厂也扩建了。1961年1月，博朗电器股份有限公司开始在瓦尔杜恩生产厨房电器。1964年，博朗增加了一个成品仓库和其他生产区域，以使有足够的空间来生产厨房电器外壳的热固性部件。为了保持自己的技术优势和扩大生产，博朗兄弟投入了巨资并雇用了新员工。1956年，博朗雇佣的工人达到了2000人。在1960年，这一数字增长为3000人。在此期间，其营业额也翻了一番，达到1亿马克。

与生产一样，销售和市场营销也以美国模式为导向。这意味着针对特定群体的推销对博朗来说也变得越来越重要。例如，博朗不仅在女性杂志上为他们的食品加工机器做广告，同时还提供食谱建议。博朗除了采用与终端用户的现代沟通方式外，还开始在零售行业寻找新的分销渠道。埃尔文·博朗的第一个成功之举是创立了TOG子公司，该子公司采用了分期付款的方式，这在当时是一个不常见的方法，但却受到了专营店的欢迎。

为了让博朗品牌在公众中更加知名，埃尔文·博朗与其他以设计为导向的公司联合成立了"工业造型联盟"(Verbundkreis für Industrieform)，共有九家公司，其中包括陶瓷制造商Rosenthal、厨房用品WMF和家具制造商Knoll，出于对"典范设计"的共同兴趣，他们联合在一起，并在"form, farbe, fertigung"（"form, color,finishing"）巡回展览中展示了这一点。从1956年到1959年，该展览吸引了超过25万名参观者。

20世纪50年代，博朗产品也体现了多元化发展的特点，特别是在现代生活和家庭生活方面。1957年，该公司在柏林的国际建筑展览（"Interbau"）上展示了其产品。最引人注目的是由不同建筑师设计的60套公寓模型全都配备了博朗的产品。1958年，博朗在布鲁塞尔世界博览会上展示了自己的产品。此外，博朗还在许多城市设立了客户信息中心，以让有兴趣的游客、贸易商和客户获得博朗产品的信息，并试用留声机、厨房电器和剃须刀。博朗电器都是通过与博朗密切合作的专营店销售的。价格政策也是统一的，所有商店的电器价格都一样，这保证了经销商的利润。

总之，通过博朗兄弟坚持不懈的追求，博朗公司的产品成功地走向了大众。1953年，德国经济事务部长路德维希·埃哈德（Ludwig Erhard）出版了一本名为《重返全球市场》的书。在20世纪50年代中期，这一口号不仅是宣言，而是成为了现实。德国的工业区吸引了大量外国投资者，出口繁荣。德国的汽车、火车、工业设施、机器和发动机销往世界各地。电器行业也蓬勃发展：洗衣机、冰箱、电视机和收音机在国际市场上热销。

博朗也进行了海外扩张。1954年2月，埃尔文和阿图尔与美国罗森（Ronson）公司签署了生产剃须刀的许可协议。从那时起，博朗剃须刀在美国的龙森商标下发布。这笔交易价值超过1000万美元，是当时德国和美国历史上最大的消费品交易。它给了博朗足够的资金来资助它开发其他产品和设计计划。

为了进一步推动销售，埃尔文·博朗重组了分销体系。在德国，马克斯·博朗的原工厂被新的工厂所取代。此外，跨国公司收购政策和在海外设立代表处为博朗提供了更广阔的国际市场。1958年，博朗公司在加拿大、芬兰和荷兰设立了子公司。1962年，博朗公司在丹麦、法国和日本设立了分支机构。1960年，博朗公司在瑞士巴登成立了博朗电气股份有限公司。

当时，博朗还不得不应对一些国家的进口限制，这就是为什么博朗在1962年收购了西班牙家电制造商皮默，并将其改名为博朗埃斯帕诺拉公司的原因。该公司是一家自行生产圆顶缇可（tic）电器的公司，其产品包括HLI台式风扇。博朗公司“完全从消费者角度去考虑产品”的基本原则也得到了应用，为此，博朗在意大利米兰的拉里那森百货公司设立了信息中心。20世纪60年代，博朗在西欧、美国和东亚还设立了总部、组装厂、子公司和销售办事处。到2005年前后，博朗大约三分之一的产品出口。

这一时期，博朗在对国外业务重组之后，对总部也进行了改组。1960年，董事会开始负责制定有关公司政策的指导意见，而管理层则负责指导运营。1962年1月1日，博朗由普通合伙企业变成了上市公司，希望首次公开募股能确保企业拥有更稳健的财务能力。然而，根据股票公司法，在博朗股票上市交易之前，博朗必须提交两份公司报告。从1964年开始，为了保证证券交易的成功，博朗必须继续展示其创新活力，从而募得基金，以扩大其市场份额。

博朗设计与博朗公司的崛起

博朗能在全球市场上取得增长，不仅得益于已建立的产品线，如剃须刀和家用电器生产线，同时也与新的产品领域有关。1962年，博朗收购了慕尼黑制造8毫米（超级8）电影摄像机的公司尼佐尔迪（Niezoldi）和克莱姆（Kraemer），并增加了摄影业务。由于其出色的人体工程学设计和技术质量，博朗的Nizo电影摄像机很快成为世界各地人们追捧的狂热产品。同年，一家生产电子温度测量和控制电器的电器制造公司被并入博朗集团，名为博朗电子股份有限公司。总体上，博朗公司的营业额在1962—1963财政年度增长了10%，达到1.14亿马克（图1-5）。特

图1-5　埃尔文·博朗、阿图尔·博朗、弗里茨·艾希勒与德国经济事务部长路德维希·艾哈德（Ludwig Erhard）（左）谈话（1962年）

图1-6 在贸易展览会上试用六分仪剃须刀（1962年）

别是家用电器、剃须刀和照相用具有了相当大的增长。博朗的“德国制造”标签已是成功出口产品的质量保障。

博朗剃须刀的发展史就是一部不断创新的历史。从1962年开始，SM 31六分仪剃须刀（图1-6）凭借技术细腻、造型精致，以及其哑光黑色的外观，就相继卖出了数百万台。六分仪系列剃须刀包含创新技术与舒适度两者。剃须刀保护网的新型蜂巢结构，将“六边蜂巢”结构赋予“六分仪”这个名字，无论胡须向哪个方向生长，它都能够剃得干净。由于应用了新的生产技术，它的剪切刀片变得非常薄，但仍然能够稳定地实现温和而彻底的剃须功能。人们甚至为SM 31六分仪剃须刀设定了新的设计标准，像HT 1烤面包机和HE浓缩咖啡机一样，它的外壳颜色也设计了两个版本：哑光黑和哑光银。这种高级配色方案从此成为了博朗产品的特色。

20世纪60年代，博朗在各个领域都实现了长足的进步，包括各类型产品、子公司、国外分公司、国内市场、员工数量等。因此，公司于1963年对组织结构进行了一次调整。技术、设计和行政仍然是“横向”的业务部门，而剃须刀、家用电器、摄影和电子产品等领域，则是“纵向”引导的产品开发与制造，且各领域与其客户关系基本独立。

以这样的组织结构为基础，开发、技术和设计在创新方面携手并进。博朗文化的典型特征是每个参与者之间都具有相互信任的工作关系，技术和设计是相互影响的。有

TP 1
1959 I Design: Dieter Rams

Der Phono-Transistor TP 1 bringt erstmals zwei tragbare Phonogeräte zusammen: Er kombiniert das Transistor-Taschenradio T 4 mit dem Miniatur-Plattenspieler P 1, der die Schallplatte von unten abtastet. Ein Aluminiumeinschub mit Trageriemen verbindet die zwei Geräte.

The TP 1 phono-transistor was the first appliance to combine two audio devices: the T 4 pocket transistor radio and the P 1 miniature gramophone, with the record grooves facing down rather than up. The two devices were joined by an aluminum insert with a carrying strap.

图 1–7　TP1 声音外放收音机

时，工程师提出了一种新的方法，并得到了设计师的支持；有时，这些想法来自设计师，然后由工程师实施。

博朗就是这样不断扩大其产品线的。早在1957年，公司就在欧洲推出了第一台全自动幻灯机并在杂志上进行了介绍。Combi剃须刀也得到了改良，剪切刀片与长毛修剪器的组合式切割系统成为后来博朗剃须刀的典范。博朗在广播和留声技术领域也处于领先地位。早在1959年，TP 1声音外放收音机（图1–7）就使用户能够在移动中聆听音乐，而不受空间的限制。特别是1962年至1967年，在公司历史上被称为“大设计”时代。到了20世纪60年代，轻音乐和流行音乐终于成为大众文化的一部分。随着唱片业的迅速发展，1965年，当时西德的唱片销量达到了1630万张；五年后，这一数字增加了2.5倍。对于博朗来说，唱机设备的市场开始变得越来越重要。与此同时，公司继续采用汉斯・古格洛特、迪特・拉姆斯和弗里茨・艾希勒提出的唱机设备模块化设计。Studio 1音响系统将扬声器组与控制单元分离，并设计为留声机模块化系统——这意味着博朗早在20世纪50年代末就进入了HiFi高保真时代，并在此过程中实现了新的声音维度。

1963年，T1000收音机在设计及技术上制定了新的标准。它可以接收超高频、长波、中波以及八个高频范围。它的立方体封闭式机身可以打开，其精确设计的控制面板、图案精美的调谐盘以及排列清晰的连接器插座使它脱颖而出，与众不同。在外壳盖上的一个隔层内，有一个独立空间可以存放产品说明书，以供人们随时取用。为了展示这些设备的优良性能，博朗于1963年开始在美茵河畔法兰克福Opernplatz歌剧院广场的博朗工作室和各个信息中心定期举办唱片音乐会。

形式与功能的完美结合使得博朗揽获了众多奖项。1957年，在第11届米兰三年展上，博朗的整体产品系列赢得了大奖。1961年和1963年，博朗在伦敦获得了Interplast杰出塑料应用设计奖。给意大利米兰La Rinascente百货公司的产品进行的设计也获得了Compasso d'Oro奖。博朗的产品不仅迅速进入了千家万户，还进入了设计界、当代博物馆和博览会。1958年至1959年间，纽约现代艺术博物馆展出了博朗的T 3袖珍收音机、声音外放收音机便携式系列、KM 3食品加工机以及PA 2投影仪。1964年，纽约现代艺术博物馆开设了一个设计展馆，特别展示了博朗的全部作品，这是对博朗公司和设计师们的赞誉与肯定。他们的产品最终成为了20世纪设计美学的典范。

博朗在20世纪50年代和60年代的崛起是十分迅猛的，但由于全球市场竞争日益激烈，它自身发展也受到了限制，特别是来自新兴经济强国日本的竞争。在德国，20世纪60年代末的第一次战后经济衰退令人忧解，经济增长也放缓了。博朗公司也由于持续的投资导致现金流出现了一些问题，公司发现自己越来越难以继续走先进技术和宏伟设计的创新之路，未来扩大生产、开拓研发所需要的必要成本似乎太高了。因此，埃尔文・博朗进行了与西门子（Siemens）、博世（Bosch）和佳能（Canon）的谈判但并未成功。

被吉列收购后的博朗

1967年，博朗将总部迁至陶努斯地区的克朗伯格，总部位于波士顿的吉列公司收购了博朗的多数股权。在吉列公司的领导下，博朗兄弟留下了一个健康完善的国际公司，公司的年营业额从1951年的1400万马克增加到1967年的2.76亿马克。同期，员工人数从800人增加到5700人。与此同时，产品线已经包括收音机、留声机、电视机、剃须刀、厨房用具、摄影设备和打火机等。

通过收购博朗，吉列公司不仅扩大了产品组合，同时还获得了德国博朗的优秀员工、成熟产品以及设计技术。反过来，吉列公司也为博朗提供了广阔而完善的销售渠道，使得公司可以利用这些渠道来巩固并扩大国际市场。尽管经历了这些变化，博朗的理念仍然适用，博朗产品将继续提供具有高实用价值和典范设计的智能技术解决方案。

尽管所有权发生了变化，经济形势也出现了波动，但博朗电器依然保持一贯的设计路线，并坚持质量优先的产品策略，这一理念促使公司不断改进。在并入吉列公司的过程中，博朗的主要组织结构发生了变化：设立新的部门，调整人员，并对145个国家的国际业务进行了重组。同时，一些产品步入系列生产准备阶段，另一些产品则被放弃。

1968年，员工们热切期待着博朗被吉列收购后的第一次员工大会。大会传递了一些积极的信息，博朗股份公司的机构将基本被保留，博朗董事会的所有成员仍将继续留任。吉列总裁和董事会主席文森特·C·齐格勒（Vincent C. Ziegler）做出了以上承诺并保证在未来几年内履行这个承诺：博朗不会失去任何一个部门，博朗的产品范围将进一步扩大。然而，1968年2月，美国波士顿司法部以美国反垄断法为由，对吉列收购博朗股份提出了反对意见。在与当局成功达成协议后，克朗伯格员工杂志（“公司镜报”）Betriebspiegel在1968年报道称，没有什么能阻挡“吉列和博朗之间的工作关系”，这种母公司和子公司之间的工作关系得到了回报。吉列公司在145个国家为博朗开辟了新的销售渠道，同时，在博朗公司的帮助下，吉列公司得以发展干剃须刀业务，并从博朗公司一流的设计和技术中双双获益。这是1968年在美国一场名为“博朗——公司之貌”的巡回展中向广大美国公众所展示的。所有权变更之后，由设计总监迪特·拉姆斯领导的团队也保留了必要的自由，继续开发独具特色的博朗设计。久经考验的企业理念依然存在：博朗设计是“没有解决方案，而是将设计视为从零开始，为每个产品找到一个好的解决方案，对产品的用户有利，而并非为了制造商的金库服务”，这是拉姆斯后来对这一理念的总结。“在这个过程中，有很多人参与其中。他们在不同的时间，以不同的角色，产生了不同的效果。”正如博朗兄弟和弗里茨·艾希勒已经确立的那样，设计部门直接向管理层汇报。即便在吉列公司的保护伞之下，设计部门和运营管理部门之间的密切联系仍然有效。设计师与技术人员一起负责从最初的想法构思到生产线的产品开发。

博朗奖（设计）于1968年首次颁发，是德国首个旨在推广设计师作品的国际竞赛。该奖项面向为科技消费品提供杰出解决方案的年轻设计师。作为博朗奖的发起人，博朗希望强调工业、设计和产品创新的重要性，并推广“服务于人们日常生活各个领域”的产品设计理念。除了培养年轻的设计人才，博朗奖还将优秀设计的标准带入大众视野。第一个奖项由日本的梅田正德（Masanori Umeda）和德国的弗洛里安·塞弗特（Florian Seiffert）共同获得，前者因其设计的可移动生活单元概念而获奖，后者因其设计的16毫米胶片相机而获奖。博朗奖引起了设计部对于德国设计师弗洛里安·塞弗特的关注，并聘请了他——这说明博朗奖不仅是一种推广新人的方式，也是一种招揽人才的方式。该奖项创立至今已有50余年，如今，消费者面对的是琳琅满目的产品，面对产品和设计价值的琐碎化，让博朗奖逐渐认识到，自己的任务是在它们面前树立一个榜样。这是因为公司成立90年来日复一日的经验已经证明了一件始终正确的事情：没有创新、内部设计和功能质量，就不可能有长久的成功。

在吉列的保护下，博朗实现了生产过程的现代化。1970年，博朗在克朗伯格建立了测试部门（图1-8），在那里，项目团队成员使用上了当时最先进的测试工具，它既节省时间又高效。博朗将越来越多的注意力转向生态问题，新技术和优质材料的使用使机器更小，材料消耗更低。从20世纪70年代开始，在世界范围内，环境保护变得越来越重要。1971年3月，德国第一部环境保护法案生效。同时，石油价格上涨，全球石油危机迫在眉睫。博朗对石油危机做出了反应，通过将他的包装从聚苯乙烯改为防震纸板来保护环境。博朗产品卓越和耐用的质量日益提高了生态逻辑的维度。

博朗的产品在不断地完善。“我们一直在和自己竞争”，这是一位员工总结出的自己的工作动机，TS/A501立体声调谐器就是这一创新过程的成功范例。它紧凑的控制元件使其只有6.5厘米的高度。为了散发运行中产生的热量，技术人员开发了一种特别扁平的变压器。除了改进现有的电器外，博朗还大力开发新产品：1971年，博朗台式点烟机结合了美观的外形和现代电磁点火技术。该公司的组合产品包括卷发棒、吹风机和口腔卫生产品，以及时钟和桌面闹钟。

20世纪70年代，博朗继续在行业内的主要展会上展出已有的产品和新的产品，例如参展1971年的汉诺威贸易博览会（Hannover Trade Fair）。这一时期，博朗更多地进入了大众的视野，例如，博朗的女士剃刀吸引了85000名访客。博朗的展会团队不断地优化由墙壁、支柱和展览家具组成的模块化系统，以便博朗的产品能展示出最好的状态。20世纪70年代中期，一个拥有12名员工的团队只需要7天时间就可布置一个占地800平方米的展览空间。

1976年，博朗公司在市场上推出了第一款电子袖珍计

图1–8　博朗在克朗伯格的测试部门（1970年）

算器（ET22），这震惊了办公家电行业，因为该行业协会预估当时德国仓库大约有150万台陈旧的袖珍计算器，但是没人有兴趣购买。当时电子计算器的时代才刚开始，最初消费者对这种复杂而昂贵的技术持怀疑态度。相比之下，博朗提供了简单的技术和操作，博朗在广告中承诺：电子计算器会更加可靠，因为计算器的按钮周边外形是凸起的。实验表明，这样设计相邻的按钮，被错误操作同时按下的可能性较小。这种符合人体工程学的设计很快成为了博朗的另一个经典作品。博朗公司首次推动了产品中采用芯片技术的新发展方向。

这些微型电子产品逐渐替代了几乎所有过时的电器产品。1977年科隆（Cologne）举行的家用电器博览会（Domotechnica）上，博朗作为创新先锋，提出了无线电时钟中的一项新技术。

1979年，微米（Micron plus）电动剃须刀在设计和技术方面成了一个里程碑。微米剃须刀系列采用了许多制造商今天仍在使用的创新设计元素；它所采取的复合材料表面将硬塑料外壳与较软的、以线或点凸起的元素相结合，这创造了一个更容易抓握的表面，给人以全新的感觉。对于第一批微米剃须刀以及后来的电池供电设备，博朗与拜耳公司合作开发了一种可以将软塑料和铝牢固黏合的技术，从而产生了新一代高品质剃须刀。这款剃须刀的亮点在于易于处理，创新的剃须刀头可以用两根手指代替螺丝刀来拆卸。这款“自带开关的滑动机构”已获得专利，同样新颖的是表面的球形结构，使产品具有更好的防滑功能和更现代的外观。为了使产品更加可靠，技术人员必须进行大量的实验，以找到将柔软的合成胶应用到金属外壳的最佳方法。经过多次试验，博朗开发出了新的铣床加工工艺，进而将这种软硬材质的结合运用在许多产品上，比如桌面点烟机F1 Mactron也拥有了鲜明的金属外壳。博朗又一次成功地开发了新产品，1987年，博朗推出了第一款声控闹钟AB 30VS，因为配置了麦克风，人们只需要说话就能操控收音机自动关闭警报信号。

然而，考虑到开发成本高昂，部门的产品发展方向经常引起争论。1980年初期，电动剃须刀和小型家用电器，特别是咖啡机和蒸汽熨斗获得了巨大的成功，这使博朗获得了更大的市场份额，胶片设备同样扩大了市场份额。但是这些收益无法弥补必要的高额投资，这就是为什么公司渐渐解散摄影设备部门并把它移交给博进（Bosch）和宝华（Bauer）的原因。1983年，博朗的打火机因需求量的下降退出了市场。此外，吉列还推出了自己的品牌Dunlop一次性打火机。同样，成本非常高昂的高保真部门被分离出来成为了博朗电子股份有限公司（Braun Electronic GmbH），其导致了营业额短期的下降，但是也产生了积极的影响，大量的高保真部门的专业技术人员能够更多地在个人护理部门工作，能够从技术知识中收益。

1984年，吉列接管了欧乐，进入了口腔卫生领域。自1963年以来，博朗初次在电动牙刷产品上进行了尝试，并在1970年巩固了地位。这就是博朗和Oral-B一起继续开发电动牙刷的基础。同时，公司的创新周期迅速加快，到20世纪80年代中期，有72%的博朗产品投放市场的时间不到五年，三分之一的产品投放市场的时间不到两年。

90年来，博朗一直是著名的品牌产品制造商。博朗品牌代表着优质、实用和耐用的产品，这一名誉一次又一次地得到了证明。由于进行创新研究，公司一直在开发简化和改善客户日常生活的产品。20世纪50年代以来，博朗就已经科学地评估了公司政策对消费者的影响：首先通过消费者调查，然后再通过消费者对产品的实际测试。只有了解生产商和消费者之间这种密切关系，博朗才能把已经开发好的产品推向市场，并对其进行调整，以适应消费者不断变化的需求。博朗在20世纪60年代就进行了最初的产品满意度调查，大多数受访者仍表示对博朗的质量非常满意，并表示在购买新产品时会再次选择博朗品牌。这些结果在接下来的几十年中得到了证实。今天，博朗这个名字代表了技术卓越的德国制造的产品和可靠的售后服务，跨越了所有国家和社会边界，这是一个全球大型品牌。

博朗的员工提高了公司的效率，作为回报，公司为员工提供了更高的福利。1969年，家属养老金、孤儿津贴和职业养老金以及提前退休的机会成为了公司提供的综合社会福利的一部分。1970年，博朗开始实施"Good Idea"方案，员工可以提出建议，作为公司建议计划的一部分。"Good Idea"的主要目的是就对如何改善和促进工作、改进整个生产过程、提高工作效率和安全以及避免事故提出建议。同时，博朗将人力资源开发系统化，逐步完善了培训。在克朗伯格新成立的“Am Auernberg”培训中心里，新学员找到了一种“可以根据博朗的传统，以最好的方式朝着他们的专业目标发展”的氛围。除了培训室，该建筑还拥有自己的电气车间、电器测量实验室、绘图室、焊接室和储藏室。人事部门制定了培训计划和高级培训计划，旨在确保博朗公司人力资源管理和员工资格的巩固和可持续性。

即使在吉列公司的名义下，员工队伍仍然强烈认同博朗，而美国的母公司也鼓励这种态度。对新发展的开放态度和对所做工作的相互认可继续在博朗的文化中得到促进。“工作设计”也构成了公司设计方向的一部分：跨学科的项目和团队提升了团队合作的主动性，团队的合作发展使创新思想更成熟，也提升了每一个成员的工作热情，团队成员力求改进和创新，以为集体的成功做出自己的贡献。

面向全球的博朗

为了扩大公司规模，博朗于1969年夏季成立了一个新的国际业务部门：产品和业务部门。其主要负责外国子公司和外国代表处之间的对接。国际业务部门计划了博朗在现有和未来市场中的所有市场计划，并安排外国子公司相关人员的工作任务，协调其工作关系。

成立于1973年初的博朗电器日本公司是基于博朗早在20世纪50年代德国成立的公司，起先是通过一家日本公司进行代理销售。在日本，博朗销售剃须刀、打火机、家用电器、个人护理产品和高保真音响。博朗的纯粹和精简设计与日本人的美学欣赏高度契合。在日本，博朗产品和谐、美丽、朴素，得到了用户们极大的赞赏。日本很快发展成为德国和美国以外的全球最大的剃须刀市场。博朗电气日本公司在当地组织经销，并经营自己的营销部门。公司还对所有电器的使用说明和包装进行了与电器本身一样彻底的检查。尽管运往日本的产品需要花费六到八周的时间，并且空运和商场租赁的成本非常高，但业务仍在蓬勃发展。

除出口产品外，德国以外的生产也在20世纪70年代进行了扩大。1974年，由于爱尔兰为外国公司提供了良好的投资条件，博朗在卡洛建立了一个新工厂。1979年，卡洛的工厂不到800名员工生产了“天宝”打火机、护发产品、电源电缆以及相关零部件，例如动力装置、刷子和剃须刀保护网。随后博朗在西班牙和南美开设了新的生产基地，并增加了在阿根廷、巴西和墨西哥的生产设施。20世纪70~80年代，博朗产值增长最快的是英国、阿根廷、西班牙和芬兰的子公司。

博朗的国际化定位反映了德国的经济发展情况。从1975年到1980年，德国商品的出口量从2220亿马克增加到3500亿马克，外贸的重点放在了欧洲。20世纪80年代初，博朗集团国外营业额占总营业额的77%。增长市场主要是斯堪的纳维亚国家、日本和加拿大以及阿拉伯和南太平洋地区。但是，这种国际定位在20世纪80年代末铁幕破裂后，在新市场开放和全球化加剧给竞争者带来严峻挑战时受到了新的考验。

20世纪80年代中期，博朗的产品在德国售出了四分之一，在西欧售出了二分之一，博朗通过新的剃须刀提高了自身的知名度。20世纪90年代，在德国统一后，铁幕的倒塌进一步扩大了市场。剃须刀仍然是博朗收入的最重要来源，也是博朗品牌的拳头产品。

20世纪80年代，博朗的事业蒸蒸日上。1984年，博朗股份（AG）的总营业额首次突破10亿马克。剃须刀、家用电器、美发和口腔卫生用品部门均实现了两位数的销售增长率。剃须刀仍然是该公司的热销产品，并且不断地进行技术测试以保证其质量。例如，在1986年，德国消费者基金会（Stiftung Warentest）对来自六个制造商的十台电池供电的剃须刀进行了第三方测试，并进行了比较，被认为“非常好”的两种型号均来自博朗。凭借新产品，博朗满足了消费者的期望。例如，新款带电池的剃须刀可以在移动中使用，他们的电池甚至可以通过连接汽车点烟器插座进行充电。

1988年5月，瓦尔杜恩（Walldürn）工厂出产了第1架剃须刀”。在随后的几年中，博朗扩大了工厂，提高了生产能力。20世纪90年代初，柔性控制（Flex Control）剃须刀不仅在欧洲热销，在日本和北美也获得了成功。回顾多年来博朗在该领域的技术经验和创新，其设计变得越来越简约，清洁更彻底，使用时更柔和、更方便。1991年，博朗成为了剃须刀的全球市场领导者，时至今日仍然保持这种地位。

1990年11月，博朗收购了法国土伦（Silk Epil S.A.）和巴黎（EpilianceS.a.r.l.）公司，从而巩固了其作为身体护理产品生产商的地位。博朗制造了silk-epil脱毛器，其颜色和依据人体工程学设计的造型满足了女性的需求，成为女性美容产品中的全球领先品牌。拉迪剃须刀系列的剃须刀久经考验且值得信赖，它可将表面的毛发剪掉，并配有电动脱毛器，可通过旋转镊子去除毛发的根部。

20世纪90年代，电动牙科保健领域也出现了新的项目。早在1984年，博朗将口腔冲洗器和牙刷相结合成功创造了世界第一个牙科中心OC3。然后，博朗利用博朗工程师的技术知识和博朗设计团队的技能与Oral-B联合起来开发出了电动牙刷。1991年，博朗的自动清洁中心（Plak Control）彻底改变了市场。电动牙刷顶部是圆形刷头，就设计而言很吸引人。从技术上讲，摆动和圆形刷毛的概念确保了最大、最温和的清洁效率。1990年左右，电动牙刷成功的产品创新不仅成为了博朗公众形象的特征，也见证了另一个重要时代的终结：博朗取消了高保真HiFi部门。当时，销售仅集中在德语（使用）地区的少数产品上：德国的400家零售商产生了大约95%的HiFi销售份额。然而，面对全球竞争，该产品线已被优胜劣汰的残酷法则所摒弃，但博朗没有立即裁掉这个屡立战功的部门。1990年秋天，这个部门发行了高保真音响的最后版本——限量5000套，每套都有自己唯一的独立编码，并立即成为收藏家的藏品。

1995年，全世界有3600万人选择了博朗产品。营业额的主要部分来自市场上生产还不到五年的产品。在激烈的全球竞争中，顶级产品和领先技术很快被复制，这就是为什么公司明确遵循“确保优势”的格言。博朗致力于调查消费者的行为，用以识别客户的意愿并将其转化为复杂的技术创新。博朗从事此类市场研究已有数十年之久，而在80年代和90年代，全球竞争日益激烈，关于客户满意度及其与品牌关系的知识变得越来越重要。博朗市场研究人员定期分析客户行为，测试客户参与新产品的开发、测试和评估的每个阶段。在开发公司产品时，要考虑到直接的客户反馈、客户满意度调查的结果以及最近来自社交网络互动的信息。为此，德国、西班牙、英国和美国的博朗市场研究部门还根据对基本需求、态度、习惯、消费者的行为方式、生活方式的观察和研究，分析了对应市场的特殊情况、其他产品类别的趋势和发展。甚至外部专家也以他们的专业知识来支持博朗的市场研究，例如，牙医评估了博朗的口腔卫生产品。对国际市场的研究和对产品策略的研究自然也使竞争者保持了对竞争的关注，由此评估可能的风险，因为所有新的发展甚至是现有产品组的附件都需要巨额的资本投资。

市场研究部门确定了产品的市场潜力，产生了指导董事会投资决策的重要信息。“确保优势”也是研发部门的目标。自20世纪80年代晚期以来，研发团队面临的最大挑战是高速发展的技术。自然科学家、工程师和技术人员为未来的产品创意开发了跨学科的解决方案。这种成功的跨学科交融的例子有20世纪80年代的改良版风扇叶轮，因其音量小的优势自1988年以来已在Silencio吹风机中使用。同样的例子还有改进了的微米Vario 3剃须刀，其运用到了线切割技术和驱动概念。到目前，该生产模型是所有博朗剃须刀中产量最高的，已经生产了2000万台。

直到今天，博朗通过完善其生产工艺和制造技术，并凭借“德国制造”的高品质，在廉价生产这场竞争中胜出，并不是一件容易的事。在20世纪80年代初，博朗也生产了闹钟、厨房时钟和壁钟，但是出于价格的原因，在远东地区的销量很低，这种情况引起了博朗的重视，设计开发部门、产品设计部门、中央工程部门以及马克特海登菲尔德（Marktheidenfeld）工厂的员工严格审视了所有生产线，讨论了可能的解决方案，进行了试验和完善，使得钟表生产从韩国迁移到马克特海登菲尔德工厂成为可能。该工厂从开始每天生产1000个时钟，在三年内设法将日产量增加到13250个。《员工》杂志报道了1985年团队合作的成果：马克特海登菲尔德工厂的时钟不仅“生产成本更低，而且比远东的时钟更好”，公司很快报告了该部门的两位数增长率。

即使在20世纪80年代初，马克特海登菲尔德的博朗工厂已经在运营一个带有计算机控制物流的高架仓库。在这之后的十年间，装配厂中的现代机器人技术进一步提高了生产率。中央工程部门负责机械的规划、计算和生产，还负责机器人技术的使用。Multipraktic Plus厨房电器的打蛋器是博朗使用机器人制造的第一款产品，该技术将制造成本降低了三分之一，定制的操作软件以可靠、全自动的方式监视和控制生产过程。

博朗办公室里很早就有了个人电脑，并很快开始影响到设计部门。自1996年以来，计算机已经被用于使用3D CAD(计算机辅助设计)来呈现三维物体。设计师使用CAD软件与模型制作人员进行沟通，然后模型制作人员使用高速铣削装置等高性能工具在短时间内制作出新的模型。这项新技术大大缩短了从最初构想到最终模型所需的时间。

为了保持在经验和知识方面相对于竞争对手的优势，博朗会自己生产所有新产品所用到的模具。由于博朗的大部分设备都是用合成材料制造的，所以塑料部和工具技术部的员工每年为各工厂的采购规划多达300种新的注射成型模具。博朗在其他产品线中也使用了成熟的技术和工具。硬软技术——自博朗首次用于Micron plus通用剃须刀外壳上的埋入式结构以来得到进一步发展，例如，也被用于牙刷和手动搅拌器上。因此，从2002年起，塑料零件及其硬区和软区能够在一个工作过程中生产出来。工艺工程的另一个例子是硅树脂的使用，博朗在防水剃须刀的生产中使用了硅树脂。由于人工插入硅密封非常耗时，因此成本高昂，博朗的技术人员和工程师开发了一个双组分硅铸造工厂——这是扩大博朗产品的基础，例如扩大了Silk-epil 7脱毛器的产量。电池驱动的脱毛器在洗浴时使用安全舒适，减少了使用中的不适。这是一个典型的博朗体验，来自客户的愿望、市场研究、开发和设计的互动。

公司的设计取向包括工作关系和工作场所的设计。以保健服务为例，大约60年前在埃尔文·博朗的倡议下建立起来的保健服务，今天仍然为员工提供广泛的体育活动、物理治疗和康复措施。在各个工作领域需求不断增长的时代，随着员工工作年限的增加，博朗希望为员工提供工作与健康的平衡，并保持他们的身心健康。另一个例子是跨学科的团队合作，这是博朗几十年来成功的基础之一。在博朗看来，工作关系的设计还包括奖励的灵活性，以增强员工的责任感，实现机会平等。

1989年，拥有近9000名员工的博朗集团的产品在西欧市场几乎每秒钟都能售出一台。欧洲市场是博朗在西方世界最大的市场。其3.25亿消费者的购买力接近55亿马克，仅在德国就占了四分之一。东欧市场开放后，博朗进一步得到了发展壮大，特别是在俄罗斯、捷克和斯洛伐克共和国以及匈牙利的发展，博朗电气BT公司于20世纪90年代中期开始在布达佩斯开展业务。与此同时，德国人口结构的变化和生活方式的改变也给博朗带来了新的挑战。20世纪90年代初，35岁以下的单身居民占据了四分之一的当地人口总数，其他许多工业国家也呈现出类似的情况。当时，现代城市发展出了一种非常个人主义的生活态度，培育了一种基于时尚、风格和独立的消费文化，现代工业社会日益分化形成了不同种类商品的环境和亚文化。针对这种情况，博朗继续依靠高质量、高审美的产品，并将新技术与已被证明的企业价值相结合，在现有产品技术标准很高的基础上，继续在审美上加以发展，以吸引较年轻的顾客群体。

20世纪90年代，咖啡成为对风味和口感要求极为苛刻的一款饮料。1996年，除了传统的咖啡机，博朗还推出了意式浓缩卡布奇诺Pro E 600咖啡机。

同时，在个人护理产品的系列内，推出改进的Oral-B Plak控制Ultra电动牙刷和专为男性设计的Control Shaper电吹风。博朗还在商业期刊和杂志上刊登各种各样的广告。1996年，博朗接管了前红外温度计制造商ThermoScan(美国)，再次扩大了博朗的产品品种。日本、加拿大和美国继续是集团重要的海外销售市场。同时，博朗将关注重点日益转向了中国：新的销售公司——博朗电气有限公司(Braun Electric Co., Ltd.)，以满足不断增长的中国市场的需求。

博朗产品的发展体现了现代化、优质化、国际化的理念。1998年，其营业额突破了30亿马克大关。博朗在美国母公司吉列集团中占有一定的份量，并在吉列于世纪之交更加统一其品牌政策时得以保持。1999年，吉列集团将旗下品牌合并到一个全球营销机构，影响了一年前刚刚从股份有限公司转型为有限责任公司的博朗。这引起了出售博朗旗下的家用电器、护发和诊断设备等业务部门的疑虑，然而，2000年夏天，在对该业务进行了深入分析后顾虑没有了。同时，公司开始发展新的产品，推出了配备创新的自清洁系统的Syncro 电动剃须刀，它可以自动清洗剃须刀并为电池充电。2003年，博朗的营业额比前一年增加了

图1–9　博朗第一款自洁Syncro电动剃须刀

11%。博朗剃须刀在美国市场上的销售比以往任何时候都更成功。博朗的家用电器在俄罗斯和土耳其尤其受欢迎。此外，博朗还推出了新的蒸汽熨斗、脱毛器和剃须刀清理部件等产品。

宝洁时代的博朗

2005年，消费品公司宝洁(Procter & Gamble)收购了吉列（Gillette），博朗经历了另一个新的转折点。正如吉列的老板詹姆斯・M・基尔茨(James M.Kilts)所言，这两家公司的“优势、文化和愿景”相互补充，这两家公司融合在一起，为博朗提供了一个与世界上最大的消费品公司联合起来展示其创新能力的机会，然而，博朗仍然是博朗。

2005年，博朗成为宝洁公司旗下23个全球品牌之一，年营业额超过10亿美元。博朗将其传统与特色带入了新的集团，与此同时，博朗的优势——设计、技术和创新也支持着宝洁的其他品牌。如今，博朗的产品范围包括电动剃须刀、脱毛仪、搅拌器、熨斗和咖啡机等。消费者可以放心，即使在未来，博朗也会为他们提供更为优质的产品，旨在让生活变得更为轻松便利。

“顾客就是老板”是宝洁公司深信不疑的经营理念。博朗从1837年就开始销售品牌产品，因此具备丰富的品牌产品销售经验。半个世纪以来，总部位于美国辛辛那提市的宝洁公司在德国只设立了子公司。在最近的一段时间里，宝洁公司收购了多家集团。迄今为止，该公司历史上最大的一笔收购是2005年对吉列的收购，交易价值570亿美元。从那以后，博朗也成为了全球最大消费品公司的一部分。

在传统上，博朗一直觉得自己受制于母公司，但两家公司都认为成功的关键在于与消费者之间的密切联系。位于克朗伯格的宝洁全球卓越设备中心（GCoE）曾就客户的习惯、需求、愿望和对未来的愿景展开调查。该公司拥有近1000名强大的员工队伍，其中包括数学家、物理学家、化学家、生物学家、内科医生、营养学家、电气工程师、微型机械工程师和材料科学家，他们为博朗和其他宝洁品牌（如欧乐B、吉列）的技术与设备进行研发设计（图1-10）。博朗的产品理念在新的经营背景下得以传承，其核心竞争力仍然是利用技术和设计解决产品问题，而现在，这些解决方案使具有全球背景的每位设计师的创新能力倍增。所有产品都旨在达到博朗和“德国制造”标签所代表的可信度、可靠性和质量水平。

2006年，博朗有一项重要的专利是Series 7 shaver电动剃须刀，这项专利取得了重大的成功，Series 7 shaver电动剃须刀可以自动读取面部表情，并根据胡须的密度调整它的振动功率。2010年，这项技术和新的OptiFoil组合在一起，OptiFoil保护网是一种具有不同大小孔洞的剃须刀保护网。博朗剃须刀的镊子头可以捕获沿着不同方向生长的毛发，确保了可以最贴身地进行工作。现在的博朗不仅仅为男顾客提供面部护理，而且还为其提供身体护理服务。2008年，博朗推出了世界上第一款结合了电动紧密修剪器和吉列融合刀片的美容仪（bodycruZer），使用者即使在淋浴的时候也可以同时剃须和修剪毛发。

同一年，该公司面对女性用户开发了Silk-epil Xpressive脱毛器。经过重新设计的脱毛器有一种新的柔性旋转头，使其更加易于操作。未来，宝洁将更广泛地利用创新技术的各种优势。“美容电子”将把小型电器和身体

图1-10　在宝洁公司的一角，有50种产品是世界上最著名的品牌产品之一

护理产品结合在一起，因此，家庭将发展成为保健和美容中心，在家里，可以有像美容院一样的设备，且产品只有口袋大小，使用起来十分便捷。幸福、健康和美丽已经发展成为个人价值中非常重要的一部分，但是许多消费者很少有时间去做复杂且费时的个人护理。因此，需要高科技、简单、有效和可靠的解决办法。这就是博朗在2011年开发出Dual Epilator脱毛器的原因。这个设备中的镊子确保了皮肤持久光滑，结合吉列金星技术的刀片，温和地去除角质，同时留下特别光滑的皮肤。Dual Epilator脱毛器保留了Silk-epil 7脱毛器（图1-11）系列成熟的功能：例如带有40个镊子的紧密抓握技术、移动脱毛器头和智能灯，即使是最细的头发也可以看见。

另一项创新是2007年的旨在保护头发的Satin IonTM（炫发离子）。该系列中，一种独特设计的绿色离子喷射器释放数百万个缎面离子，可以立即驯服卷曲或蓬松的头发，同时减少摩擦，使梳头更容易。2010年，Satin Hair炫发系列中的吹风机（图1-12）将直发器和卷发钳结合在一起，推出了一款多功能卷发器。在宝洁公司未来的创新设计中，博朗将扮演着关键的角色。例如，正在计划的概念产品可以脱毛、刺激头发生长，甚至可以通过将护肤霜中的护肤成分更好地输送到深沉皮肤而使皮肤紧致。

更高的性能和功能的实现也刺激了博朗在德国国内分部的发展。2010年秋天，第一台Multiquick 7无绳手持搅拌器（图1-13）进入市场。Multiquick 7无绳手持搅拌器不仅有符合人体工程学的外形，操作方便，而且满足了制造商在设计和质量方面的高要求。过去，厨房仅仅是一个工作空间，现在，它成为了家庭生活的焦点，人们可以在这里家庭聚会用餐，可以和朋友一起做饭，可以聊天和享受

图1-11　博朗最先进的脱毛技术：Dual Epilator脱毛器

图1-12　Satin Hair炫发系列包括一个梳子、一个头发夹板和一个吹风机

独自的空间。所有这些事都需要在一个功能齐全且设计典雅的环境中进行，为此，2001年博朗推出了多快好省家居系列（Multiquick Home Collection），这个系列在现代设计中彰显了强大的功能。博朗通过展示高质量做工的厨房辅助设备，为消费者提供了他们想要的东西：多功能、质量和性能集合在一个简单的模型上。

在宝洁领导的品牌中，博朗是一个具有战略意义的、全球性的知名品牌，因此它也可以从公司的市场占有率中收益。当时博朗在美国的主要产品是剃须刀和脱毛器。但是，现在的博朗也推出了护发产品。在中国，新成立的部门也推出了不同的产品。博朗也在印度和巴西开拓新市场，它的产品组合正在选定的城市里进行展示，并逐步扩展到其他地区。宝洁仍然在继续寻求适合博朗的常规销售渠道，以求得在普通超市中去销售产品。

多年来，现代运输和通讯网络促进了新的生产、销售和分销策略，以及全天候的全球信息联网。全球市场的自由化以及通讯和运输成本的降低使商品交换和全球市场的出现变得更加容易。博朗已经调整了销售渠道，以适应全球市场和电子商务的情况：向消费者介绍它的产品、可能的用途、备件和服务功能，其中的一部分消费者是自身的合作伙伴所带来的消费者，一部分是互联网渠道的消费者。内容丰富的产品概览方便用户直接比较产品和下订单。在万维网上，博朗还展示了宝洁其他相关品牌的网站链接，例如，博朗男士剃须刀的网页上有一个男士护理产品的链接，链接里有久负盛名的Hugo Boss香水和吉列护理产品等。博朗的头发护理部门让女性用户了解了威拉(Wella Professionals)和潘婷(Pantene)的美容和身体护理产品。在可以用来准备婴儿食品的厨房电器的网页上，有指向帮宝适（Pampers）网站的婴儿护理和婴儿卫生信息的链接。

图1-13　经典的Multiquick 7无线手持搅拌器

在社交网络和手机应用程序中，博朗使用新媒体和数字通讯形式与客户保持紧密的联系。在全球市场上，博朗将继续展现它的传统核心价值：德国的工程性能、出色的设计和欧洲、亚洲、美洲市场的高品质产品质量。

博朗的设计文化

2005年9月10日，博朗在靠近公司总部的克朗伯格开设了博朗收藏馆（Braun Collection）来展示博朗的过去和未来。在450平方米的场地上有300个展品，大多数辅以不同的"剃须文化"（图1-14）进行展览。"品牌的面孔"、"博朗高保真-设计文化的起源"以及"博朗剃须刀的60年"等栏目吸引着来自德国和世界各地的游客。在原始贸易展台的某些区域，参观者可以体验到1955年的设计革命，还可以了解技术设计的新发展。Braun Collection并不是一个满是灰尘的博物馆，它向年轻的员工展示了具有丰富的、传统的品牌新鲜视角。通过这种方式，公司很清楚地展示了随着时间推移发展起来的企业形象和组织文化。除了文件，馆藏还包括了6000多件产品，其中3400件产品展现了公司独特的历史。2011年，Braun Collection以全新的理念重新开放，并以现代的方式记录了博朗在各个阶段成功的历史。

Braun Collection和文化机构的展览是对博朗设计遗产的尊重，在法兰克福的Daelim Contemporary Art Museum举办的"Less and more–the design ethos of Dieter Rams"展览吸引了众多的观众。该展览展示了以设计总监迪特·拉姆斯为中心的设计团队最著名的设计和作品。展览产品种类繁多，体现了博朗设计在国际上的成功。2008至2009年，该展览分别在大阪的三得利美术馆（Suntory Museum）和东京的府中美术馆（Fuchu Art Museum）展出。2010年到2011年，该展览移至首尔的大林当代美术馆（Daelim Contemporary Art Museum），之后又在旧金山的现代艺术博物馆（the Museum of Modern Art）进行展出。2011年至2012年，纽约现代艺术博物馆（the Museum of Modern Art）举办了"设计与现代厨房展"（"Design and the Modern Kitchen exhibition"）。博朗的产品在许多国际知名的机构和收藏品中都有一席之地，世界各地的博物馆中大约有700件博朗的永久藏品。

博朗会用传统的方法譬如"博朗奖"来激励具有未来感的设计，这个奖一直在培养年轻的设计人才。2012年，博朗设计奖的对象进一步扩大，不仅仅只针对学术人士，而且还扩大到对相关方向感兴趣的设计爱好者和专业设计师。

图1-14　1950–2010年博朗剃须刀的演变

2012年，ITEF公司颁布了100多个国际公认的设计奖，这是该公司首次不再将其奖项仅面向设计专业的学生，而是面向对技术设计感兴趣的设计专业人士和消费者，2012年秋季在克朗伯格技术中心举行了全球颁奖典礼。

对一部分人来说，提到博朗的名字就使他们想到了设计，这种现象要归功于迪特·拉姆斯，他的员工和继任者的开创性产品设计。欧洲标准化插头是在博朗的设计工作室开发的。它用于将低功率的双重绝缘电器连接到低压网络——这意味着该电器可以在几乎所有欧洲国家使用。短短一年后，博朗就公开了该专利，目的是使这项创新技术也能够应用于其他国家的消费者。又比如，消费者想到了语音控制技术，即语音命令可以中断博朗闹钟的信号，这造成了20世纪80年代中期的技术轰动。对于许多人来说，博朗剃须刀的可旋转头及随后的清洁中心，脱毛器的“干湿”技术或摆动的Oral-B刷都是博朗技术发展的里程碑。博朗未来的目标仍然是设计产品到最后一个细节，使得用户的体验感与其他任何产品相比，都更加舒适美好。消费者应该能够体验到使用博朗产品的美好时刻，“这是公司旨在改变自己的品牌线所总结的”。

许多消费者对博朗产品的赞赏是它们的可靠性、寿命和可持续性。在博朗，这种可持续发展的设计理念可以追溯到20世纪50年代。迪特·拉姆斯在早期就提出了永恒的声明：“好的设计与环境有关。它可以而且必须有助于维护和保护资源。”该公司声称，使世界各地的生活每天都变得更加轻松，这也涉及制造，使消费者获得更好的环境平衡的产品。仅博朗产品的超长使用寿命就可以做出重要贡献：减少原材料的使用，减少包装，减少物流，减少回收需求。

博朗专注于四个核心业务领域：男式护理，博朗系列电动剃须刀；女性美容，silk-epil脱毛器；头发护理，带有护发用具；家用Multiquick无线手动搅拌器和其他厨房辅助工具。公司继续以博朗兄弟的原始愿景为基础：精心设计和有用的产品开发是满足员工需求和消费者要求的基础。博朗的设计理念基于其丰富的传统，但它正在不断发展，以满足未来客户的需求。

内部员工的知识和经验以及他们跨学科的团队合作，构成了德国精密制造技术中功能强大且经久耐用的家用电器的高品质标准的命脉。然而，质量始终是每个产品的核心，博朗仍然是一个充满自信的、活跃的公司，始终对创新持开放态度，即使在将来，博朗的员工也将利用其多年在新产品开发方面的经验，使他们的客户生活变得更简单、更好。这些博朗的能力与宝洁其他品牌的专业知识相结合，再加上团队中各个部门的研究人员和设计师之间的紧密合作，可以产生协同效应，从而确保每个人在全球竞争市场上都有共同的优势。

第二章　博朗的设计历程

几十年前，迪特·拉姆斯和他的设计师们将关于“全面考虑”设计本质的核心总结为十句简单的话。它们是一种有助于理解设计的手段，且不具有约束力。好的设计就像科技和文化一样，处于不断再开发的状态。

博朗设计的十大准则

（一）好的设计是创新的
（Good design is innovative）

它不会复制现有的产品形式，也不会仅仅为了它的目的而产生任何新奇的东西。创新的本质必须清楚地体现在产品的所有功能上。在这方面的可能性还没有穷尽。当前的科技发展为创新的解决方案提供了新的机会。

（二）好的设计是有用的
（Good design makes a product useful）

购买产品是为了使用。它必须服务于一个明确的目的——主要功能和附加功能。设计最重要的任务是优化产品的效用。

（三）好的设计是美的
（Good design is aesthetic）

产品的美学品质以及它所激发的魅力是产品实用性的一个组成部分。不过这种魅力很难理性地描述，但它却作用于你的神经，美学与实用性两者既相互关联却又很难找到明确的联系。不过，关于审美质量的争论一直是一项艰巨的任务，主要有两个原因:首先，很难谈论任何视觉的东西，因为不同的字眼对不同的人有不同的含义。其次，审美品质涉及细节、细微的色调、和谐和各种视觉元素的平衡。要想得出正确的结论，需要一双好眼睛，这需要多年的经验来培养。

（四）好的设计有助于理解产品
（Good design helps to understand a product）

它展现了产品的结构。从某种意义上说就是产品在说话。产品最好就是产品本身，节省你去读那冗长、乏味的使用说明书的时间。

（五）好的设计是不张扬的
（Good design is unobtrusive）

产品是工具，它们既不是装饰品，也不是艺术品。设计应该是中立的，不能被看到，但必须强调它们的实用性。

（六）好的设计是诚实的
（Good design is honest）

一个真正设计出来的产品不应该宣传它本来没有的特性，比如更创新、更高效、更高的价值。所宣传的内容不能影响或操纵买家和用户。

（七）好的设计是持久的
（Good design is durable）

没有一个时髦的东西明天就会过时。这是一个精心设计的产品和一个产生浪费的社会的琐碎物品之间的主要区别之一。我们不能再容忍浪费。

（八）好的设计注重每一个细节
（Good design is consequent to the last detail）

从产品本身及其功能的角度来看，在用户眼中，设计的严谨性和准确性是同义词。

（九）好的设计是关乎环境的
（Good design is concerned with environment）

设计必须为稳定的环境和合理的原材料情况做出贡献。这不仅包括实际污染，还包括视觉污染和对环境的破坏。

（十）好的设计意味着尽可能少的设计
（Good design is as little design as possible）

回归纯粹，回归简单！

准则指导下的设计历程

1955年夏天，迪特·拉姆斯来到了博朗，从那时起拉姆斯就一直在为博朗工作。迪特·拉姆斯在博朗的第一年写在了《致埃尔文·博朗的信》里。

为同一家公司做40年的设计——这在年轻的行业中是一个罕见的例外。迪特·拉姆斯与博朗的特殊关系，以及他作为设计师纯粹的单向发展方向，既不是偶然发生的，也不是无足轻重的。博朗公司以它自己的历史、理念和作为设计师的责任感影响了拉姆斯。迪特·拉姆斯的设计理念是在博朗框架内形成的。首先，也是最重要的是迪特·拉姆斯设计了博朗的产品。

图2-1　公司创始人马克斯·博朗

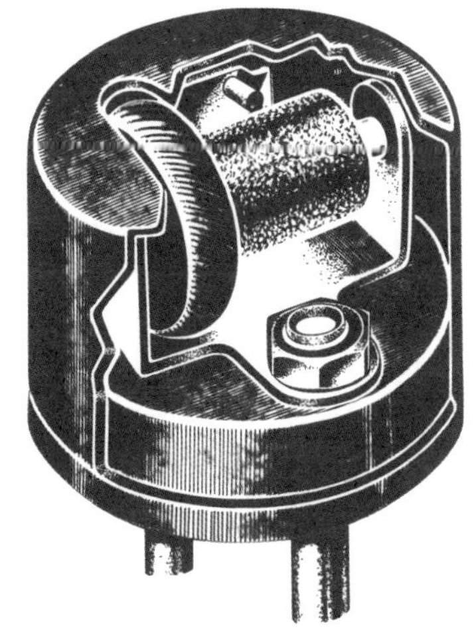

图2-2 博朗早期的产品之一：探测器，早期无线电的应用

图2-3　首个实现顶部统一操作的台式收音机–唱机组合

图2-4　PHONO-SUPER系列宣传海报

1921年，工程师马克斯·博朗（图2-1）在法兰克福创建了博朗公司。马克斯·博朗精力充沛，善于创新，勇于创造。早期公司所有的产品都是他自己发明和开发的。在早期阶段，他对20世纪20年代首次出现的无线电技术产生了强烈的兴趣（图2-2）。在最早期阶段，博朗制造了检测器组件，后来他转向了整个系统。一个重要的创新是收音机和录音机的结合（图2-3、图2-4），这种类型的系统生产了近半个世纪。

在公司成立初期，没有人谈论设计，工程师们帮助塑造模型。这种工程师式的设计有时看起来有点笨拙，但绝不是糟糕的。马克斯·博朗尝试将他的系统塑造为功能性的形式。

第二次世界大战之前，马克斯·博朗转向电动剃须刀的发展。他的儿子埃尔文·博朗（图2-5）写道："他发明了最常用的剃须刀系统，拥有柔韧的刀片和不断移动的'内刀'，与目前已知的其他系统相比，这个系统具有绝对的优势。"

1950年，随着第一款博朗电动剃须刀（图2-6）的问世，公司还推出了厨房料理设备——Multimix料理机（图2-7）。

图2-5　埃尔文·博朗

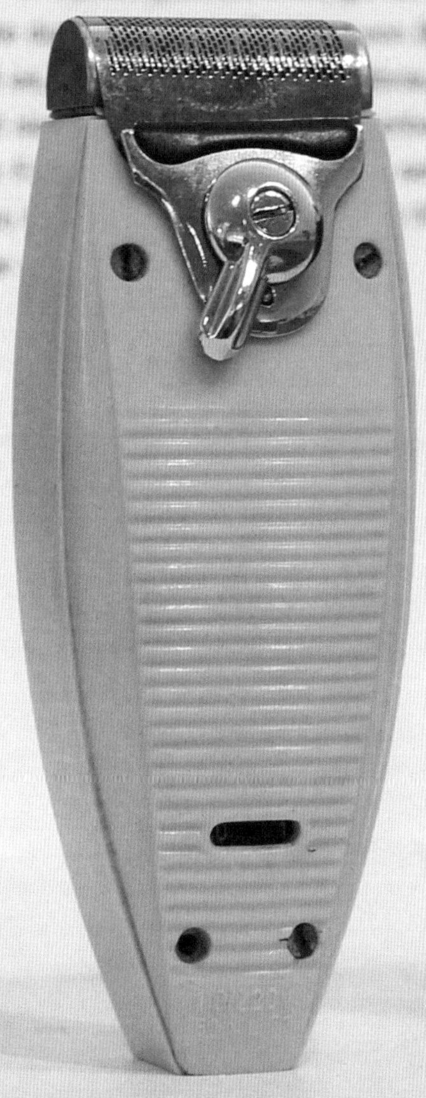

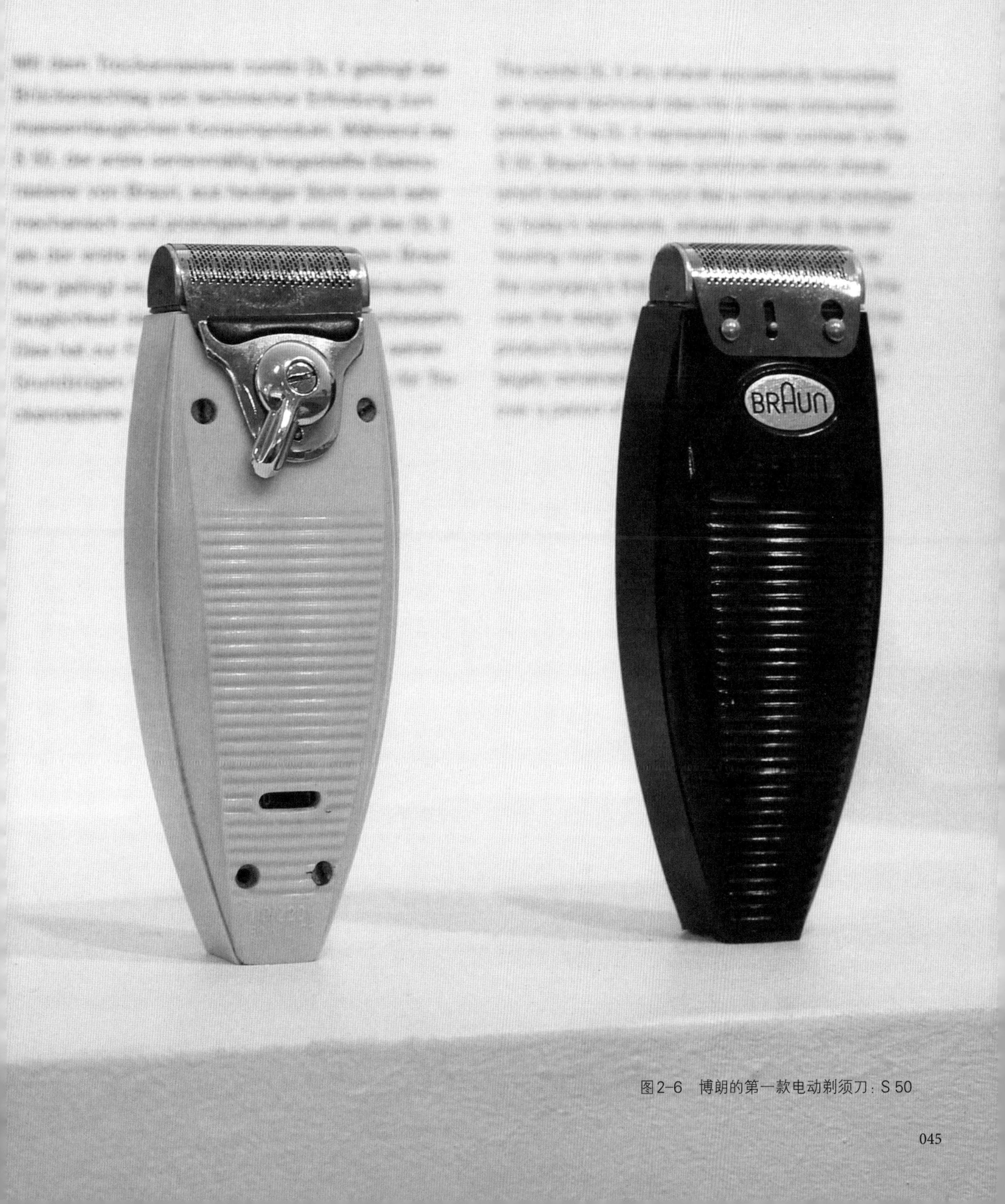

图2-6　博朗的第一款电动剃须刀：S 50

图2-7 博朗的厨房料理设备

1951年，马克斯·博朗去世。他年轻的儿子阿图尔·博朗和埃尔文·博朗接管了公司，他们延续了父亲的工作，并保留了现有产品系列：收音机、唱机、剃须刀、厨房用具。与此同时，他们开始了一场革命性的探索，这在博朗的产品设计和品牌传播中都有着很直观的体现。

1954年，威廉·华根菲尔德在达姆施塔特的演讲给了博朗很大的冲击。埃尔文·博朗在给威廉·华根菲尔德的信中写道："您先是我的老师，后来也是我从事工业设计教学的兄弟阿图尔的老师。"这封信被刊登在*form*杂志上。

从威廉·华根菲尔德这堂令人震惊的演讲中引用几句：

"众所周知，最好的产品往往依附于智能制造商来全面反映每一款产品的用途、实用性和耐用性。""这种形式的发现可能会导致一些必须要解决的问题，就像医生或化学家在实验室里进行研究一样。同样需要对问题进行深入研究，需要在无休止的系列实验中进行敏锐的搜索和探究，最后本着经济制造的理念，对实验进行细致入微的改变。""大多数工业设计师都追求设计的简单性，但简单的产品不一定能满足用户的需求。"

1955年，博朗公司与刚刚开始招生的乌尔姆设计学院进行了第一次联系。"朝气蓬勃的设计学院在诸多方面吸引了迪特·拉姆斯的注意。特别是在集成无线电产品家具的制造方面，他们或许永远不会知道自己曾在多大程度上加速了木制家具时代的结束。"（埃尔文·博朗在*form*杂志中的回答）

设计学院的设计师兼教师汉斯·古格洛特（图2-8）被博朗公司委托设计收音机和唱机。在奥托·艾舍的协助下，设计学院为博朗设计了展览会的展台和通信系统。由于彼此间的互相理解，乌尔姆、博朗兄弟与弗里茨·艾希勒博士的合作非常密切。戏剧专家和电影导演弗里茨·艾希勒于1954年来到博朗，最初仅仅是来负责公司的广告设计，但是这一年，他在博朗的工作却发生了翻天覆地的变化。

迪特·拉姆斯进入博朗公司的经历在《致埃尔文·博朗的信》中有所描述。

回首过去，埃尔文·博朗领导下的博朗公司构建了新的公司理念，主要涉及四个方面。

第一，公司必须基于一种深刻而严肃的信念，要不惜一切代价去避免肤浅的概念，这种肤浅的概念只会导致公司为了追求不同而不同。设计的本质是要生产有用的产品，并迎合人们的需求。

第二，公司的新时代不仅仅意味着将致力于更有创新性的产品设计，而且会综合性地考虑技术、交流与零售商的合作以及员工福利。1954年，博朗建立了一项保健计划，通过为员工提供全面的健康计划来强身健体。除了提供游

图2-8 汉斯·古格洛特（1920–1965年），乌尔姆设计学院的教师

图2-9 一种新的设计——1955年以前的收音机和1956年的SK 4收音机—留声机组合

戏、桑拿浴和天然食品外，还提供了体操、健身等课程。医生和牙医随时待命，员工可以享受理疗和锻炼的好处。维尔纳·库普安（Werner Kuprian）是一名体育教师和体操教练，他创立并管理着这项迄今为止极具博朗特色的保健服务。

然而，公司创新发展的第三个重要方面，也是最引人注目、最令人信服的方面：新产品的设计与开发（图2–9）。

第四，公司将运用全新的博朗课程对产品设计进行风险管控。

近70年后的今天，很难想象设计以及设计背后的公司形象在当时是多么的与众不同。也难以想象在1955年的展览上，公司以一个完整的、激进的、崭新的面貌展现出来需要多大的勇气。尽管当时的人们对公司的新构想普遍持怀疑态度，但他们坚信，这种设计远不止是一种新的“风格”——而是尝试去设计出由功能所决定的产品，从而使产品具有更高的内在价值。

博朗是逐渐走向成功的，不是一蹴而就，也不是无拘无束，而是非常清晰地了解自己的发展方向。早在1957年，博朗的整个方案就获得了米兰第11届Triennale的Grand Prix奖。在1957年柏林国际室内博览会上，世界顶尖建筑师负责设计的展厅里就展示了博朗的产品。博朗的产品逐渐吸引了消费者的眼球。在短短的几年内，越来越多的收音机、唱机、家电和剃须刀都被重新设计。随后又开发出了新的设备，例如PA 1全自动投影仪。早在1951年，博朗就着手传统产品之外的一些新产品设计，Lander博士在很大程度上参与了这一进程。

之后的十多年来，博朗的新产品为公司发展带来了巨大红利，产品创新所需的努力是综合而言的。博朗的新产品年复一年地投入市场，其中一些产品取得了巨大的成功，并影响了技术和市场的发展，如六分仪剃须刀、T 1000短波收音机、Hifi高保真音响系统、TG 1000录音机、KM 3/32料理机、Hobby电闪灯、Super–8相机等。

当然，也有一些产品无法征服市场，其原因是多方面的，但很少是因为设计工作出现的问题。1967年，波士顿的吉列公司成为博朗的主要股东，在接下来的几年里，吉列公司领导了博朗的发展。然而，博朗并没有成为一个违背它的真实情况或它想要成为的企业，它没有违背自己的初心，它依然是那个在世界市场上生产日用品的公司，博朗的设计理念得以传承和延续。剃须刀、护发美容产品、手表与牙科护理套装等主要的博朗产品征服了20世纪90年代的世界市场。博朗成为这些产品类目范围内最重要的制造商，并在许多国家占有主要的市场份额。

在那些博朗无望一马当先的产品领域（娱乐电子、电影、摄影产品等）都被其放弃了。

1954年，威廉·华根菲尔德在达姆施塔特的演讲中说："只有例子才能让人信服。"这给埃尔文·博朗留下了深刻的印象和启发。的确，模型才是令人信服的例子，它们展示了什么是好的设计，因此必须被视为特别重要的例子。

从那时起，关于这些最初的设计有了很多的描述，但令人惊讶的是，很少或根本没有人尝试去理解和描述它们的基本思想，也就是博朗设计背后的本质。最有远见的似乎是理查德·莫斯（Richard Moss）在1962年发表于美国杂志《工业设计》上的分析。

莫斯认为，博朗设计受三个法则的约束：秩序、和谐、经济。这无疑是正确的，并且在今天仍然有效。莫斯所暗示的设计法则对迪特·拉姆斯来说尤为重要：博朗设计中的秩序、和谐和经济并不是创造一种新的"设计风格"的手段或元素。因此，他们从更深层次的意图设计体现的是设备的功能（图2-10~图2-15）。组合唱机、厨房机器、投影仪、剃须刀这些原有市场产品杂乱无章的设计无法实现它们的功能。设计中的和谐、美学品质使产品功能赋有意义，在用户和产品之间创造积极的情感关系。

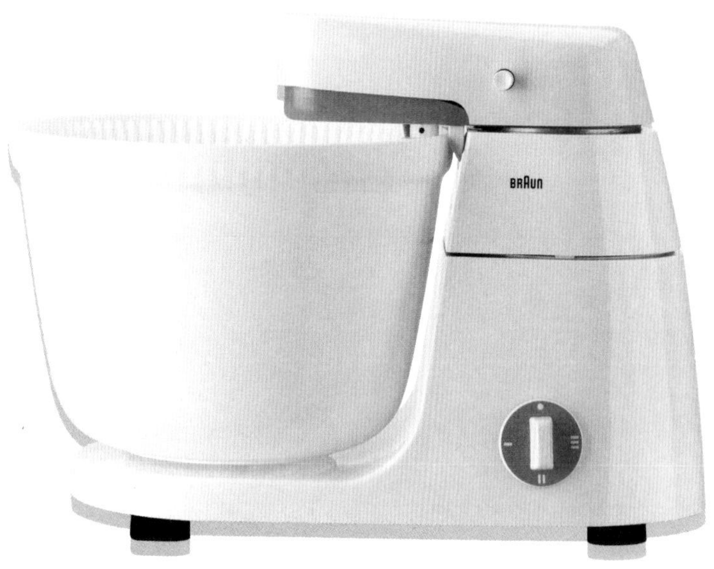

图2-10　KM3厨房机器(1957年)，这台机器生产了多年，直到1993年之前几乎没有改变过

图2-11　1958年生产的Multimix MX 3料理机是目前仍在生产的产品之一

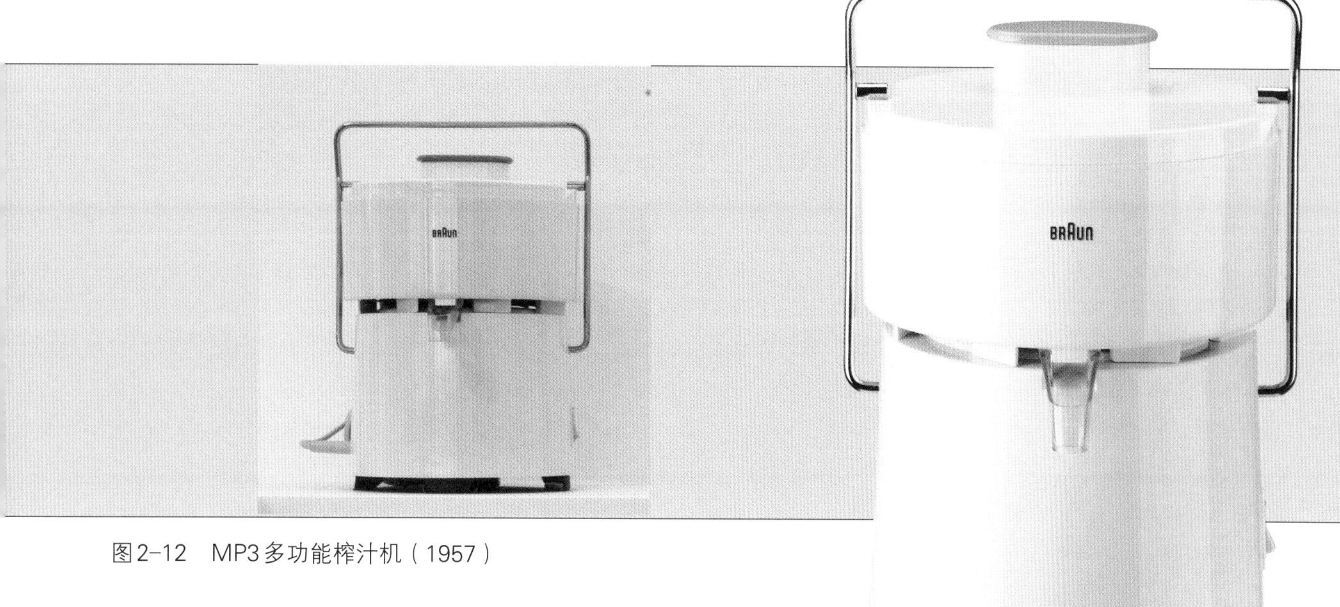

图2-12　MP3多功能榨汁机（1957）

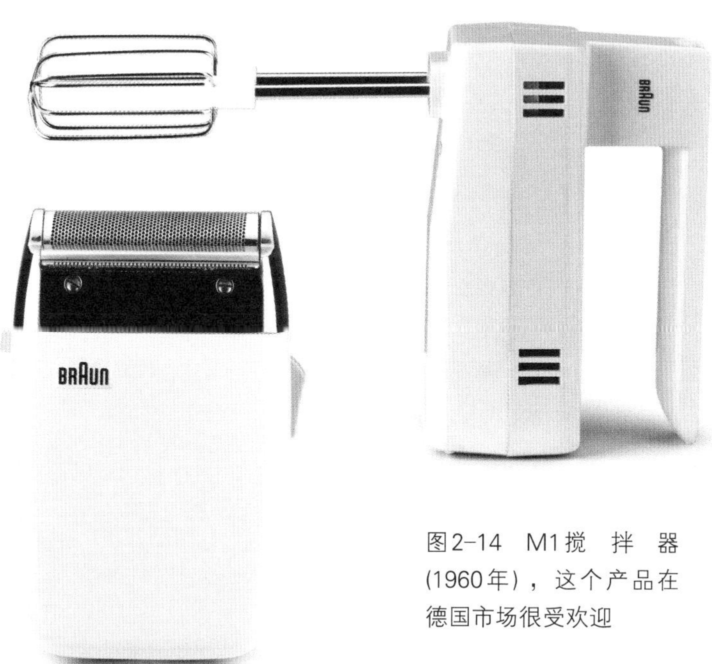

图2-14　M1搅　拌　器(1960年)，这个产品在德国市场很受欢迎

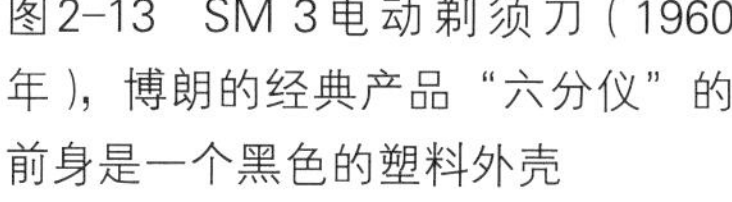

图2-13　SM 3电动剃须刀（1960年），博朗的经典产品“六分仪”的前身是一个黑色的塑料外壳

图2-15　PA 1投影仪（1956年），是德国市场上的第一个全自动投影仪

为了完成理查德·莫斯的三个设计法则，迪特·拉姆斯提出了“博朗设计”所代表的第四个定律：专注于产品的基本功能，通过秩序与和谐，放弃一切不重要和多余的东西，从而得到高度复杂的产品。这种产品超越了所有的现代趋势，它们表达了设计的本质，博朗年复一年生产的无数产品模型都不曾改变这样的设计理念。

设计成果及技术应用

（一）技术创新下的设计

1. 便携式设备

在迪特·拉姆斯看来，TP 1播放一体机（图2–16）组合是后来广泛流行的随身听的前身。

功能一直都由技术的发展所决定，将来也会如此。如果当时没有创新的晶体管技术，在20世纪50年代末设计的博朗口袋收音机也不可能出现。晶体管不仅比电子管小得多，而且消耗的能量也更少。

人们第一次有了一个可以放进口袋的收音机，小型晶体管收音机radios T 3, T 4, T41，分别在1958、1959和1962年投放德国市场，它们最明显的外形特征是一个细长扁平的立方体。该设计遵循了迪特拉姆斯“少但更好”的设计理念。

该外壳由两个热塑件组成，这种新的壳体概念，早在设计便携式晶体管收音机时就被提出来了。扬声器被放置在一个穿孔的方形板后面，而1959年生产的T 4（图2–17），扬声器外壳被设计成了圆形。

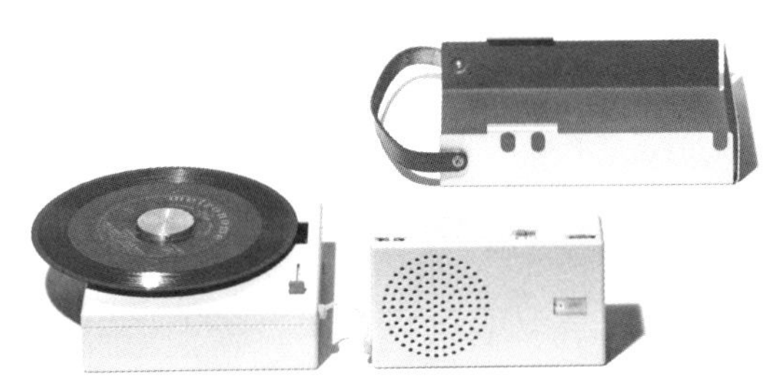

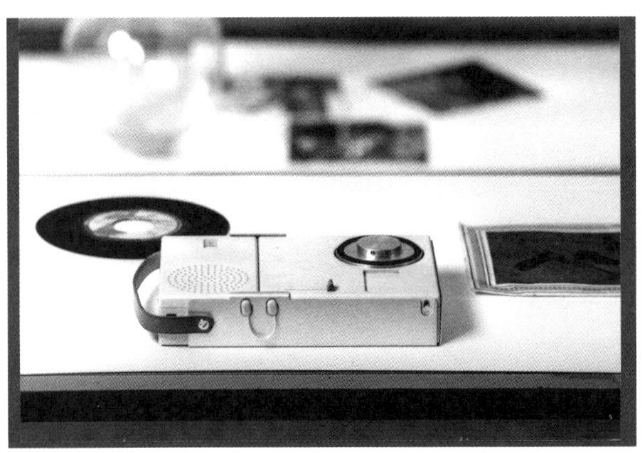

图2–16　T 41袖珍外放收音机（1956年）和P 1唱机(1959年）两种模型结合形成TP 1 phono播放一体机组合

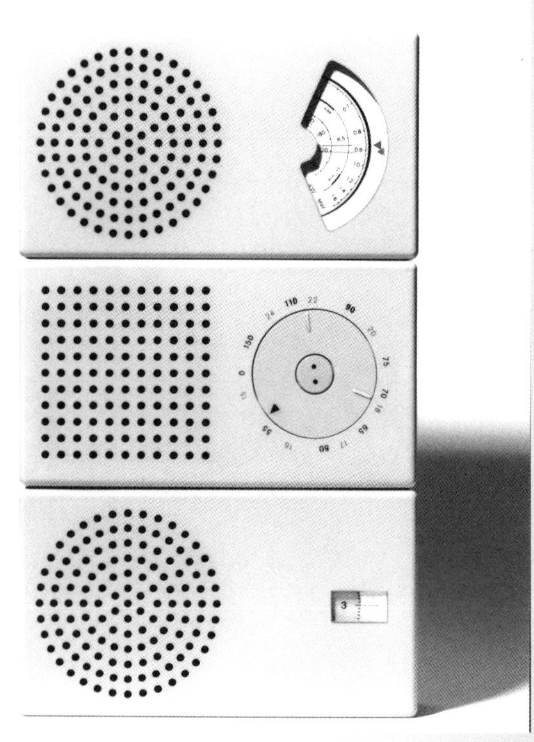

图2–17　T3/T31小型晶体管收音机（1958年）；T4（1959年）；T41小型晶体管（1962年）

图2-18　H 1吹风加热器（1959年）（左）
图2-19　T 521小型便携式无线电晶体管（1962年）（右）

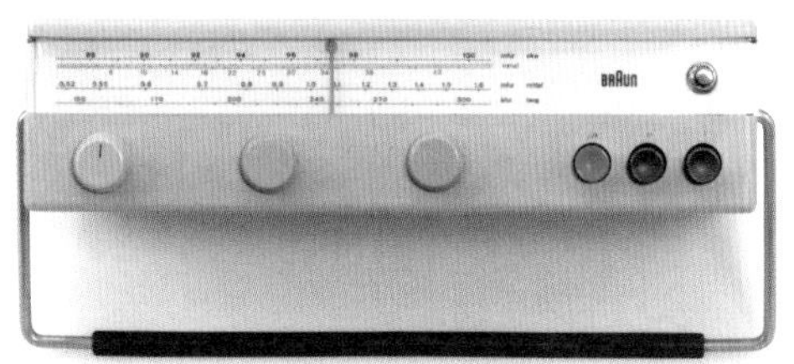

图2-20　放置时，载体手柄也可作为支撑（左）

图2-21　T 2便携式小型晶体管收音机（1960年），所有操作元件都布置在产品顶部（右）

博朗设计师们特别注意了操作流程的设计。每一个解决方案都是经过深思熟虑的，最大程度展现了技术的可能性。

1958—1962年之间，博朗设计师们经常对操作元件的技术改进给予有力的推动。例如，对于T 3小型晶体管收音机（图2-17）和后续型号来说，开关和音量调节都被放置在外壳中。电台调谐器是圆盘形的，它的后续型号中设计了一个有盖的光盘，通过一个小窗口显示所选的频道。T 41小型晶体管收音机（图2-17）有三个波段，有一个几乎是半圆形的显示部分，可以显示绝大部分内容。

1959年，博朗制造出了一款小型播放机，可以播放当时常见的45种唱片。唱片被放置在唱片盘上，唱针在下面。播放机的尺寸与袖珍外放收音机的尺寸相同，这两种设备都可以通过一种特殊的紧固件进行连接，从而形成一种移动唱机系统——这也是风靡全球的随身听的前身。当然博朗袖珍外放收音机和TP 1 /2播放一体机组合的推出也非常成功。

相比于袖珍型，1956年的小型便携式晶体管收音机T 41和1961年的T 521（图2-19）更强大有力。20世纪30年代中期，马克斯·博朗制造了一款便携式电池供电收音机，它的尺寸和重量大小都相当于一只小型手提箱。25年后，晶体管技术的出现使得设计师们能够设计出小巧轻便的便携设备，这是一个充满趣味性的挑战。回顾过往的设计历程，迪特·拉姆斯仍然觉得结果相当令人满意。收音机的操作按钮排列在侧面，刻度被移到了前面，可以通过皮带随时携带。它的外壳由两个塑料部件组成。后续的T 52小型晶体管收音机则将操作元件放置在顶部（图2-20、图2-21），多年来，这一解决方案都影响着便携式收音机的外观。T 1000收音机还可以作为汽车收音机来使用，这是一个最新的快速移动解决方案，操作便捷，可以有效地防止汽车收音机被盗。至于当初为什么选择开发这种“汽车收音机”，大概要归因于在20世纪60年代前从未有过汽车收音机。与此同时，博朗还开发了一系列家居创新产品，其中就包括H 1吹风加热器（图2-18），直到今天还作为很多商家的参考。

2. **设计与环境的融合**

不可否认，受包豪斯（Bauhaus）的影响，20世纪50年代的高品质建筑与博朗设计相得益彰——尤其是当涉及音响系统在房间内的重要作用时。1957年柏林的室内设计展"interbau"无一例外地展示了博朗的作品，这几乎是一个巧合。

负责博朗设计和传播的弗里茨·艾希勒博士在1963年给威廉·华根菲尔德的一封信中写道："新的设计往往不需要藏在舒适的现代化公寓里，而是应该愉快而轻松地同环境融合在一起，这也是博朗设计的准则之一。而弗里茨·艾希勒提到了佛罗伦斯·克诺尔（Florence Knoll）、查尔斯·伊姆斯（Charles Eames）设计的现代家具。弗里茨·艾希勒补充说，这些设计应该是为那些品味独特的人们所准备的，他们不把自己的公寓当作实现愿望和梦想的舞台，而是作为一个简单、极具品味且实用的地方。

LE 1（图2–22）是一款全新的LEI静电扬声器，其采用英国专利技术制作而成。扬声器的前面板由轻微弯曲的石墨色穿孔金属格栅做成。从设计的角度来看，采取这样的曲率是很重要的，因为它在反射的光线中创造了一种渐变效果，使矩形外形变得特别优雅。

3. **模块化设计**

20世纪50年代末，博朗开发了第一套高保真音响系统，实现了纯净、高品质的声音重现，从而成为了德国高保真音响系统的先驱。当时的设计师对高保真音响系统（图2–24）的设计理念相当陌生，从而使博朗有效而持久地影响了这一特殊产品的设计。博朗设计师所设计的功能装置，包括电唱机、扩音器、收音机等都是互相独立的。这些功能装置的尺寸相同，它们可以堆叠或排列成排。博朗设计师的设计理念所传达的另一个优势在于：人们可以轻而易举地购买单个装置，然后逐步组成整个系统。因此，每个装置都是以立方体的形式出现的，它们的外壳由钢板制成，前板由铝材制成。整个设计过程也把紧固螺钉这一环节考虑在内，柱状旋钮、开关（图2–23）等操作元件都经过精心设计和布置。设计师们特别注重产品清晰、简洁的图标设计。在这里，设计师使用了一种当时全新的印刷技术。

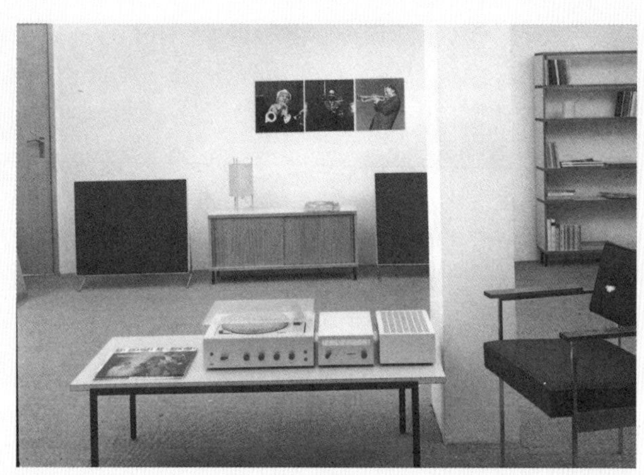

图2–22　威斯巴登的诺尔展厅，带有LE 1扬声器（1969年）的Studio 2（1959年）

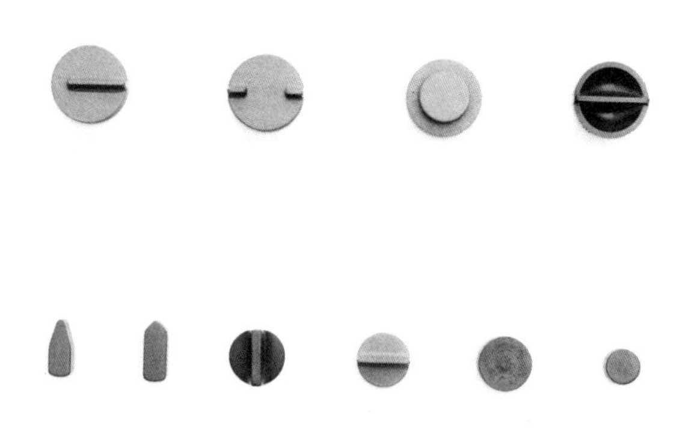

图2–23　开关设计研究

图2-24　第一套博朗高保真音响系统是博朗最早生产的高保真系统之一，包括CS 11控制装置、CV 11放大器以及CE 11调谐器，Studio 2则是由这些独立部分组成的完整系统

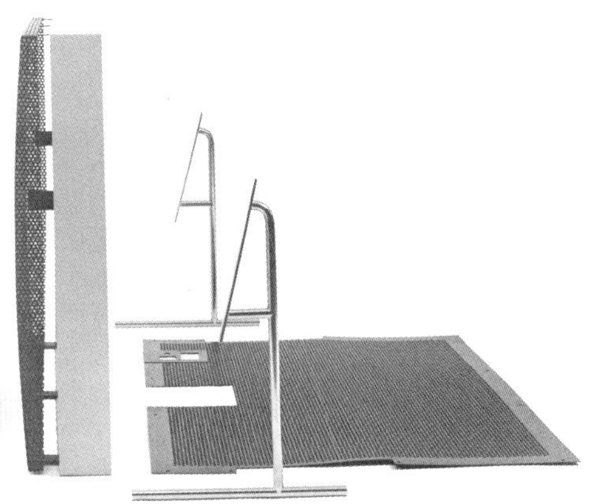

图2-25　LE 1静电式扬声器由Quad公司授权生产，其声音重现质量令人印象深刻

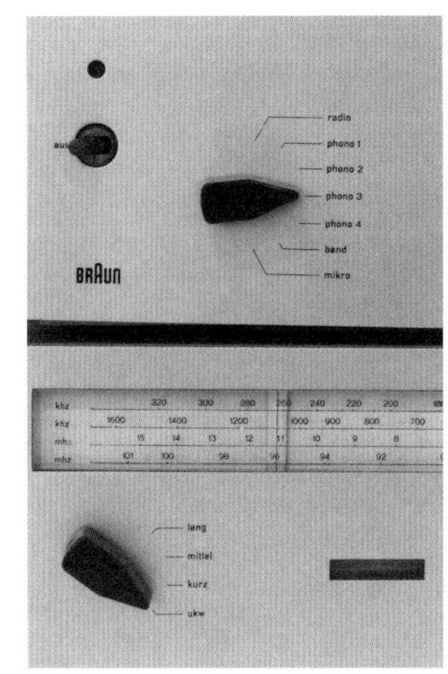

图2-26　该箭头形调谐器表示功能与操作必须一致

博朗的LE 1静电式扬声器（1960年）（图2-25、图2-26）配备有可覆盖整个产品正面的大型轻质膜。这使得当时人们广为赏识的爵士、巴赫或是其他音乐重现的质量都十分清晰透明，令人耳目一新、印象深刻。

4. **系统化设计**

出于多种原因，Audio 1全晶体管控制装置（1962年）（图2-27、图2-28）对于高保真系统来说是一个里程碑式的发展。同样是晶体管技术，即使是高容量的控制装置，也可不再使用电子管。因此，博朗设计师能够设计出一个高度只有11厘米的装置，其上半部分更加紧凑。比SK4收音机—留声机组合更加具有优势的地方在于，它可以用于布置操作元件。后来，人们注意到，所有的元件如刻度、旋钮、开关（图2-29、图2-30）以及所有的紧固螺丝等，都是按照严格的顺序放置的。事实上，在该系统的布局方面，博朗设计师花了很多心思。他们致力于打造出一个能够令人使用舒适的装置。反观前前后后的装置他们发现，这种周密的设计过程是考虑到对高质量声音的重现。与其他高保真音响设备不同，这套演播系统在各地都得到了赞赏和效仿。一直以来，博朗设计师都想开发一套完整的声音重现设备，从录音机、唱片机、控制器、电视机、扬声器开始……

博朗设计师的目的是让用户可以自行定义一个音响系统。当然，所有的设备都可以堆叠或排列成一排，也可以是壁挂式的。从那时起，迪特·拉姆斯就在位于克朗伯格的办公室里安装了壁挂式音响系统（图2-31）。这些不同的功能单元放在一个用来组合的架子上，拉姆斯后来为组合播放器Vitsoe（606）设计了个架子，同时也有Weser

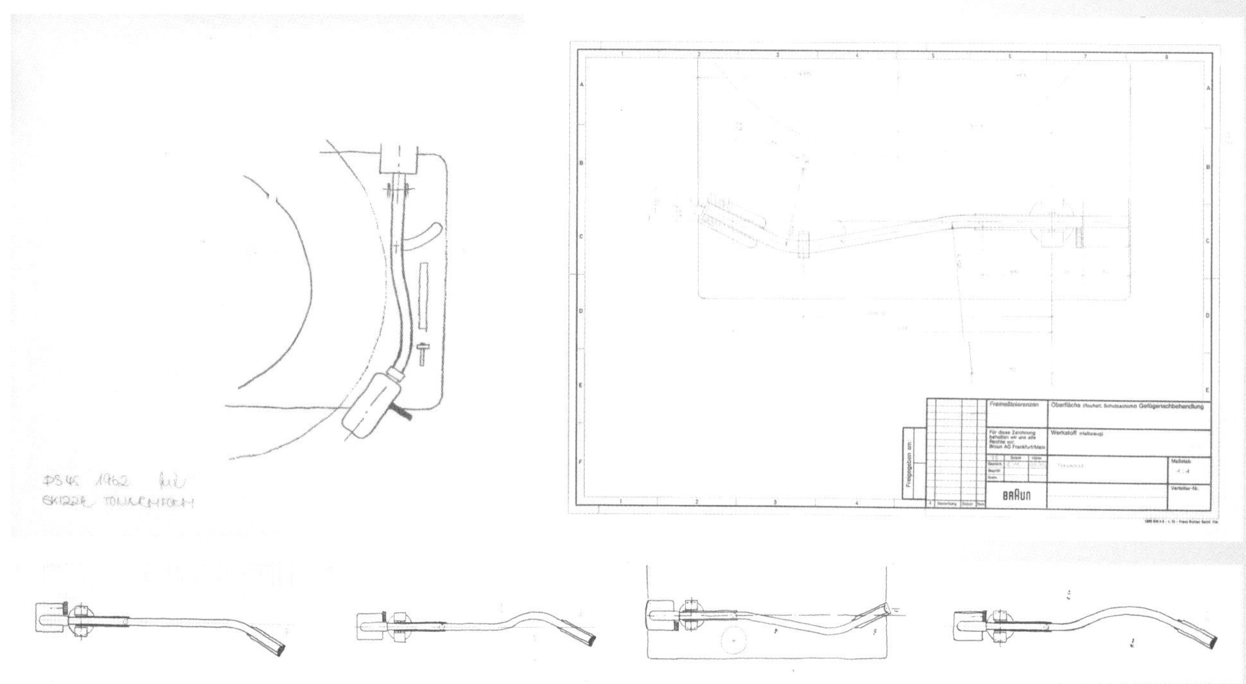

图2-27　audio 1全晶体管控制装置唱臂图纸

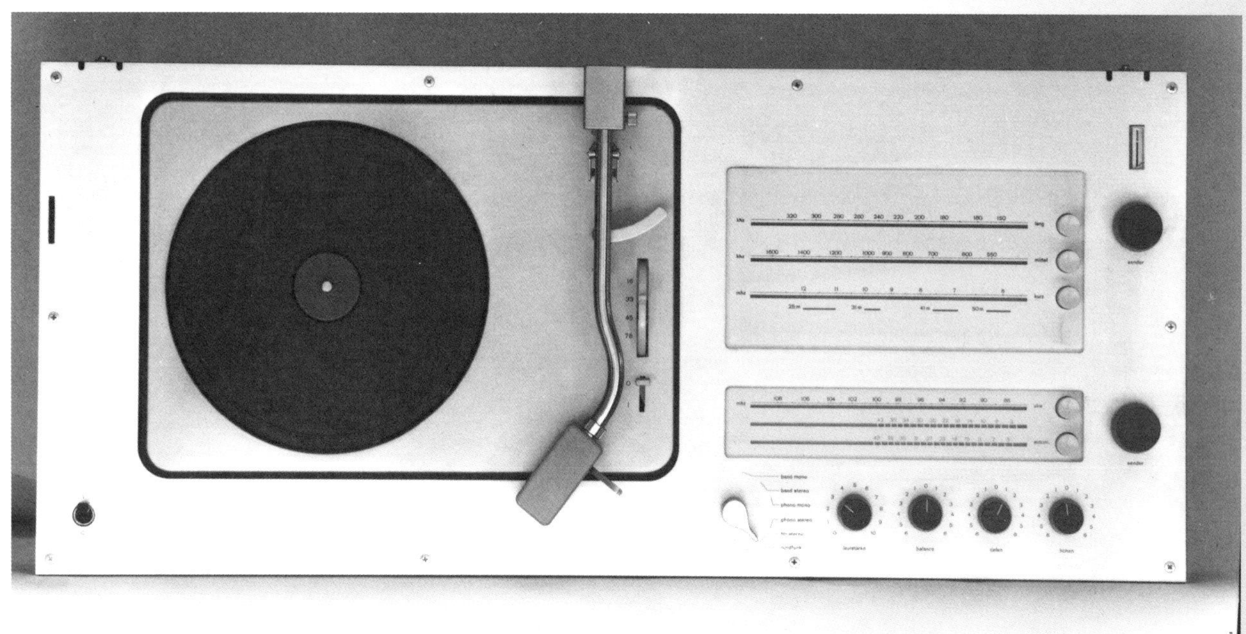

图2-28　第一台全晶体管控制装置（1962年）

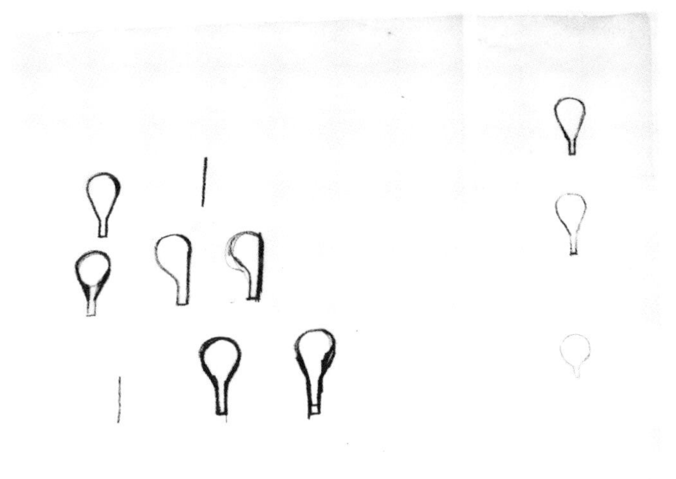

图2-29　全晶体管控制装置功能调节开关的初步图纸

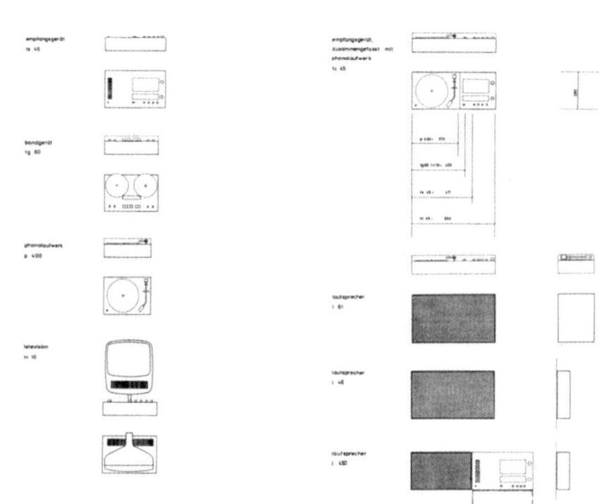

图2-30　全晶体管控制装置部件组装的可能性思考

图2-31　固定在墙上的音响组件：TS 45操纵装置、TG 60录音机和l450超薄扩音器

图2-32　旋转屏电视机设计研究

架或String架可供选择。在全晶体管控制装置（Audio）设计之前，汉斯·古格洛特和赫伯特·林丁格（Herbert Lindinger）在乌尔姆设计学院进行了初步尝试。博朗并没有意识到所有模块的拼装都呈现出了意想不到的良好效用。1963年，第一台博朗录音机TG 60上市；1965年，可以安装在音频系统中的电视机FS 600问世。除此之外，博朗还进一步开发了旋转屏电视机，并在其中的音频组件装配了铝压铸底座（图2–32、图2–33），出现了许多全晶体管控制装置（Audio）的后续型号（Audio 2 /Audio 250 / Audio 300）。所有这些后续型号都有相类似的设计，当然声音重现的质量也在不断地提高。在Audio 2的设计中，还配备了一个新开发的、模块化的唱片机。

所有音响组件的外壳都是由钣金制造，外表是白色的并且刷上了一层炭灰色涂料。盖板是铝制的，操作元件是浅灰色或深灰色，而开关是绿色的。之后所有的博朗系列都是如此，使用的色彩非常少，如果使用了某个色彩，那它一定传递了特殊的信息。

Audio 2和以前的产品一样，音响都带有光滑的后板，因此它不需要靠墙支撑固定。音响的连接件隐藏在底部，因此Audio 2（图2–34、图2–35）可以像照片一样悬挂在墙上。

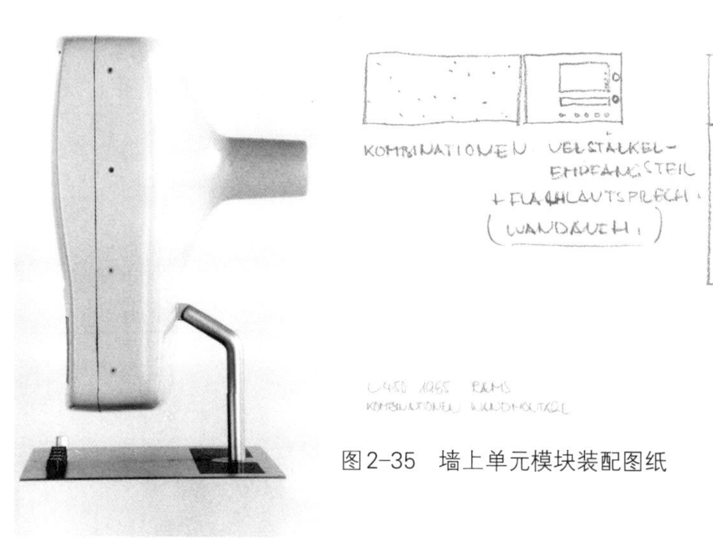

图2–35　墙上单元模块装配图纸

图2–33　音频组件可调装配的铝压铸底座

图2–34　音响系统的特殊组成成分——Audio 2，磁带记录器TG 60和电视机FS600

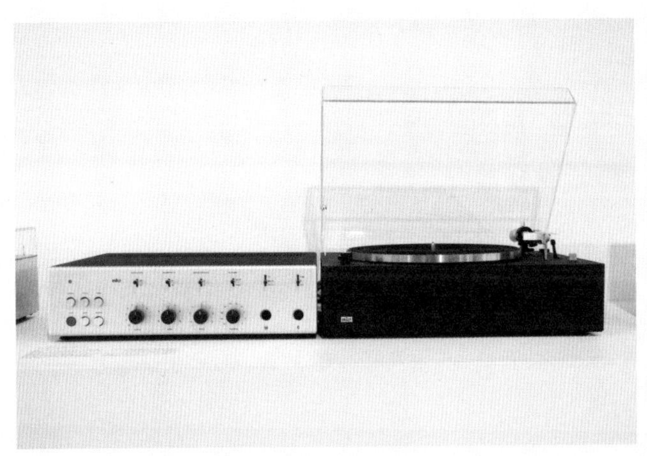

图2-36　高保真模块单元Studio 1000（1965年）

图2-37　TG 60高保真磁带录音机（1965年）

5. **高保真技术**

20世纪60年代，高保真技术发展迅速。1965年，博朗开发了一个新的大型组件系统：高保真模块单元Studio 1000（图2-36、图2-37）。它最大程度地应用了最新的技术，最终呈现出了完美的声音质量。实际上，Studio 1000开启了黑色高保真音响的时代，这种装置在今天看来仍然没有过时。除前面板以外的所有侧面都喷了无烟煤色的塑形漆。

通过使用深色，产品显得更加紧凑，体现了高科技感。与之前博朗高保真部件所使用的外部紧固螺丝不同，Studio 1000在边缘处安装了有起紧固功能的细长圆形铝栓——在博朗设计师自己制定的质量标准下，这个解决方案首次落地。调谐器的旋钮较大，方便使用。开关和旋钮的设计、产品图形和所有其他元素的安排都是经过设计师深思熟虑的。

6. **教育游戏设计**

图2-38是一个实验电路的例子，它可以与实验和学习系统Lectron一起设置。

对许多人来说，电子产品是一只“黑匣子”，人们简直无法想象它们内部发生了什么。博朗是20世纪60年代重要的电器制造商，他们认为他们的重要任务是开发一种产品可以通过简单的实验传授电子基础知识。1969年，他们开发了实验和学习系统Lectron（图2-38），该系统具有超前的设计理念。设计师与电子和通信专家以及老师合作的任务是开发一个操作简单、容易理解、多功能的学习系统。

它的目的是为了鼓励青少年以带有更加趣味性的方式进行实验。该系统由诸如晶体管、二极管、电容器和继电器之类的模块组成，人们可以用它们在一块磁板上布置电路。所有的元器件都可以以模块化的方式放在一个盒子里。模块由透明塑料小方块组成。白色模块的顶部有其功能的说明文字。

1967年，博朗设计了一个实验系统，但没能实现。产品功能是基于电力和机械的结合，5岁及以上的孩子只需借助几个元素就能建立起众多简单的机电结构。博朗还提供了不同的功能模块如马达或驱动器，以及附加模块如齿轮，使得模块群易于组装（图2-39、图2-40）。这里的博朗设计师（与Lectron一样）的主要任务是创建一种简单易懂的实验工具，同时又要使其具有吸引力和令人愉悦。

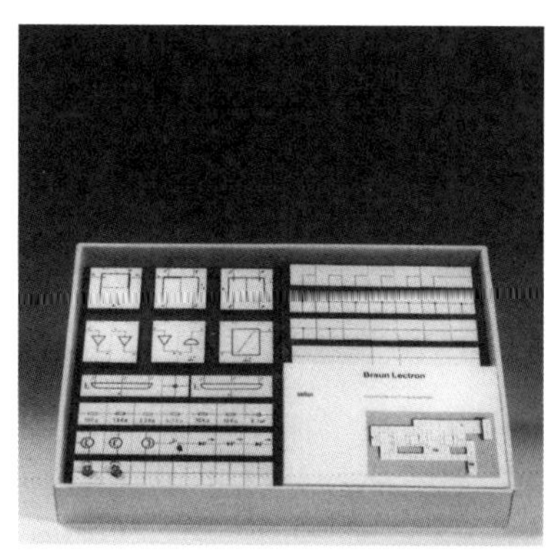

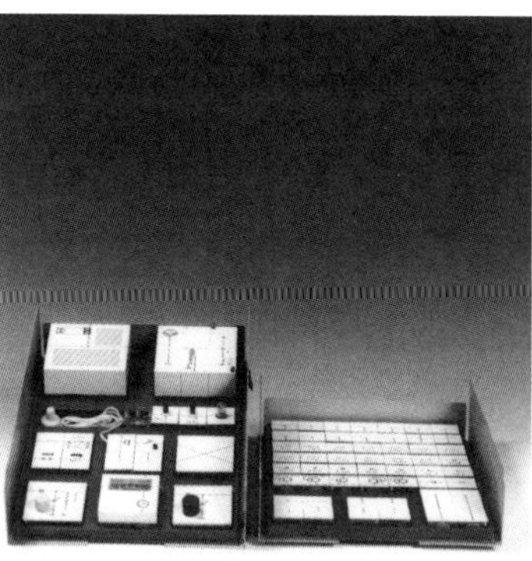
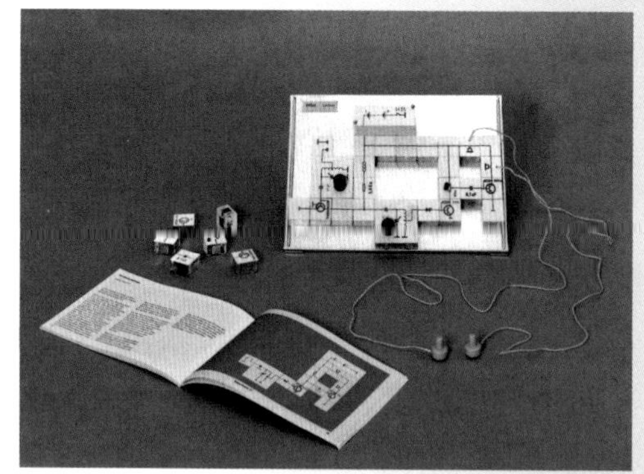

图2-38　电子元件包括电子模块和一本综合实验手册

图2-39、图2-40　机械电子学习和实验的产品，被称为“旋钮解”（未生产）

7. 便携式电视机、短波收音机

TV便携式电视机这个名字很新颖，这款便携设备的概念也很新颖（图2-41）——它成为了潮流的引领者，被许多人认为是1955年以后十年来特别成功的设计之一。这个模型的外观设计散发着独特的魅力。它最基本的形式和最小的细节，都是为了实现最终功能而设计的。自1963年短波收音机T 1000（图2-42）出现以来，它可以用于几乎所有的波段接收，但它通常用于短波接收，也可以在辅助装备的辅助下用作导航仪。作为便携式设备，T1000必须尽可能地密封和紧凑。作为一个可在全球范围内使用的收音机，它有着非常大的体量。博朗设计师认为，产品必须具备最大程度的易操作性，希望用户能够立即理解并安全地使用。

操作元件上设置了保护盖。在相当长的一段时间里，业内专家一直非常推崇这款短波收音机T1000。这是博朗公司生产的最后一款便携式产品。

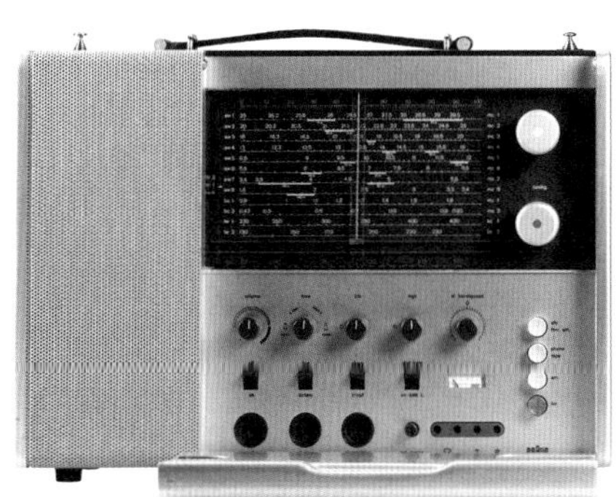

图2-42　T 1000短波收音机（1963年）

8. 演播室集成系统

从1968年的高保真音响Regie 500到1977年的高保真音响Regie 530之间的所有产品高度都控制在10厘米之内（图2-43）。但是，新一代集成化高保真音响系统的目标

图2-41　Tv1000便携式电视机（1965年）

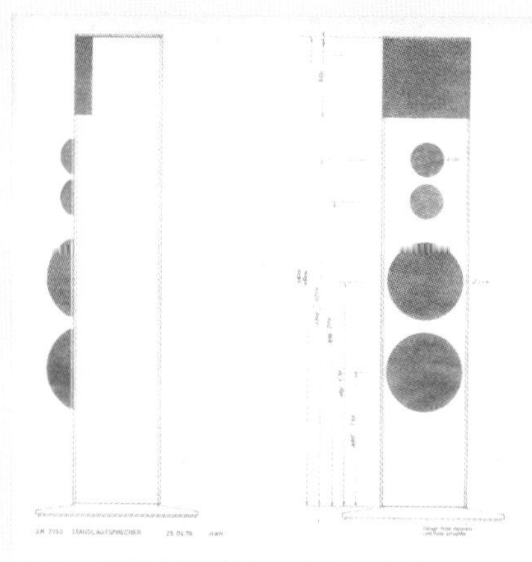

图2-43　研究室里的扬声器柱图纸

图2-44　高保真系统演播室集成（1977年）

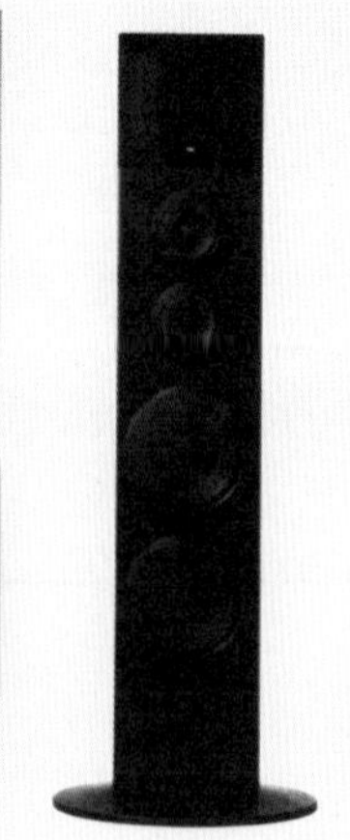

图2-45　扬声器柱Studiomaster2150（1979年）

是将这个高度减半，并计划将所有功能元件仅排列在一个芯片板上，最终芯片板和外壳合在一起不高于5厘米。1977年，没有任何一个集成化高保真音响系统能够与博朗的同类产品相提并论。演播室集成系统包括RS 1控制单元、一个组合的唱机和PC 1盒式磁带台（图2-44）。所有单独的单元都可以堆叠或排列成一排。操作元件全部安装在前端。

20世纪70年代末，又一个重要的产品是新的扬声器柱Studiomaster 2150（1979年）（图2-45）。它的基本思想是在高纤细的立柱中容纳大音响，以实现良好的低音再现。六个扬声器系统堆叠在一起，低音和中音都有可拆卸的盖子。扬声器柱的概念影响了许多竞争对手，使他们也开发出了类似的解决方案。

大概在20世纪80年代，博朗设计师研究了博朗的最后一个高保真音响系统。它的设计原理和制造技术在当时达到了极高的水平，各个单元以模块的形式进行布局，所有模块都具有相同的外观尺寸（电唱机除外），从而使该单元可以堆叠并排成一行。每个产品模块均采用封闭式设计，前端略微倾斜，显得苗条（图2-46）。所有元素的设计和排列都遵循预设的顺序，较少使用的元素隐藏在小盖子下。所有外向连接均被隐藏使得背面光滑。集成化高保真音响安装在经过特殊设计的底座上，可以放置在房间的任何地方，并且不需要遮盖它的背面（图2-47、图2-48）。

1990年，在销售“最后一版”后，博朗便从高保真音响系统中退出了。

图2-46　每个产品模块都设计成一个封闭的主体，其前端倾斜

图2-47　所有模块（除唱片机外）的尺寸都相同，因此可以堆叠或排列成一行

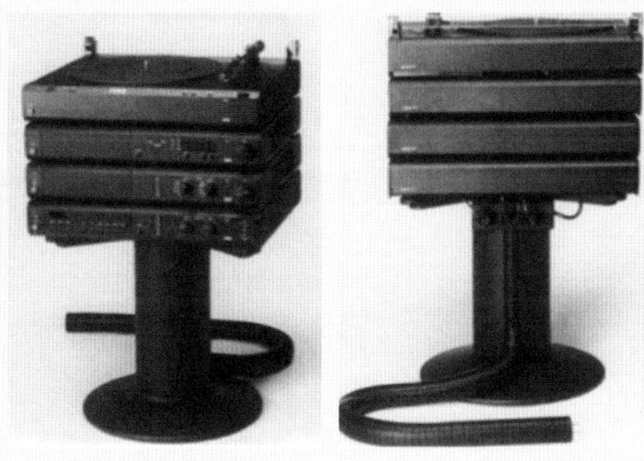

图2-48　投影仪后部空间宽敞，均安装有连接装置，电缆隐藏在可弯曲软管中

9. 摄像机与投影仪

迪特·拉姆斯用了将近二十年的时间设计投影仪（图2-49、图2-50）、照相机和电子闪光灯。20世纪80年代初，博朗停售了最后一款照片投影仪，这是诞生于1956的投影仪，型号为PA 1/2。

回顾过去，博朗的闪光灯、投影仪以及摄相机（图2-51）等，无一例外都是创新型的，产品拥有高集成性和高质量的制造水平。20世纪50年代初期到80年代初，博朗一直是上述产品全球最重要的制造商之一。这是一个了不起的成就，几乎影响了半个世纪此类产品的设计制造。特别是在投影仪、闪光灯和照相机等产品的设计制造上，博朗的产品在功能性及造型美观方面起到了标杆作用。

1965年，博朗的Nizo S8摄相机（图2-52）问世，它是专门为Super-8胶片盒而生产的。它的设计改变了Nizo摄相机的基本构造，当然，在许多细节上都经过了重新开发和修改。在此次修改后，这款相机的结构在之后的20年几乎都没有改变过。这种设计上的稳定性使得每一个独立的功能单元都具有长久的耐用性，使它更容易使用，也更容易让用户熟悉每一个产品。对迪特·拉姆斯来说，设计具有标志性的家族化系列产品变得越来越重要。

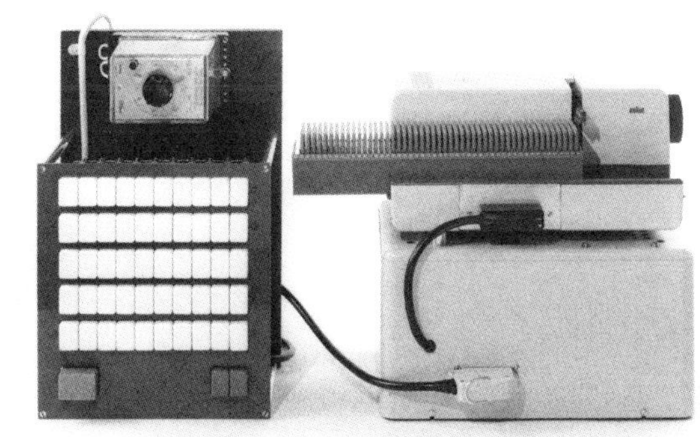

图2-49　D 40投影仪（1961年）

图2-50　D 300投影仪（1970年）

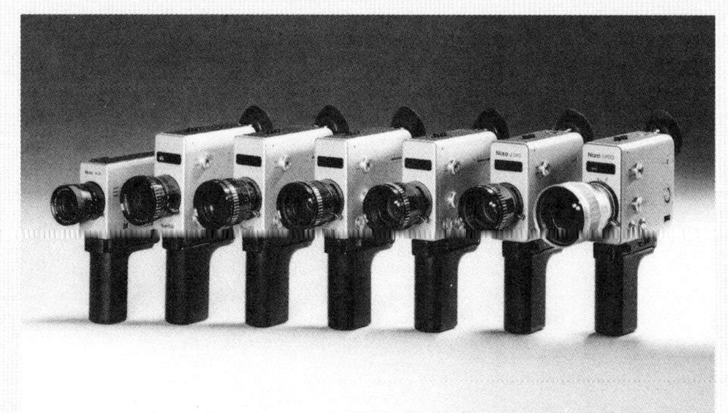

图2-51　配有各种设备的博朗Nizo摄相机

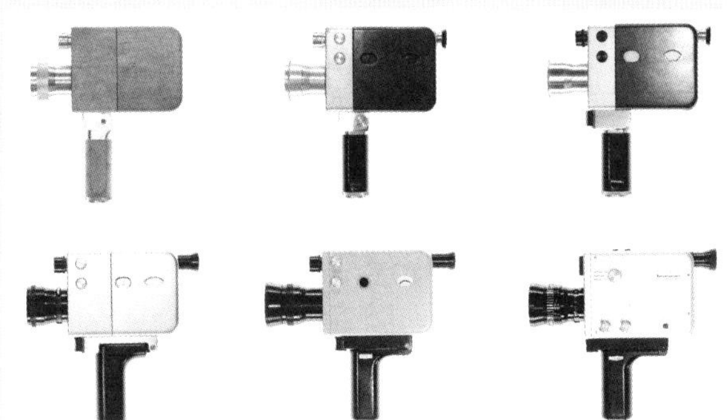

图2-52　Nizo S8摄相机

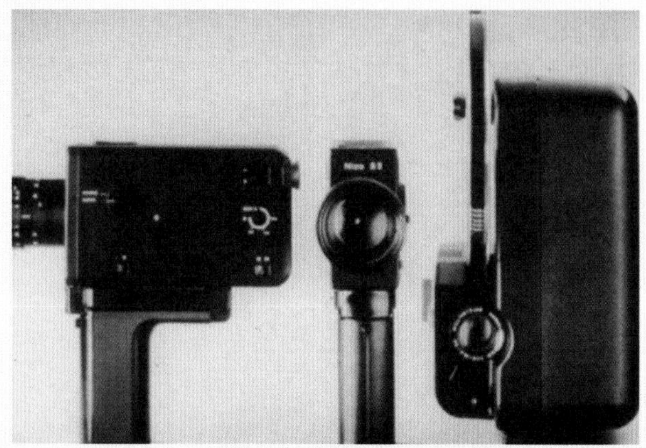

图2-53　Nizo S1摄相机（1972年）和FP25投影仪（1971年）

Nizo摄相机的突出特点是正面和侧面的盖板由银色环氧铝制成。后来也出现了黑色Nizo摄相机，比如1972年的迷你S1机型（图2-53）。到了1979年，该摄相机整体几乎完全由塑料制成，这是Nizo摄相机中最后一个放弃传统金属外壳的相机。

摄相机这个产品，最重要的设计原则是轻且易于操作。在设计博朗的相机时，博朗设计师集中精力于人机工程学和操作问题上，很快设计师就明白了，摄相机应该用一个长而光滑的手柄，把手边缘设计成圆形倒角，将产品重心设置在下方以确保平衡。电池藏在把手里，拿相机的手的食指可以轻易按下位于前基座上的开关。

举个例子，用户在实际拍摄过程中必须使用的变焦功能，按钮位于手柄的上侧。通常来说，握着相机的手会产生反压力，而且大多数人都是右撇子，为了避免不必要的晃动，所以调节和操作按钮一般都被安排在相机的左手边。

对于摄相机来说，产品的图标设计尤为重要。产品图标指的是明确无误的操作功能铭文。例如，在拍摄中常用的红点标记，在Nizo摄相机（图2-54）中使用了不同的解决方案：这里矩形开关排列成一排。根据红点标记，开关的中间位置表示“正常”。为了特殊用途，开关被向上或向下推。只需看一眼就可以轻松地检查摄相机的调整情况。

直到20世纪70年代中期，Nizo一直制造的是无声摄相机。第一台有声放映机是FP1电影放映机（图2-55），配备了更大的胶卷卡带。这架摄相机的录音功能需要增加一个模块来实现。对于这种更大更重的摄相机来说，用垂直手柄是不合适的。经过综合测试，博朗设计了一种新的结构，把“声音部分”移到摄像机主体下方，手柄位于倾斜的正面。这种倾斜的手柄加上可折叠的肩部支撑（就像专业使用的摄相机那样）可以稳定地处理和控制Nizo的声音。

图2-54　Nizo 6080录音摄相机(1980年)

图2-55　FP 1电影放映机（1964年）

10. 打火机

博朗打火机的设计是由“少而精”的理念所决定的。基本形式是圆柱体、立方体。博朗设计师将打火机定义为简单小型的产品装置，通过精准的细节设计对产品进行升级。打火机应该便于携带、操作，一般放在桌子上或装在口袋里。设计打火机对迪特·拉姆斯来说一直是一件愉快的工作。拉姆斯现在仍在使用博朗的打火机——特别是多米诺和圆筒形打火机。T2打火机（图2-56），也称为圆柱打火机，迪特·拉姆斯设计的是一种当时全新的磁点火操作。点火所需的电流来自车载点火器，因为要激发电子点火装置，所以将传统的按压按钮设计在了气缸侧面，并且用了大接触面的设计特征，当打火机拿在手里时，手指压力是最佳的。后来磁性点火被压电点火取代。在这里，电也是通过按动按键后产生的，该装置不需要电池，所需的压力比圆柱打火机要小得多。最后，第三种打火机是1974年的“能量号”，是由安装在点火开关上的集成太阳能电

图2-56　T2打火机（1968年）

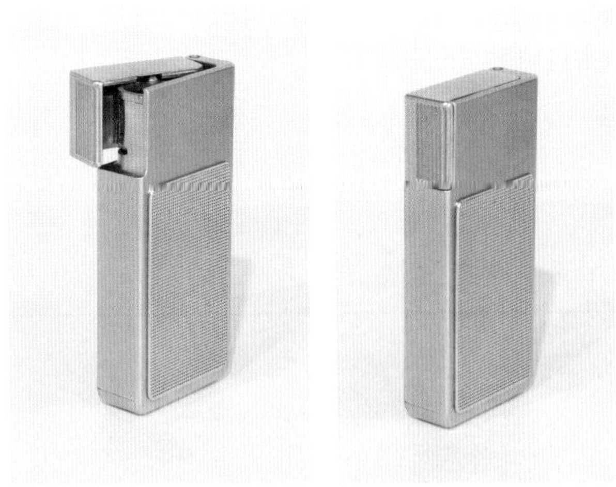

图2-57　Mactron打火机 F 1 / linear (1971年)

图2-58　多米诺套装（1976年）

图2-59　多米诺打火机（1976年）

池驱动的。圆柱打火机是一个成功的产品，生产了将近20年。20世纪80年代中期，博朗放弃了打火机的生产。

在引进圆筒形点火器后的几年里，博朗设计师设法缩小了磁点火器的尺寸，从而制造出了一种带有磁点火器的小型打火机。Mactron打火机（图2-57）于1971年首次上市，是通过按下一个倾斜的盖子来操作的。然后打开点火室并进行点火。Mactron打火机后来也提供了压电点火。

最初的多米诺套装（包含打火机和烟灰缸）（图2-58、图2-59）是电池点火，后来安装了压电点火，为此修改了侧键的设计。它的本意是为年轻顾客提供价格实惠的打火机。基本模型是一个立方体，边缘为光滑的倒角，顶部有一个特殊的嵌入火焰开口。多米诺打火机提供了所有的基本颜色，并成为了一套圆柱烟灰缸的颜色模板。

图2-60 咖啡机AromaSelect KF 145 (1994年)

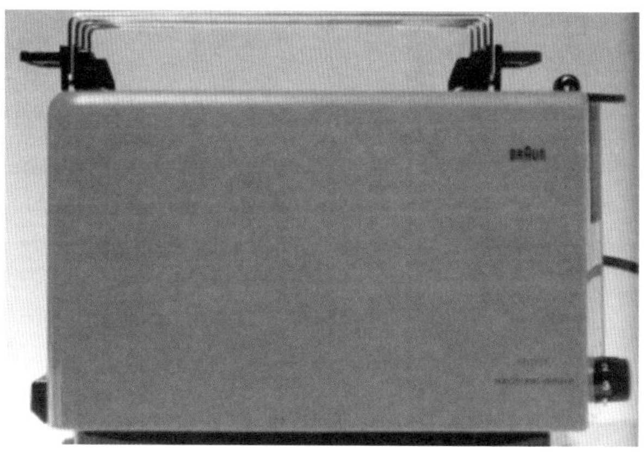

图2-61 HT 95自动长缝烤面包机（1991年）

图2-62 打火机（1973年）

11. 产品新色彩的赋予

迪特·拉姆斯一直认为博朗的产品不应该使用鲜艳的配色。博朗的产品在市场中最受欢迎的颜色是白色、浅灰色、黑色或金属色，如铝、天然的黑色、铬。博朗很少有用红色、黄色、蓝色的产品，白色、浅灰色、黑色等颜色大多是用在客厅(厨房或其他地方)的家居产品上，如咖啡机（图2-60）、烤面包机（图2-61）、钟表或桌上打火机（图2-62），这些产品都是用户想要其成为室内装饰的替代品。

博朗设计中的一个主要理念：博朗所提供的产品是供人去使用的，它们会被放在人们的生存环境中，因此它们必须在这个氛围中与环境相协调。强烈的色彩会使人心烦意乱，而博朗中性色的产品，可以让用户根据自己的想法去改造环境，并且可以很轻松地保留继续设计的空间。在很少的情况下，博朗设计师才会使用鲜艳的颜色，比如有时为了装饰。

为了区分信息类型，博朗中性色直到现在都会被用在一些如迷你计算器等其他系统上，目前，博朗开发了一种相对成熟的颜色代码来指导设计。

（二）家用电子产品

1. 普通咖啡机与浓缩咖啡机

20世纪70年代初，博朗设计师首次致力于咖啡机的设计。比起博朗的其他电器，其咖啡机的功能和结构都更合理。从设计师Stan开始，博朗的设计师一直以设计工程师的身份融入到每一个产品的开发过程中。因此，他们可以利用自己的技能特点来开发新的产品。KF20咖啡机（图2-63）的外形设计遵循了功能需求。最上面是加热水的容器，然后是过滤装置，下面是带有加热装置的咖啡壶。共有两个加热元件，一个在上面用来加热水，另一个用来加热咖啡。

这种结构产生了一种细长的、几乎封闭的柱体——这在当时是一种创新。该模型的加热底座和顶盘是由两根金属管组合而成的。这款咖啡机被设计成了多种颜色，它小巧而简约，能够很好地融入各种环境。尽管它已经得到了用户的广泛认可，却仍有一个设计方面的缺陷，需要进一步改良：它需要两个独立的加热元件，一个用来加热水，一个用来保持咖啡的温度。

随后的KF 40咖啡机（1984年）外部形态封闭，为整体结构纤细小巧的柱型设计，并且只需要一个加热元件。由过滤装置和玻璃瓶组成的圆筒被一个半圆柱部分所延伸包围，其中包含预先加热的水。它的外壳由塑料制成，价格较低，但符合当时所有的制造工艺要求 。为了弥补可能出现的细微表面缺陷，塑料上会有轻微的槽纹。这也偶尔被误解为是一种具备一定功能的后现代装饰。

在KF 40咖啡机问世近十年后，博朗AromaSelect咖啡机出现了。其封闭式、一体化的造型特点强烈地影响了其他咖啡制造商。咖啡壶的造型得到了进一步的发展，过滤装置和玻璃壶呈现出两个同心圆柱体，被圆筒状的水箱在后侧围住。

图2-63　KF 20咖啡机（1972年）

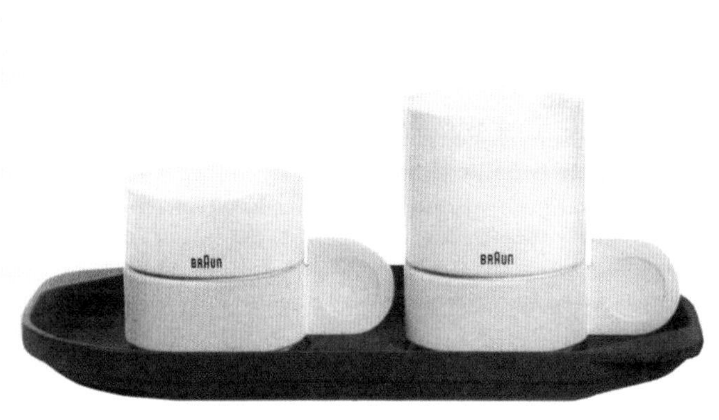

图2-64　单向杯恒定握持及容器装置的设计研究

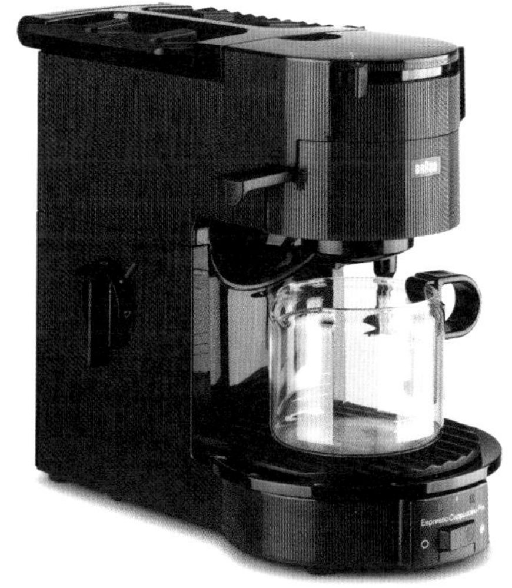

图2-65　E 300浓缩咖啡机（1994年）

20世纪90年代初，博朗通过生产两款浓缩咖啡机扩展了他们的业务。

较小的廉价浓缩咖啡机采用蒸汽压力系统，较大的浓缩咖啡机则采用大功率泵系统。对于设计部而言，他们的任务是开发出合适的功能性产品，同时也要体现出浓缩咖啡的特性和特点。小型E 250 T浓缩咖啡机的外形是圆柱体，它包括研磨主体容器和顶部的加料装置，以及主机和底座。大型E300浓缩咖啡机（图2-65）以立方体为基本构成元素：由水箱和泵组成的主机位于后部垂直放置，前面的圆柱体被水平放置并包围着铝制隔热锅炉，而滤滴容器则形成了第二个圆柱体。

2. 厨房用具

厨房用品最直接的称呼就是工具，因此它总是被当做工具来设计。最终用最简单的形式将特定功能的细节直接关联到产品上。呈现的产品不会有过多的装饰，具有持久性。KM 3/32厨房设备在1957年投入市场，在之后的十多年里，仅在细节上做了些微调。毫无疑问，它是有史以来最经久耐用的工业产品之一。当然，其中一个原因是机械的发展没有电子发展速度快。

图2-66　Multipractic plus UK 1厨房设备和Vario MR 30搅拌器（1981年）

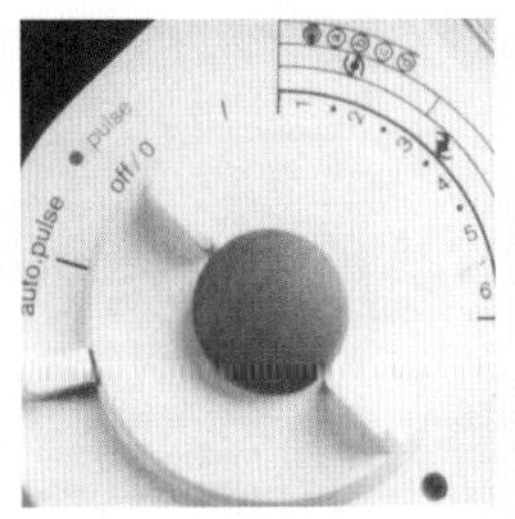

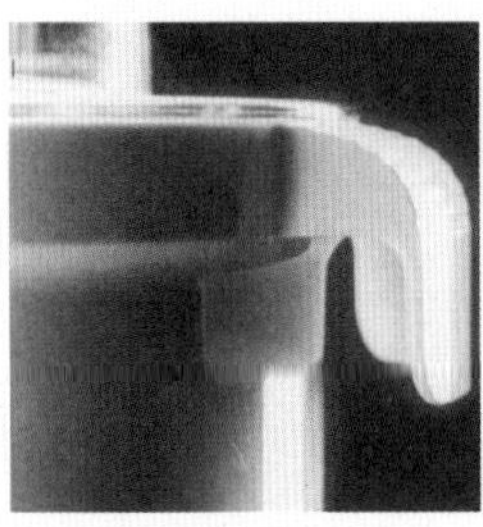

图2-67　第三代博朗厨房设备细节：操作元件，搅拌碗边缘，横截面搅拌碗，玻璃搅拌器，横截面电机部件

KM 3/32厨房设备和后来的其他厨房产品都表明，严格遵循功能设计的产品同时也可以具备很高的美学品质。它的线条经过了反复推敲，比例和尺寸都达到了较好的设计要求。另外，博朗还为KM 3/31厨房设备配备了一整套附件。

在20世纪80年代初期，博朗设计师对厨房设备有了新的设想。Multipractic plus UK 1（图2-66）可以将多个厨房工作合为一体，是厨房设备和切碎机的组合。各种工具的驱动器从底部伸入容器中。对于这种日常密集使用的厨房工具来说，易于理解和操作等内在价值是很重要的，当然，它们在使用过程中必须要安全，而且必须易于清洁。

1993年，第三代博朗厨房设备Multi-system K 1000（图2-67）上市。该设计采用了经典KM 3厨房设备的基本形式。由于结构上更加紧凑，电机的后部被缩短了，并安装了电机冷却系统。K1000厨房设备的概念是将三个设备合为一个。该设备共有三种工作模式：一种工作模式是揉捏和混合，另一种工作模式是切割和粉碎，第三种工作模式是混合和搅拌。对于每种工作模式来说，都有一个对应布局的容器：一个大型搅拌碗，一个由透明塑料制成的容器和一个用于搅拌的玻璃容器。固定在电机部分的是一个大的开关。用户可以选择不同的工作模式以及调整运行的速度，不论手指湿润或油腻、左手或右手都一样适用。刻度尺上的符号也有助于使用。操作元件的设计，尤其是产品图形的设计即符号的使用是非常重要的。在测试中，设计师充分考虑了开关的形式、布局以及刻印的字，并进行了优化。试运行可以帮助设计师对产品进行优化。

博朗是较早在西班牙开始生产手工搅拌器的。这些实用而精致的混合器可在烹饪过程中完成混合、搅拌等工作。这些装置与厨房装备具有相同的功能，且可以用自来水非常容易地进行清洗。该设计符合人体工程学。装有马达的手柄的设计十分人性化，操作起来安全又方便。

在20世纪60年代初期，博朗设计师设计了第一台手动搅拌器，该机型具有搅拌、揉捏、切碎功能，并且可直接用于烹饪。该手动搅拌器是非常成功的一款产品，几乎家家户户都有。

第一代博朗搅拌器最大的特色是它的电机是水平的，在行业其他竞品中也十分有特色。电机可以通过齿轮装置垂直地将动力传递给工具，例如搅拌器。三十多年后，新研制的搅拌器配备了全新的内部电机，使用起来更加方便。它十分轻巧，易于握持和放置，操作和清洁都很方便。这个设计是博朗设计师在厨房工具（手动搅拌器以及其他形式的搅拌器）制造经验中得出的。电机部件水平放置在工具上方，直接电源传输大大增强了它的动力。整个搅拌器的重点集中在了工具的上方。因此，整体十分平衡，易于操作。手柄的设计符合人体工程学，可为所有四个工具的使用提供正确的倾斜位置。开关很大且方便，放置在固定位置，搅拌器通过按压开关启动。在开关的前面是固定锁，可以通过它来解锁使用中的工具。手动搅拌器的设计中有许多实用的细节，如后部是特殊的塑料层制成的，可以避免因接触面光滑或潮湿而滑落带来的危险。

博朗在厨房电器领域的理念受到了保健食品领域新理念的影响。因此，从20世纪50年代中期开始，有些设备可以加工新鲜、健康的水果和蔬菜汁。这些蔬菜和果汁加工机中，有一部分已经生产了数十年。MPZ 7榨汁机代表了该细分市场的最新发展状况，它延续了旧版柑橘加工机的基本形式：搅拌器安装在盛装果汁的透明容器的顶部，下方的电机部分被做成了一块整体的配重压块，要倒汁就必须将容器拿出来。1982年，MPZ 5的基本形式诞生，展示了这种两段式组装：可以将装有压块的上部容器卸下用作果汁罐。

3. 熨斗

在家用设备中，好的功能性设计并不意味着不惜一切代价进行表面或造型的时髦设计。20世纪90年代博朗设计的熨斗（图2-68、图2-69）就是一个很好的例子。他们的基本形式已经被证明使用起来是十分方便的。设计的成功在于基本形式体现了产品的一致性，以及拥有和谐的比例。它看起来轻巧、平顺且方便。这些产品和其他博朗的产品一样操作方便，开关和产品语言都是经过精心设计和布局的。

4. 剃须刀

现有的博朗剃须刀都可以追溯到1950年的第一台博朗剃须刀S 50，当时其已经具备了现代剃须刀的基本形式：电源部件，剃须刀片，回转马达。基于这种配置，有逻辑地发展其结构和功能。后续的模型宽度稍大一些，以突出摆头的尺寸和容量。

1950年至今，虽然博朗剃须刀的技术和设计逐渐有了发展和改进，但剃刀的基本形式一直未变。在企业里，如此稳定的工业产品非常少。从某种意义上说，设计师也是工程师，因为在设计之初，他们反复寻找新的具有建设性意义的解决方案，以改善剃须刀的功能、内在价值和操作方式，才使得产品如此具有生命力。

一个很好的例子是micron vario 3通用电动剃须刀（图2-70~图2-74）首次实现了两种剃须系统的组合。长发剪位于中央开关的上部，可进行两项操作（图2-71）。在第二阶段，可以同时修剪长发和短发。其中一项重要的任务是运用正确的产品语言来指明新功能。另一个例子是产品外观设计的创新，它是由软质塑料和硬质塑料通过双注射工艺制成的（图2-72）。通过与塑料制造商的密切合作以及长期深入的试验，博朗找到了合适的材料和正确的制造技术。第一个拥有坚固的外壳和软处理模具的剃须刀是1979年的micron plus剃须刀。该解决方案凸显了使用剃须刀的显著优势，它不会在光滑的表面上滑动，可以轻松舒适地操作。如今，这种软硬技术也被用在其他设备上。

第三个设计与工程合作的例子是1991年可活动摆动头的伸缩控制（图2-75）。它具有双层剃须刀膜，往复摆动以适应不同的面部情况。博朗设计师在设计和技术上的目

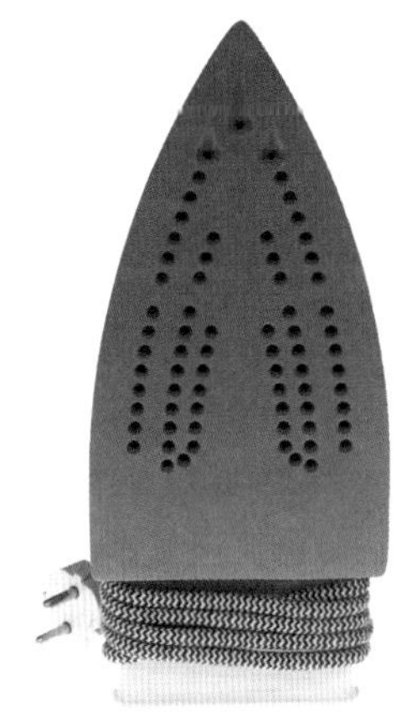

图2-68　蒸汽熨斗saphir 7000 super（1991年）

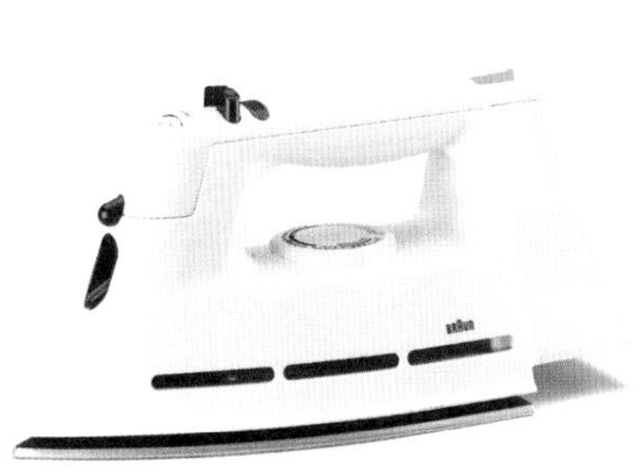

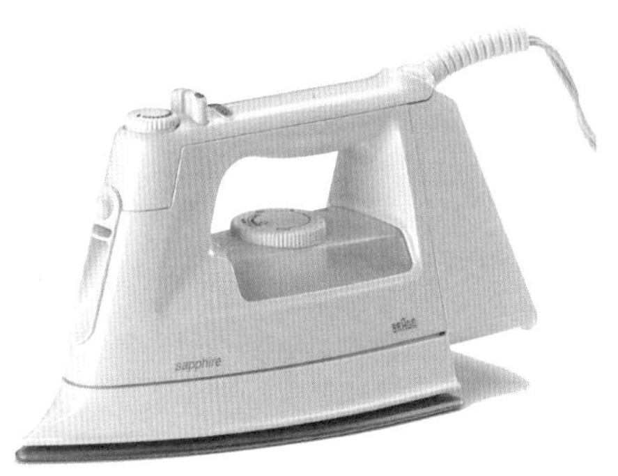

图2-69　蒸汽熨斗vario 5000（1986年）

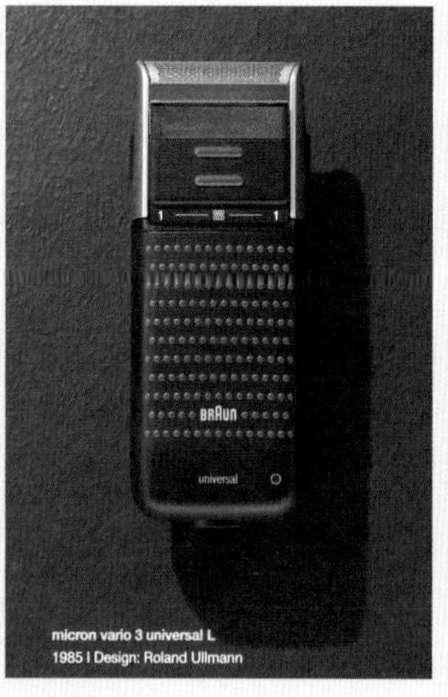

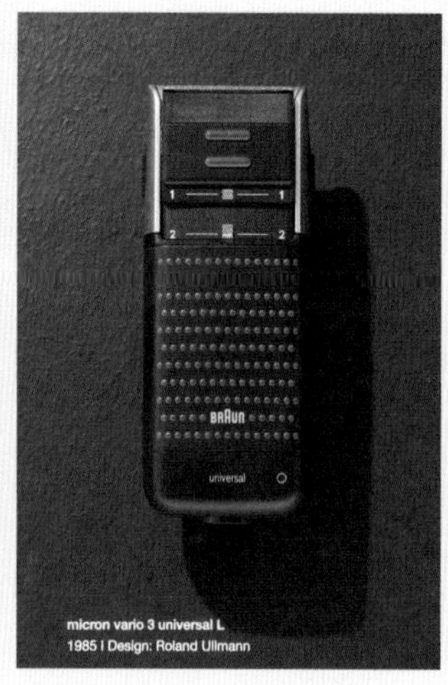

图2-70　Micron Vario 3通用电动剃须刀（1985年）

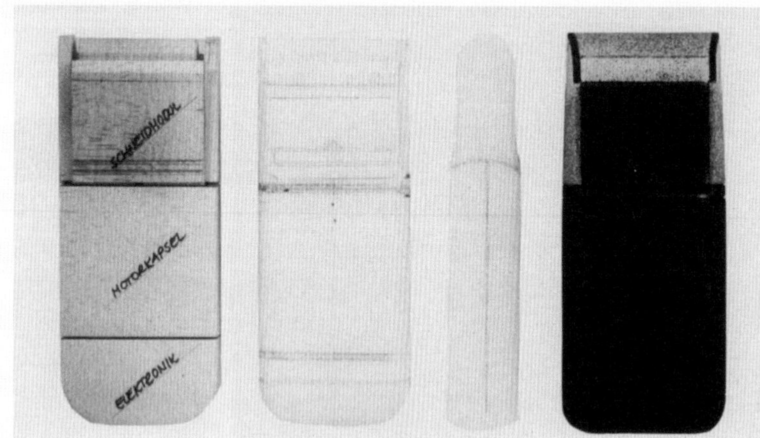

图2-71　Micron Vario 3电动剃须刀的结构细节

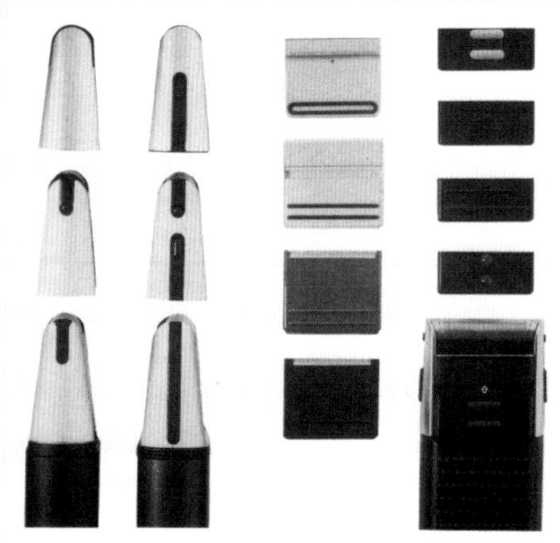

图2-72　剃须刀外壳详图；软质和硬质塑料材料组合

标是使其在内部和外部都尽可能紧凑。鉴于移动摆动头所涉及的复杂力学特性，只有技术人员和设计人员密切合作才能实现这一目标。除了上述这些博朗的经典剃须刀造型外，博朗还在20世纪80—90年代开发了一系列新的电动剃须刀造型模式（图2-76~图2-78）。

吹风机设计中手柄的设计是关键。旧时的吹风机手柄垂直于气流方向放置。在反复的实验过程中，博朗设计师发现这种类型的手柄不适合用户自己吹干头发。而带有倾斜手柄的吹风机能够减轻重量，舒适省力。最后，博朗设计师研发了符合人体工程学的带有倾斜手柄的吹风机。现在，这种配置在吹风机中已被普遍接受。

卷发器（图2-79~图2-81）也是博朗创新设计中的一

图2-73　micron vario 3通用电动剃须刀（1988年）

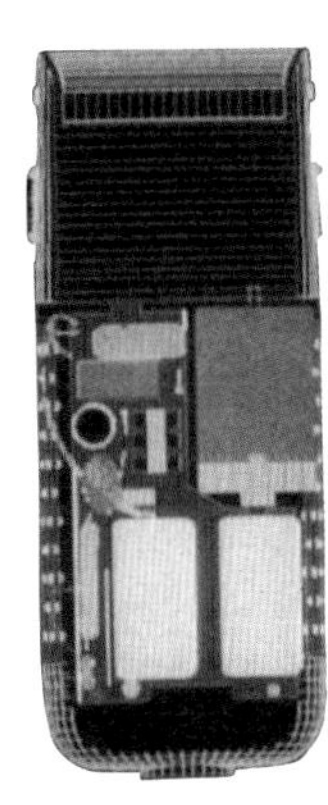

图2-74　micron vario 3通用电动剃须刀的研制

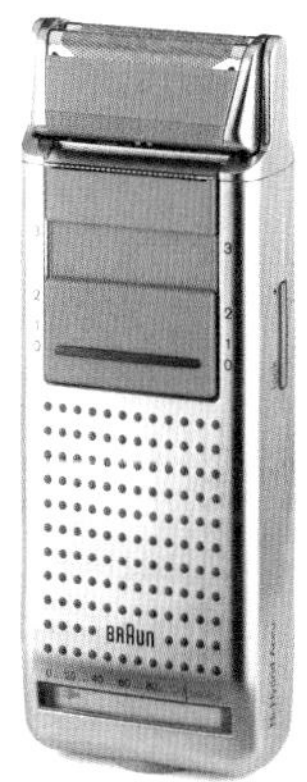

图2-75　带活动摆动头的电动剃须刀（1991年）

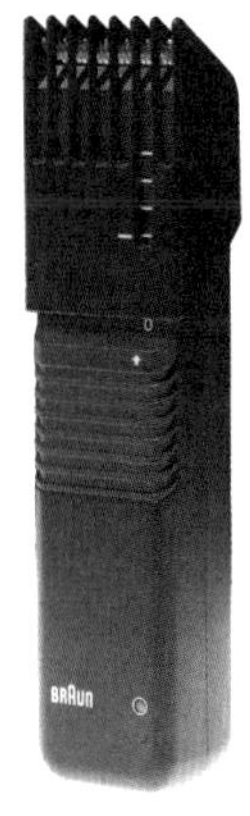

图2-76　exact 5 剃须刀(1986年)

图2-77　口袋豪华旅行版电池电动剃须刀（1990年）

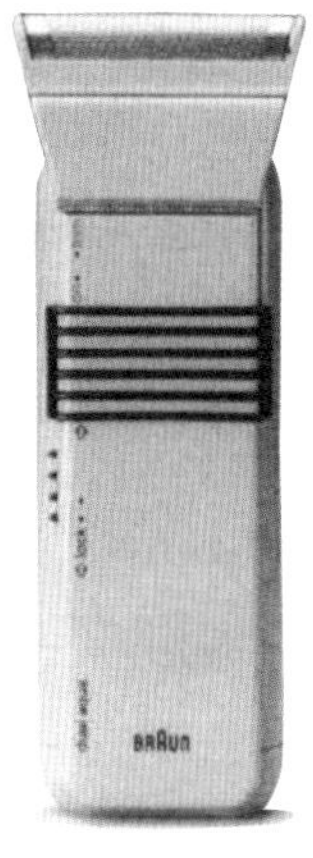

图2-78　日本双水电动剃须刀（1987年）

图2-79　TCC 30卷发刷和卷发器

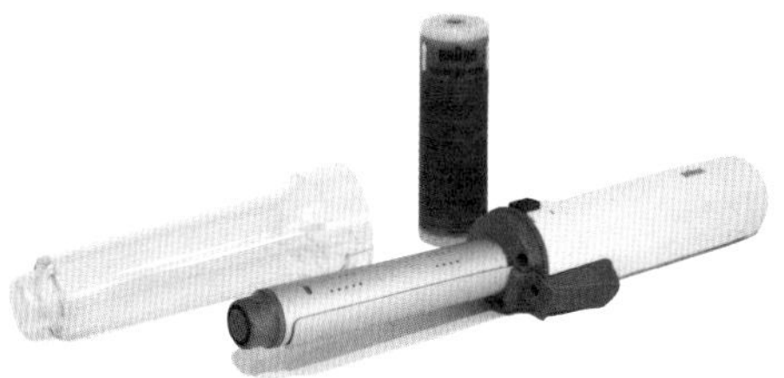

图2-80　GCC电池供电卷发器（1988年）

图2-81　LS 34卷发器（1988年）

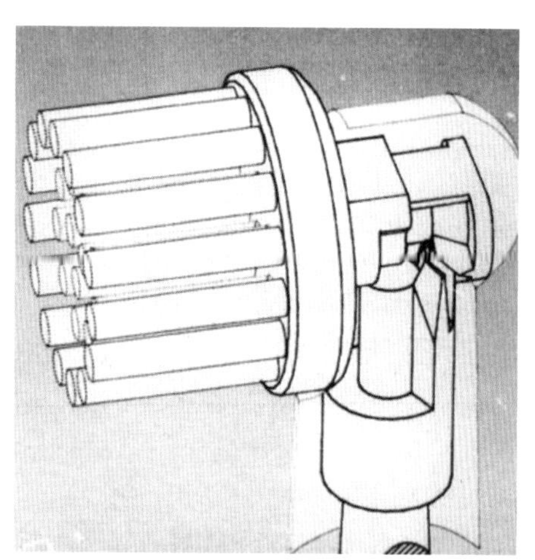

图2-82　振荡旋转牙刷结构图

图2-83　牙齿保健中心Plak Control OC 5545S（1992年）

图2-84　Plak Control电动牙刷牙菌斑去除装置（1994年）

图2-85　闹钟（1975年）

个重要案例，该卷发器摒弃了过去纯粹的电加热模式，而是进一步改进成气动加热模式。自1982年博朗推出了他们的新卷发器技术后，人们可以随时随地使用卷发器了。

5. 牙齿保健产品

牙刷和牙齿保健中心的产品是几十年来博朗公司的重要产品之一，并保持了极高的设计质量（图2-82、图2-83）。Plak control电动牙刷（1991）再次推出了新的技术，但却保持了产品简单和睿智的设计理念。

当我们看到博朗电动牙刷的刷头时，就能体会到设计师的用心良苦：一个刷头单元凝练了诸多的精心设计。为了清除牙齿上的牙菌斑，刷头每分钟可旋转3000次（图2-83）。牙刷齿头装有一个小型驱动器（图2-84）。起初，技术人员试图将小型驱动器与牙膏隔离，因为牙膏会快速侵蚀驱动器。但将其隔离之后，刷子会显得不那么紧凑。为了确保舒适的操作，设计人员和技术人员找到了更好的解决方案：可以使用不带绝缘层的耐磨钢制成的驱动器，它也足够小。微观设计是保证实用性和质量的决定性因素。

6. **钟表，袖珍计算器**

自从彼得·亨林（Peter Henlein）的Nürnberger蛋钟被设计作为私人用途以来，其设计目的就不仅仅是装饰了。对博朗来说，时钟是用来显示时间的。博朗的旅行时钟或钟表并没有将使用形式的特殊性彰显在外形上。许多品牌是通过鲜明的外形特征彰显个性，而博朗的旅行时钟却与之相反，只专注于一个唯一的目的：显示时间。

博朗最早的电子时钟之一，是于1975年投放市场的表和闹钟（图2-85）。其突出的特征是大型倾斜的数字LED显示屏和旋钮。即使在今天，桌上和腕上计时器依然是主流，但多年前，博朗已经开发了一系列经典的产品形态适用于这两种模式（图2-86~图2-88）。在随后的几年中，博朗还开发了带有模拟时钟表盘的钟表（图2-89、图2-90），由于其更好的阅读效果而受到许多人的喜爱。多年来，博朗始终精心设计表盘，以使其与众不同。博朗于1976年开始生产袖珍计算器（图2-91、图2-92）。袖珍计算器的设计宗旨是易于使用，因此它们的按钮必须布置清楚，博朗的方案是使它们略微凸出。1976年，博朗对按钮又一次进行了创新——这样的巧思后来被证明是有利的。

图2-86　无线电时钟（1991年）

图2-87　左：ABR 21无线电时钟（1978年）；右：ABR 313 sl无线电时钟(1990年)

图 2-88　AW 15/20/30/50手表（1989–1994年）

图2-89　闹钟（第3阶段）（1972年）

图2-90　ABK 30挂钟（1982年）

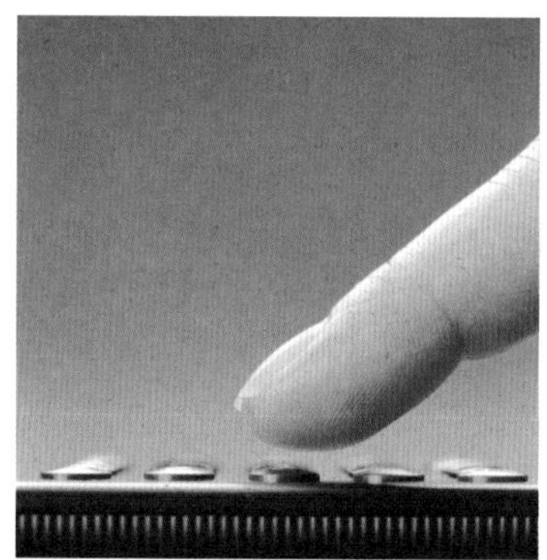

图2-91　袖珍计算器（1991年）：按键是凸的，以确保更好和更安全的使用

图2-92　袖珍计算器（左）；ET 88时钟世界旅行者（右）

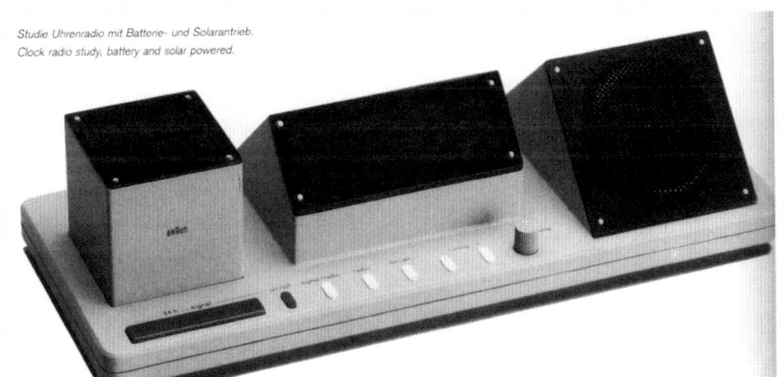

图2-93　无线电时钟研究：电池或太阳能电池

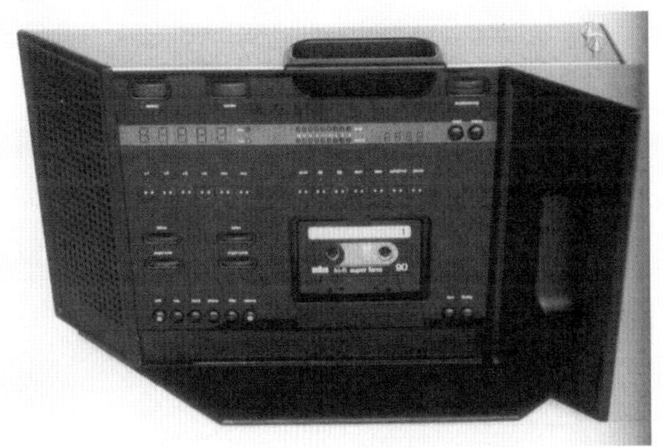

图2-94　便携式音乐组合设备的研究：当扬声器被推到一边时，可以看到操作面板

（三）公司内部的设计研究

对产品反复研讨是博朗设计部门的一项重要工作。迪特·拉姆斯认为设计师需要有特定的空间来发展自己的创造力，例如在空间中使用透明的办公隔断。出于不同的原因，刚来的实习生中有许多人没有新产品开发的经验，但是他们经常为设计师的设计工作提供帮助。以下将提供一些产品设计范例——时钟、便携式计算机、高保真系统、无线电时钟、手电筒。所示的范例都是全新的产品概念，而不仅仅只是对现有产品进行修改。博朗设计师经常尝试使用创新技术，有时甚至在该技术实现之前，就已经利用其进行预期的开发。

您所看到的博朗的设计形式——在这方面博朗的研究与已实现的产品并没有太大不同——是出于优化博朗产品使用的需要而开发的。

两项关于无线电时钟（图2-93）的研究就是一个很好的例子。它们使用一套完整的电池或太阳能电池，该设计在安装了芯片板和操作元件的公共基座上有三个简单的几何分离体。左方的立方体包含电池，棱镜与太阳能电池一起位于中央，整个棱镜包含右侧的扬声器。

时钟收音机是集成的、模块化的。收音机、时钟、录音机和附加扬声器这几个模块组成一个单元，几个模块也可以分开，这种设计是迷你音乐系统的先驱之一。

接下来是便携式音乐组合设备的研究（图2-94）。出于携带的原因，该设备具有更紧凑的设计。倾斜的侧面空间由柔软、耐磨的材料制成。在使用中，将前部推到装有第二个扬声器的一侧，可以使用操作单元。通过将扬声器推到一侧，扬声器底座得以扩展，从而获得更好的声音质量。

20世纪70年代末，有了许多关于高保真系统的研究。其中一个概念被称为“telecompakt”：一个非常紧凑的模块化高保真系统，当时配备了遥控器（图2-95）。可以放置在任何地方。它们也可以通过固定的特殊导轨悬挂在墙壁上，该固定导轨上包含有电缆。该装置包含一个盒式磁带座——完全没有CD。

在20世纪70年代末进行了第二项重要研究：“音频添加程序”（图2-96）。该系统的概念是利用20世纪70年代第一个微处理器技术的可能性，这被证明对高保真领域的进一步发展具有重要意义。

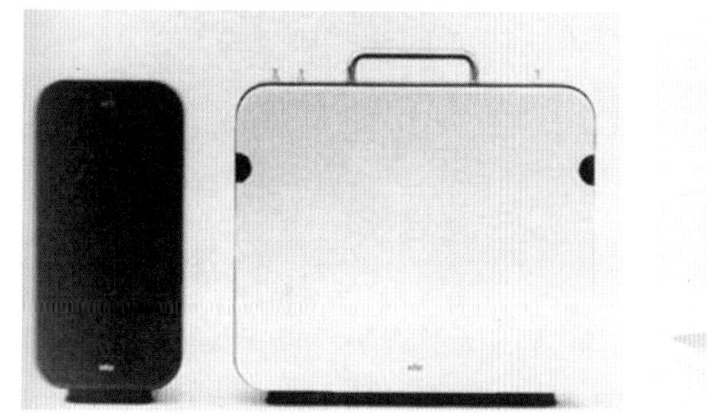

图2-95　带独立扬声器的世界接收器的研究（1970年）

图2-96　音频添加程序研究（1961年）
图2-97　公共广场上的时钟研究（1988年）

微处理器通过总线到达各个通信组件。这提供了各种各样的连接和分离功能。调谐器、放大器和扬声器被加在一起以形成扬声器模块。第二个模块包含所有控制和操作元素。

其他电子产品例如电唱机和磁带播放机，两种产品都具有相同的形态语意——一个电锌合金支撑的外形框架。该单元的设计传达了高科技的视觉感。在大屏幕上可以读取信息，通过传感器按键和遥控器进行操作。所有产品可以以任何可能的方式放置，正如博朗的其他一些产品一样，这样的设计过程在设计界被定义为未来主义。直到20世纪90年代，在某种程度上它依然不具有技术可行性。然而，它的基本概念和设计仍然是一个令人印象深刻的选择。

就短波收音机的两项研究而言，博朗于1963年推出T 1000，制造出了第一台便携式大容量收音机——并被称为“世界接收器”。几年后，研究出了另一种系统，该系统带有一个额外的、独立的扬声器，声音效果有了显著改善。

带独立扬声器的世界接收器没有使用T 1000那样的木质和金属组合外壳，而是使用了两层塑料外壳。后来推出了一种高容量的世界接收机，其测量值与早期的袖珍接收机相同，这是通过无线电技术中的小型化技术实现的。

作为未完成研究的另一个鲜为人知的例子是博朗设计师要在法兰克福广场中竖立大型“祖父钟”的研究（图2-97）。该时钟带有三角形横截面和倾斜顶部的细长型柱，

图2-98　手摇式自发电手电筒“曼努鲁克斯”（1938年）

图2-99　手摇式自发电手电筒“曼努鲁克斯”（1940年）

图2-100　依靠发电机得到动力的手电筒的研究

其中放置了太阳能电池，这些太阳能电池将为时钟提供电能。

手摇式自发电手电筒“曼努鲁克斯”（Manuluxr）（图2-98、图2-99）是当时战争中使用的重要产品，它没有电池并且仅供公共使用；1948年，“曼努鲁克斯”的生产量达几百万台。

在1940年之后的几年里，博朗发明了一种手电筒，它依靠开关启动发电机来得到动力（图2-100）。许多年后，博朗设计师尝试研究手电筒没有电池是否可行，这将会是一个更不寻常的技术，这种手电筒将由电机来驱动，与博朗之前成功创新推出的电机卷发器类似。对于照明媒体行业来说，这是后来人们所说的“发光袜子”的最初版本。

图2-101　经济型灯泡台灯的研究（1975年）

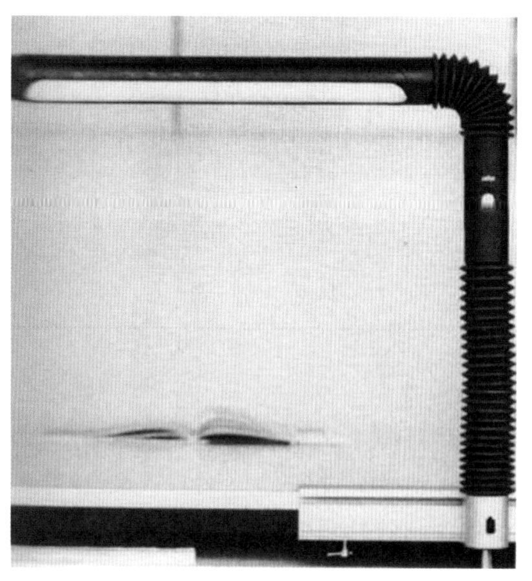

图2-102　柔性水平桌扣件台灯的设计研究（1976年）

在博朗关于紧凑型台灯的调查中，设计师开发了一种经济灯泡台灯的研究（图2-101~图2-102），这种灯泡可以水平或者垂直放置使用。

博朗对数字无线电时钟组合（图2-103）进行了一次又一次的研究。设计师的概念设计是将时钟和无线电作为两个分开的模块，并通过一个紧固件连接起来，结合早期的技术，将时钟的数字设计为机械数字来表达，同时这个无线电时钟组合也可以安装在墙上。

从20世纪50年代起，博朗开始生产吹风加热器（图2-105）。这条生产线制作的第一个产品4一个小型模型H1，这是一个轴形切向的加热器。之后，博朗也推出了有风导系统的加热器，这样加热器在工作时风可以朝指定的方向吹，而不需要一个内部的机械装置来回移动。

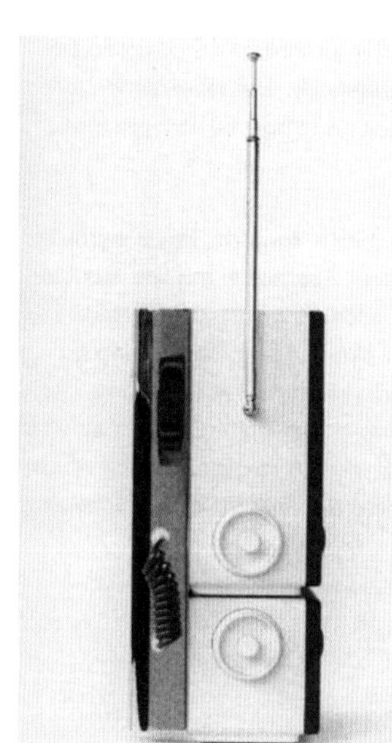

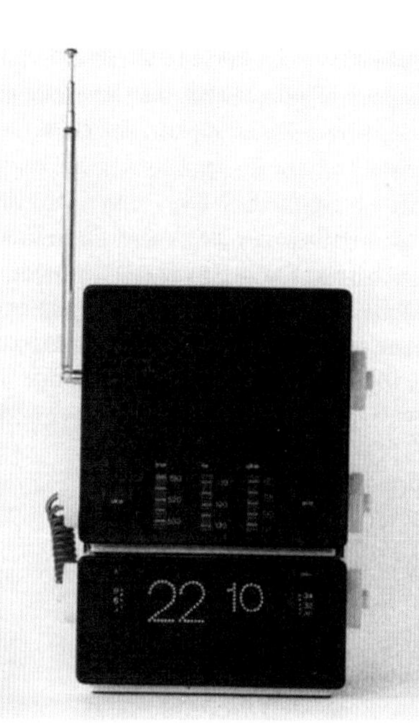

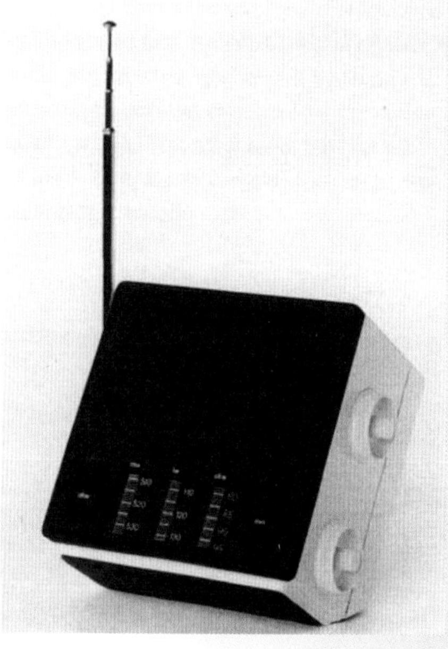

图2-103　数字无线电时钟组合研究(1974年)

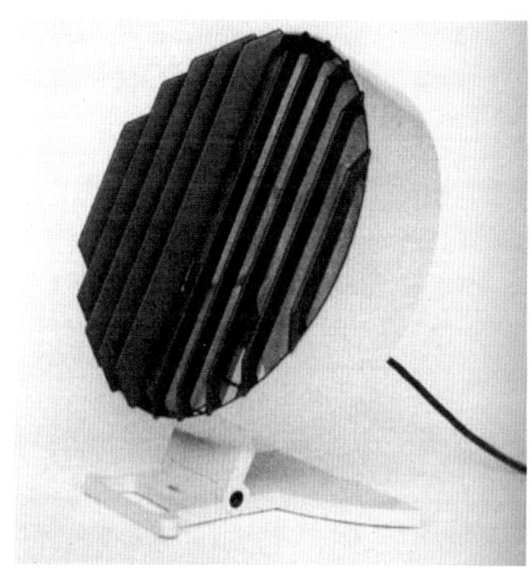

图2–104　吹风加热器的研究

1. 为德国汉莎航空公司开发的产品

图2–106中所示在1983年到1984年间，博朗受汉莎航空公司的委托为他们的公司开发的瓷器。

在竞标活动中，博朗设计一贯体现了很高的竞争水准，最终沃尔夫·卡马格尔（Wolf Kamagel）的设计被选中。在飞机上使用的瓷器必须满足多种要求：首先，它一定要很轻；其次，飞机上的不同舱室（头等舱、商务舱、经济舱）一般会使用三种不同品质的瓷器，当然，品质也代表了成本的不同。博朗设计师最后选定了几种优质的陶瓷（图2–105），它们都包含了高质量的功能特征。同时通过研究，博朗设计师发现了许多创新的产品解决方案。例如：博朗设计师建议可以在杯子上装上一个经过化学添加剂改造的塑料杯柄，这个是他们做咖啡壶检测中用到的一项技术，这样做的优点是可以使杯子不烫手，且生产成本更低、杯子重量更轻。

2. 为吉列进行的设计

1974年，博朗对吉列集团所委托的一组笔系列产品进行了设计研究。吉列对这类型的产品有丰富的开发经验，博朗提出了两种不同的机械结构给笔装料，后来确定为螺旋机构。博朗新开发的一种保护系统可以避免笔尖干得太快。还有笔架部分，而在后来的螺旋式版本中笔架被固定在笔身上，但同时也可以开合，便于灵活使用。

博朗的设计师团队并不一定先做博朗的设计，也不完全只为博朗工作。在有限的范围内，他们可以接受其他公司的订单。多年来，许多设计都是服务于博朗的关联公司，其中包括为吉列集团设计的Jafra和Oral–B系列产品，同时也与赫斯特AG、西门子进行了卓有成效的合作。

其中一个特别有趣、复杂并且很成功的项目是对产品包装材料的开发设计，并以此基础对其子公司Jafra进行了设计服务。这家加利福尼亚的公司专门生产不含化学成分的化妆品，并且计划在全球范围推出。他们的包装设计经过了仔细的研究，并进行了竞品分析。但最重要的是博朗的设计理念可以适用于任何一个行业，他们的设计在真正意义上是没有限制的，例如他们为Jafra开发了一款优雅、现代且定位明确的产品，并成功吸引了女性消费者。他们这次完成设计的态度和精神，与博朗设计秉承的设计理念是一样的。

图2-105　在1983年到1984年间，博朗受汉莎航空公司的委托为他们的公司开发的瓷器

图2-106、图2-107中所示牙刷是由Oral-B公司生产的，Oral-B是一家重要的牙科护理产品制造商，和Jafra都属于吉列集团。这次的主要任务自然是对手持部件进行人机工程优化，牙刷必须让使用者轻松舒服地拿取与使用。鉴于此，他们采用了软、硬塑料的组合设计，这种组合早在20世纪90年代剃须刀的设计中就被应用（图2-108），是把两种材料都放入一个模型中来完成。

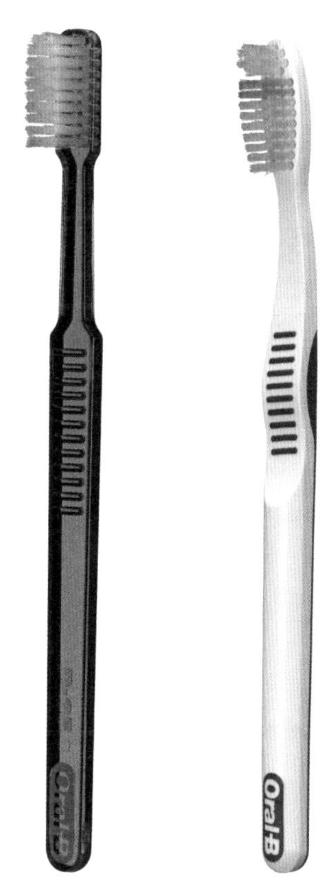

图2-106　Oral-B plus牙刷

图2-107　Oral-B D7电动牙刷（1994年）

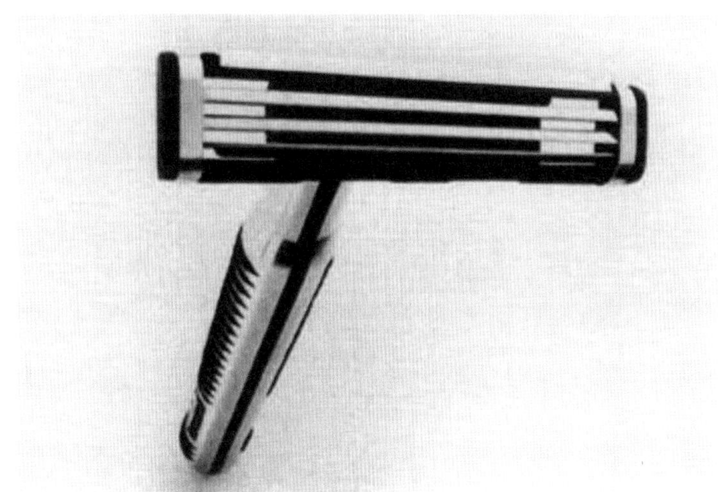

图2-108　吉列剃须刀

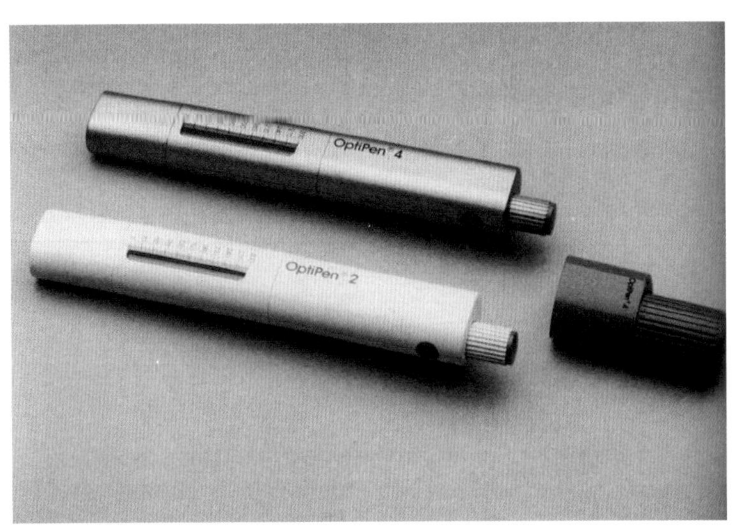

图2-109　德国赫斯特公司委托生产的注射装置

图2 - 110　西门子的电话

3. **为博朗联合公司所做的设计**

赫斯特（Hoechst）公司致力于为糖尿病患者生产日常注射产品（图2-109），这种电子设备可以帮助患者精确地准备合适的剂量。博朗的任务是开发一个方便、小巧、用户友好型的产品，来方便患者日常使用。他们决定采用一个简单的椭圆形模型，它十分柔软，是一种极具亲和力的塑料材料。注射器的上半部分是由牢固的材料与一个大的特殊柄组成，这个结构可以将药物推到产品顶部。

以西门子电话为例（图2-110），博朗只能在现有的结构上进行设计，这限制了他们设计的可能性。他们必须将重点放在电话操作空间的再设计，因此他们建议使用倾斜的电话筒，这种创新的结构设计，可以使人们用左手方便拿起话筒而不感到别扭。

第三章　博朗的工业设计

博朗公司诞生于1921年，也就是第一次世界大战结束之后。现在博朗虽然有无数可以传世的经典产品，但是很少有人知道它的第一款产品是一个皮带打孔机。我们很难想象靠这种初级制品起家的企业会做成如今享誉全球的国际公司。很多人可能会说这靠的是天才设计师、企业正确的发展方向、齐心协力的团队等，当然这些角度都有道理，但是也有一个有意思的现象，就是博朗的设计部门非常重视模型的制作。曾经有个国际设计大赛的评委说过，中国的参赛者非常重视电脑软件的使用技巧和效果图的呈现水平，而欧洲的参赛者则更重视模型的制作。

中国的工业设计高校教育在模型制作这方面确实是严重缺失的，有两个主要原因造成了这种缺失。一是20世纪90年代末本科生扩招之后，我们的教育条件跟不上学生扩招的速度。原来工业设计一个班20人到现在一个班40人、50人，过去的手工车间和实验室根本容不下这么多学生安心制作模型。第二是现在的高校只招高学历人才成为员工，哪怕工程训练中心招一名员工，对学历的要求也至少要博士。因此真正优秀的技工人才根本进不了高校。但是只有真正的手办模型才能让设计师真正地感受到设计的正确与否，电子产品大多数都需要和人接触，而其中接触最多的就是人的双手。模型的制作过程可以更好地让设计师体会到产品被把持的过程，每一个边角、每一个新的表面处理都可以让设计师有丰富的触觉体验。然而，这正是我们国内工业设计教育中所缺失的，缺少了这种体验，又谈何“体验设计”？说来惭愧，我曾经担任过7年的系主任，在我们学院6楼其实有着面积不小的车间和实验室，也有着非常完备的木工车间，但是我自己当时觉得更应该让学生学习新的软件技术和工程实验技能。那时候，学生们在各种国际大赛上屡屡获奖更是让我错误地以为电脑技术应该是未来工业设计的方向，进而忽略了对实验室建设的重视。这些年，在看到越来越多的国外企业手办房和大量精致的手办模型后我才发现，我们正在丧失的是和产品有最直接体验的这项技能，而这才是工业设计的核心技术，相信这也是我们重新正确认知工业设计所缴的昂贵学费。

法兰克福现代艺术博物馆负责人克劳斯（Klaus Klemp）教授几乎收藏了博朗公司所有的手办模型，博物馆的仓库里整整一半的空间堆放的都是博朗的设计手办。老人家对这些藏品很有感情，每一件他都可以如数家珍地讲出模型背后的故事。当然他最喜欢说的还是SK4收音机—留声机组合的故事。这个产品不但是博朗产品的转折点，也可以说是当代电子产品设计的转折点。迪特·拉姆斯1955年刚进入博朗设计部时就已经开始设计这款产品了。当时的留声机不是一台独立的家用电子产品，而是属于家具的一种，因此基本都是木结构的。迪特做的第一批产品样机，也基本是木结构的。但是年轻人总是渴望颠覆与创新，因此他在与乌尔姆设计学院的汉斯·古格洛特合作之后大胆地提出了全金属的机身结构。值得注意的是，后来迪特先生也经常说这是德国设计界的第一次产学研合作。两个人合作的全金属结构在当时遭到了公司工程部的一致反对，并说这是典型的设计师思路（异想天开的正确说法），不过两个人毫不气馁，甚至连顶盖也准备用金属材料。但是在样机出来后，在实际使用过程中确实有较大的噪声。后来迪特石破天惊地想到了用有机玻璃做留声机的盖子，而这在当时几乎是不可思议的。塑料在20世纪50年代还没有作为主要的材料进入产品制造领域，要知道，直到20世纪40年代欧美女性才刚刚穿上杜邦公司生产的尼龙袜。所以迪特的设计是具有划时代意义的。当然这也要得益于公司高层的大力支持，埃尔文·博朗给这件设计的定调是："这就是我们给这个时代所做的榜样。"当然最后证明设计是成功的，不但产品大受欢迎，塑料作为重要的型材也崭露头角，迪特·拉姆斯也因为产品的成功被公司进一步重用，紧接着他带领"德国造"家电产品进入了博朗时代。

毫无疑问，20世纪50年代之后博朗就进入了高速发展的阶段，同时也设计出了大量殿堂级的产品，这里就先不着墨过多了。前面我们提到的Phong则是在90年代初通过实习进入了博朗设计部，并得到了迪特·拉姆斯的赏识。但是迪特·拉姆斯在1995年离开了博朗设计部，所以两个人共事的时间并不长。不过因为拉姆斯先生的知遇之恩和两人相近的设计追求，Phong一直将迪特看作自己的老师，即使现在他成为德龙的设计总监，负责包括博朗在内的三家公司的设计事务，也一直坚持将简单设计作为集团的设计准则。在德国访问和学习期间，笔者发现了一些很有意思的事情。前面说过，博朗的设计周期一般是3年，即使是现在也是一样。不要说中国现在日新月异的设计速度，就是在欧美，这也是相对漫长的一个设计周期。博朗市场部负责人在和我们谈食品搅拌器的市场推广时，我问他："你知道中国的双十一吗？"这位负责人很激动，立马说："当然，那简直太疯狂了，一晚我们就卖掉了17万支搅拌器。"我接着又问："那你不觉得3年的设计周期太长了吗？中国的消费者每年都有那么几天疯狂地想看到打折的新产品。""当然太长，我希望我们的设计师可以把设计周期缩短到一年至一年半。"这个高大的男人激动地说。站在一旁的博朗设计部总监Markus看了他一眼，微微一笑不紧不慢地说："大概不行，你知道的，设计就是设计。"我突然发现，我似乎一个问题就说到了他们的痛点。

迪特先生曾在吉列入主博朗后表达了自己的愤怒，其中主要的问题就是他要配合市场需求去改变自己的设计，这在他看来是无法接受的。后来我们知道吉列在入主博朗的第二年，博朗创立了博朗国际工业设计大赛。我们猜想，这可能也是因为迪特先生在公司有巨大的影响力，而他想通过工业设计大赛为公司挖掘更多的工业设计人才，从而使博朗的设计部可以更加好地配合公司的主要发展方针。不过从另一方面说，通过在博朗公司一周的访问和学习，我确实发现设计部在博朗公司内部有着非常高的地位。但即使如此，设计师们也经常会有这样或那样的抱怨，大概是因为迪特先生的一种精神留在了设计部。当然这都是我个人的臆想，不过我也是一个喜欢较真的人，所以我在本章最后列了一些问题并专门和phong开了一次视频会议，来听听他的看法。

博朗与时尚设计：先锋产品的时代回响

说起时尚，人们可能首先想起自己与时尚的距离，质疑自己是不是够“时尚”，还有可能迅速想起一个从高级到低级的时尚次序。时尚的形态游移不定，可以从多个角度去理解时尚，时尚既是大的社会变革所致，又和我们个人意志相连。

“时尚”在现代汉语词典里的意思为：当时的风尚，一时的时尚，即外在行为模式很快流传于社会的现象。时尚从英语“fashion”翻译而来（也有学者翻译成“翻新”），它虽然是舶来词，但其指称的社会现象同样出现在中国。

时尚的现代性和永恒性

● 时尚——现代性更迭

时尚是最具有现代性精神特征的词汇之一。法语里，时尚是“mode”，现代性是modernité，它们在语义上有关联。“mode”创造于西方现代社会显露雏形的19世纪，那时欧洲的政治经济文化格局经历了16世纪以来的种种启蒙思想的洗礼后，以科学为根基的理性主义世界观造就了资本主义商品经济的繁荣。工业化的都市生活让人们逐步意识到“现代”的来临，并有了和以往中世纪一成不变的时空观截然不同的新时空体验。现代主义诗人波德莱尔曾给“现代性”这样的界定：“现代性是过渡、短暂、偶然；它是艺术的一半，另一半是永恒。”现代化的社会给人类带来福祉的同时，也引发了新旧文化间的冲突，历史被不断洗刷、修正、推倒、再塑。时尚便是时代齿轮翻滚下的产物，它同时具有永恒性和稍纵即逝的瞬间性，也刚好契合了现代性的核心时间观：越是新的，就越现代……今天的先进到明天就过时了。

在现代社会体系的视角下，时尚还体现了符号的系统化运动。人们通过符号来识别他人和自己所在的社会位置。德国社会学家齐美尔在1905年的著作《时尚的哲学》里对时尚问题进行思辨，把时尚的核心价值总结为：关联与差异。即时尚存在的社会学基础是不同阶层人群间统合与分化的需要。同一阶层的人通过时尚关联在一起，区别于其他人。人们常将时尚与服装联系，上至高级定制下至快时尚商店，无处不渗透着时尚的融合与排他逻辑。当然，时尚不单只辐射于服饰品门类，而且影响整个商业市场。法国当代社会学家波德里亚在他的著作《消费社会》里批判了现代商品经济脱离了物的使用意义，而变成不断被“更新”“替换”的消费符号，以此来完成一次又一次的社会阶层划分。

• 时尚——更迭之外的永恒性

附和着现代性流变特征，在20世纪初的哲学家本雅明那里，时尚具有可贵的革命性。他把时尚作为历史“跳跃”运动的最佳表征，并严格区分了时尚的双重性。一方面，他批判那种重复过往服饰风格、刻意创造新异感、实际重复单调统一和性别压迫的时尚。另一方面，他推崇具有未来愿景前瞻性可能的时尚，他认为这才是时尚作为历史哲学概念的真正魅力所在。本雅明对时尚的期望更高，他理解的时尚应该是思想“爆破”、社会“翻新”的导火索。时尚是摆脱线性历史观的思路，将“现在”与各个不同的时区“对折”，阐释了此刻与永恒的关系。正如意大利史学家、哲学家克罗奇在其专著《历史学的理论和实际》中提出：“一切历史都是当代史。”

综上所述，时尚标记了广袤宇宙时空下转瞬即逝的社会瞬间，将动态历史浓缩于可见的社会故事。每个时代都会产生有别于其他时代的风貌，它们汇聚于当下的思维空间，使我们有机会和历史对话。时尚更是社会进步的“传送门”，激励社会各界向更好的方向转变，帮助人们展望新世界的美好愿景。

回到商业设计领域，品牌风格在历史中的成功建立便是时尚永恒性的写照，其典范产品并不是符号，而是文本，是事件本身。品牌虽然进入了流行体系让大众认知，但其本质内涵并不完全从属于时尚，只是在时尚视角下也被看见。品牌身份的塑造满足了不同类别人群的个性化诉求。在经济可持续的倡导下，如何使品牌持久地生存，最大程度地发挥产品的使用和审美等价值，减轻时尚对社会的负面影响，其发展策略还在不断的探索中。

博朗与时尚

• 博朗的永恒性

博朗公司在研发新产品方面所取得的成就，正如上文所讨论的革命时尚那样，颇具积极的社会推动意义。创始人马克斯·博朗的儿子——公司继承人之一的阿图尔·博朗在名为《博朗设计的形成》文章中写道：“1952年，当我们质疑旧习惯并开始寻求创新时，只是单纯地想提高公司的竞争力，甚至都不知道创新的设计最后会是什么样子…… 博朗公司一直在改变，并让崭新、独立的设计语言得以不断演进…… 毫无疑问，是我哥哥埃尔文首先提出了新的设计方向，并坚持这种方向长达数年。他有着坚定的想法并为其注入动力。支持他的弗里茨·艾希勒博士是他新想法的‘助产士’，他帮助欧文清晰地梳理出了思路并使之成为现实。”当时两位年轻的公司继承人盼望着新产品以“追求现代生活”为理念，以产品“真实”为沟通准则，他们已是在向未来发出邀请函，并一步步地将梦想付诸于行动。产品开发的过程颇具实验性，沿袭了德国自19世纪以来从包豪斯学院到20世纪50年代初的乌尔姆设计学院一路继承过来的现代设计理念。公司管理层怀着开放的态度，努力向社会寻求合作，并最终与戏剧家艾希勒博士、乌尔姆设计学院的汉斯·古格罗特教授等一些具有超前造物理念的社会精英取得联系，共同迎接挑战。23岁的迪特·拉姆斯也于1955年加入博朗团队，并开始了他的传奇设计生涯。博朗率先于1956年成立了自己的设计部，以便设计师和工程师有效地沟通，共同开发产品。

20世纪50年代中期是博朗新制造起航的时刻，那些在今天已是设计史上丰碑式力作的博朗产品陆续问世。正因为在设计与技术上的方法改革，新产品完全脱离了当时家电行业的主流模式，创造出了设计新流派博朗公司敏锐地察觉到造型笨重、性能不稳定的真空电子管不再适合用来听当时新兴的爵士、摇滚、流行乐，市场出现了新的需求。博朗拥有“二战”期间研发出的晶体管技术可以使音箱变得更轻巧、音质也更好。博朗与乌尔姆设计学院的汉斯·古格罗特教授于1955年共同设计开发出了G11收音

图3-1　博朗的设计语言的变化

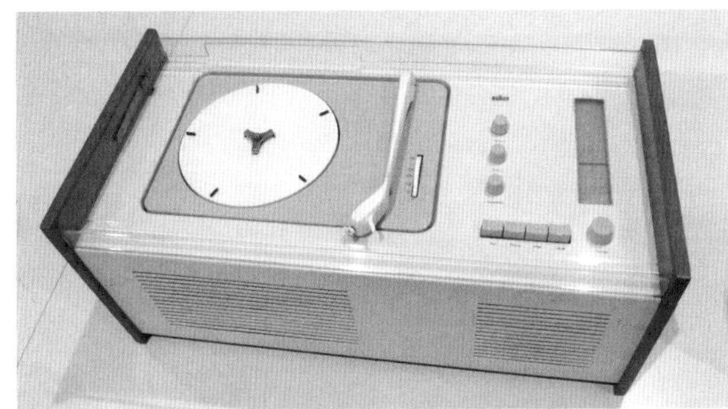

图3-2　SK4收音机（1956）

图3-3　TP1便携式留声机（1959）

机（图3-1右），它与当时最受欢迎的复古巴洛克式收音机（博朗未改革前的Ph S 77收音机，图3-1左）采用截然不同的设计语言。原有的厚重的扬声器隔栅布换成了带着空槽的金属薄板外罩，木质外观不再有雕花的弧形转角。整个箱体简洁大方、富有个性，像是几块长方形木板夹着清亮整洁的玻璃信息面板，其独特风格在当时来说非常出人意料。

迪特·拉姆斯在从事博朗的设计工作中也逐渐确立起了自己的风格，并对博朗鲜明的品牌形象起了增强作用。从早期的实验到后来的成熟期，看似仅仅是“功能至上”的工业化标准产品的研制，却从头至尾透着设计师帅气凌厉的风范。“白雪公主的棺材”——带有机玻璃翻盖的SK4收音机（图3-2）以及“最早的随声听”——TP1便携式留声机（图3-3）是博朗新创意的体现。试想如果不是博朗在20世纪为我们开创了现代电子产品的通用范式，我们今天的家用电器又会是什么样？会不会是五颜六色的孟菲斯风格，会不会人们在听歌的时候还玩着按键猜谜游戏？

回顾20世纪50年代充满争议的设计方法革新思潮，博朗兄弟俩无疑是加入这场设计革命的产业方代表，由他们推进了从学术理论到设计实践，从市场期待到严谨制造的产品开发历程。它们协助二战后德国的工业复兴，敢为人先地贯彻了一系列超前于时代的理念。在20世纪50年代末，博朗的前卫首先被文化知识界的人士认可，后以无与伦比的使用体验赢得了大批忠实客户，也使得包豪斯与乌尔姆学院的现代设计思想在德国本土得以延续。博朗产品的核心价值观：功能、质量和审美，贯穿在公司的风格统一的整体设计之中。全新的材料运用，卓越的技术支持，产品的功能架构，宣传册的平面设计，展示设计和广告摄影风格，甚至是员工健康的工作节奏都被纳入了博朗整体设计的蓝图中。

博朗产品能够在今天依然深受大众喜爱，得益于精良的制造技术和高识别性的设计风格。通常，博朗产品各部件间功能安排得紧凑均衡，并且比例大小关系上透着平静舒适的美感，操控键大多集约成圆点、方块和直线段，方形外壳在使用环境里有节奏地延展开；没有任何额外的装饰，极其克制地使用颜色；操作方法即使不看说明书也很容易掌握。这些冷峻高雅的“光洁表皮”里搭载了细腻而感人的功能设计。这样具有理性之美的产品杰作也不完全依靠是数理逻辑的推演，而是两种甚至更多种思维并行的结果。人机交互设计、系统化设计、信息可视化设计、产品语意设计、平面与立体的结合、技术与外观同时开发等设计观念还刚开始被学者提倡时，博朗公司是最先将其落实在产品上的公司，博朗的设计师和工程师们极尽所能地创造产品设计的新秩序……所有这些一丝不苟的努力换来了全新而响亮的产品体验。于公众而言，这些具有启蒙态度的产品足够好用，住着小面积公寓的市民也逐渐理解了系统化家居的美妙，符合人体工学的产品安静沉稳，实实在在地服务生活所需。

如果说时尚不停地回应时代精神，那么像博朗这样的研究型产品设计公司就是以科研实力及真实成就更新了时代精神。

● 博朗的现代性

今天，随着现代技术的发展，大多数较有名望的商业品牌都开始与时尚结合。面对开放、流动的世界，品牌运营展现出空间多样性、时间瞬息性和身份矛盾性。博朗在设计与制造技艺高超的前提下，也显然富有运营智慧。作为一个朴实严谨的工业设计品牌，博朗同时蕴含诸多当代时尚品牌的特征。

首先，回望20世纪，博朗积累了丰厚的设计资源，在工业设计领域有着无人可比肩的原创正统性。这一点和处在时尚圈顶部的奢侈品历史如出一辙，即品牌的知名度和永恒性来源于不可复制的历史积淀，同时也是时尚循环往复运作方式中不可缺少的重要基础。

其次，在日益激烈的市场竞争中，博朗并没有拒绝新的时尚趋势，而是时刻关注着当下和将来的变化，使用各种新的方式维护并加固着品牌身份。近几年，博朗以“联名”的方式邀请时尚圈中的明星设计师重新创作了其的偶像级产品，让经典“脱去”过时的外衣，让产品更好地融入当下的时尚氛围，并良好地转述产品设计的初心。这样，年轻的消费者就有机会再次认识博朗，并从知名设计师的产品那里体会到更多闪耀的个性化元素。合作的设计师有Louis Vuitton和Off-white的设计总监Virgil Abloh（图3-4）；炙手可热的潮流品牌Supreme团队（图3-5），还有Fragment Design的藤原浩（图3-6）。

最后，埃希勒（Fritz Eichler）与拉姆斯所归纳出的博朗设计准则依然能够较好地回应当今我们需要面对的设计议题，这也奠定了博朗时尚的持续生命力。其中最突出的要属对环保问题和产品功能的远见。功能的极致追求一直是博朗设计的核心，也是把握当代消费者心理和保持自身品牌竞争力的体现。作为现代主义设计的典范，博朗的设计风格当然也受到来自古典浪漫主义和后现代主义设计浪潮的双重夹击，但它之所以依然在大众心中唤起认同感，主要归功于品牌常年恪守的设计准则，把人性化的功能设计从整体到细节都做到位，用实际产品去论证优雅而理智的生活观。埃希勒总结道：“好的设计对我们来说就是功能设计……然而，我们并不是只从狭义的、纯粹的技术意义上理解功能。日常使用又属于私人空间的产品也必须要具有能满足心理需求的功能。”功能优先能够以理性的态度诚实地服务大众生活，依然是当今大多数工业设计师遵循的最重要的设计原则。除此之外，与功能准则同样重要的还有“设计十诫”里对设计环保的提醒。后疫情时代的来临，以新的现实危机重提环保，这几乎是全世界人民最关心的问题之一。博朗似乎就站在过度消费的对立面，高举

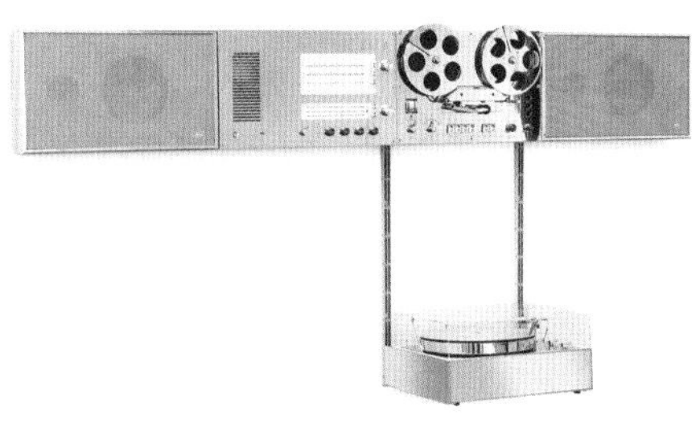

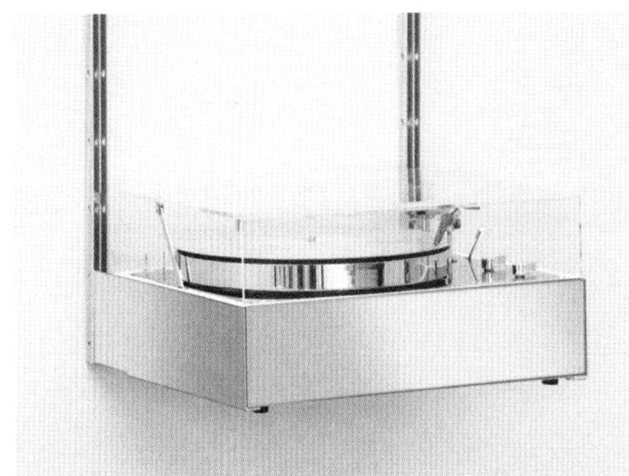

图3-4 Virgil Abloh
和博朗合作的产品

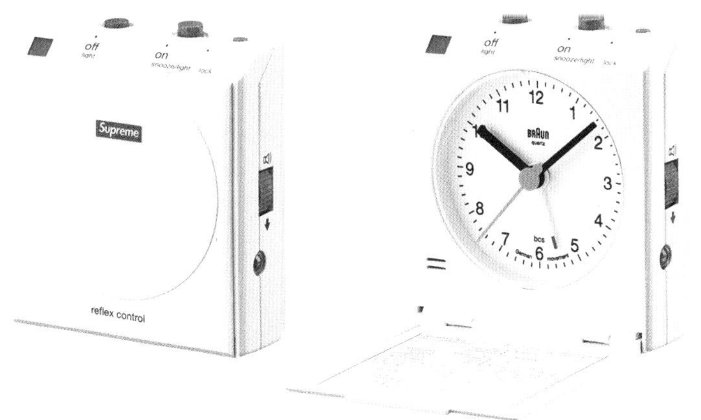

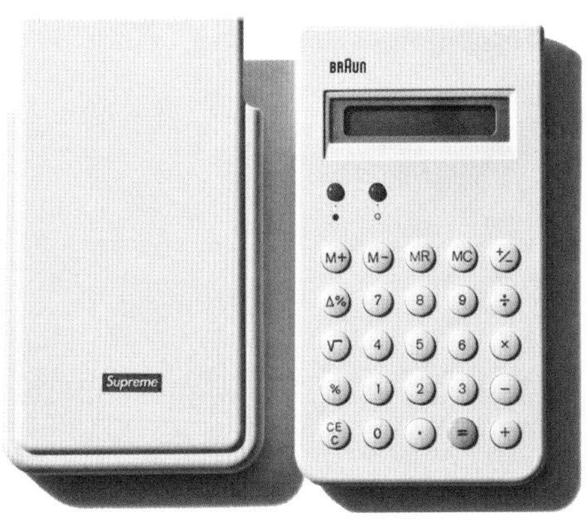

图3-5 Supreme团队和博朗合作的产品

图3-6　藤原浩（Fragment Design）和博朗合作的产品

着“节制”大旗，试图找回那些因在金融资本控制下而迷失了的设计信念，着力探究设计环保的方法，将为人类与自然和谐共处搜寻一条可行之路。博朗以自己精简的设计方案启迪人们继续思考。

产品的功能优化和环保恰好体现出了“少，但是更好”的两个方面。博朗造物理念竭力反对骄纵而铺张浪费的生活方式，以完善的产品让用户获得身心满足；积极推崇以人为本的设计理念。它不断尝试以自己的特有方式来应对瞬息万变的商业竞争，并带着一颗社会责任心认真思考着围绕在我们周围的种种真实问题。

永恒的风格影响

• 对后辈品牌的影响

今天，技术成熟、造型简洁的家电依然是大众消费的首选。博朗作为现代工业设计典范，一直都是行业发展的标杆。中国的小米、日本的无印良品、瑞典的宜家以及大多数智能手机品牌都证明了博朗风尚的延续性和可变通性。迪特·拉姆斯即使在当下工业设计的圈子中，也依然被许多知名设计师挂在嘴边，被誉为“设计师中的设计师”。

如果说博朗使公众认识到电子技术的神奇之处，那么苹果也使计算机技术演绎出新的维度。乔布斯在1983年参加加州阿斯彭国际设计大会时，曾宣称自己特意使苹果电脑看起来“漂亮而洁白，就像博朗的电子产品那样”（图3-7）。苹果公司的前设计总监乔纳森·伊维（Jonathan Paull Lve）也曾多次表示自己的作品深深受到拉姆斯的影响。

无印良品的设计顾问深泽直人在采访中提到，他的成长过程深受迪特·拉姆斯的影响。无印良品的产品线严格遵循系统设计里的模数关系，使店铺看起来整体富有秩

图3-7　博朗的电子产品（左）与苹果产品（右）

图3-8 无印良品的设计（左）与博朗的设计（右）

序；色彩依然是以空灵整洁的白色为主，却也叠加了日本文化里对材质的特殊偏好。恰当的性能和亲民的价格使无印良品获得世界各地人们的喜爱（图3-8）。

还有一位日本服装设计师高桥盾 (Jun Takahashi)，他的服装品牌UNDERCOVER以博朗产品为灵感创作了2010春季成衣系列。据说高桥盾在东京的拉姆斯回顾展上遇见了拉姆斯先生，并为“Less is better”的信条所打动，觉得有必要让UNDERCOVER品牌为消除虚浮和过度消耗理念发声。模特们戴着聚酯塑料方形眼镜，让人想到SK4收音机的有机玻璃盖；亮灰色的户外夹克轻薄合体，艳橘色的用法十分夸张；灰绿色皮夹克配深灰色反光紧身裤看上去既朋克又舒适自在（图3-9）。高桥盾的设计一直都富于音乐幻想，他将自己的时尚态度与博朗的风格杂糅，让平稳克制的点线面爆发出新的时尚态度。可以说是UNDERCOVER品牌将迪特·拉姆斯设计原理转换为服装的另一形态展现。

博朗在设计界更像是一位循循善诱、以身作则的老师，连接起了现代设计的源点和后辈的创新力。它是后辈学习设计的好范本，让正在探索自己道路的设计师们能够站在前人的臂膀上远眺未来。

• 中古产品的时尚回潮

旧的设计品可以带出新的情绪。我们在2019、2021年分别迎来了包豪斯百年、博朗百年。回望一百年前在世界各地轰轰烈烈的现代主义文化运动，有太多振奋人心的“时尚”革新时刻值得铭记。有趣的是，伴随人们回顾20世纪历史文化的兴趣，博朗早年的设计作品再次受到关注。那些被载入设计史的产品虽早已停产，却以“过来人”的身份在二手产品市场上重新焕发生机。网络跳蚤古董市场的兴起促进了人们对过时设计品的收藏，因数量少和极具收藏价值造就了博朗旧产品“千金难买”的现象。博朗的许多经典产品留在20世纪千万家庭的记忆里，在千禧一代青年中，不乏有痴迷于体验博朗20世纪五六十年代产品的人。经历时间洗礼后的电唱机在不同的时空里焕发出了别样质感。与当下主流的设计新品相比，保存完好的旧物件才是良好的心灵慰藉。机器带着时代韵味，已不能用制造技术是否过时来评判好坏。因为它的使用目的多在于感受其背后人的意图，是不用语言说出、不用笔记写下的大师之光。今天的人们好像在时下的生活里缺失了某些东西，像是被困在了以单一方向不断循环的技术跃进中。他们正试图通过接触现代设计的历史物件重新开启这场文化仪式。

用产品说话的博朗是完美主义的，人们在现代主义设计追根溯源的道路上，总是瞥见博朗产品的俊朗身影。博朗是一场现代主义设计文化革新里的时尚印记，是当之无愧的工业设计时尚先行者，它为这个世界带来无与伦比的创造力，产品的极致感让后人难以超越却又深受启迪，它对当今设计界产生了不可磨灭的深远影响。

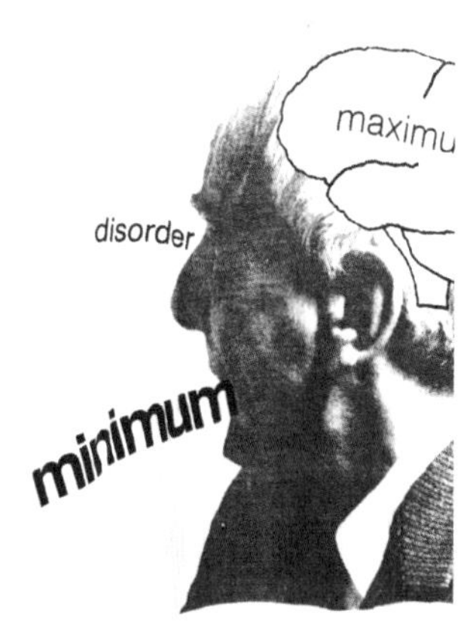

图3-9 UNDERCOVER品牌2010春夏成衣系列

Tang 和 Phong 的对话

博朗公司是一家在全球工业设计界非常重要的公司，无论作为设计师还是消费者，对博朗的设计历史都有着浓厚的兴趣。所有成功的公司都有成功的理由，以下的对话正是想找到其成功的线索，从而揭示博朗的设计密码。，

以下是整理并翻译后的本书第一作者（东华大学机械学院唐智教授，简称Tang）和Phong（德龙集团设计总监Dug Phong Vu教授，简称Phong）还有Phong的助理Lin围绕工业产品设计各种主题的对话

Tang:

1967年吉列入股博朗，1968年创立博朗国际工业设计大赛，你认为两者是否有关联？

Phong:

那段时间我还没有进入博朗，所以不能确定两者是否关联。在我看来，博朗的管理层顺应了经济全球化的趋势，同时也正在努力推广全球化的相关业务。20世纪60年代，博朗的产品还只流行于欧洲。吉列的加入使得博朗的业务慢慢遍及全球。设计大赛设立的目的首先是为了向大众展示博朗的设计原则及其正确性，并且通过比赛加强业务拓展和宣传。其次，博朗国际工业设计大赛奖励有才干的年轻设计师，支持设计教育。从这点来说，比赛的目的是将年轻的设计思维与博朗联系在一起，而非通过比赛来评判设计市场。

Tang:

有资料显示，iPad上市时，苹果公司的首席设计师乔纳森·伊维亲自将产品赠送给了迪特·拉姆斯，这其中有什么有趣的故事吗？

Phong:

我也知道这个故事。因为我曾经听迪特·拉姆斯提起过。虽然我还没和他本人详细聊过这个问题，但我确定iPad受到了博朗设计的启发。我还听说苹果公司邀请了拉姆斯去旧金山的苹果工作室（Apple studio）参观，而在几年之后，拉姆斯也拜访了苹果公司。

在我看来，苹果的设计部门和博朗的设计部门看起来是非常相似的，每个人都充满活力并富有创造力。苹果和博朗的设计环境非常相似，这同时也意味着有工作室这样的环境是符合设计要求的。

其重要性在于，你有一个工作室，有创意的设计师在那里工作，而模型室就在旁边。这种组合，可以使设计师在三维对象中建立物理模型，包括泡沫塑料模型或者一些其他的概念模型。另一边的工作室则是设计师的工作空间。迪特·拉姆斯曾提到过这种安排，而今天，苹果的工作环境与其非常相似。这就是我所知道的苹果设计部门，也是我所知道的乔纳森·伊维和迪特·拉姆斯的关系。

Tang:

在中国市场上，总有一些苹果抄袭博朗的言论，但博朗好像对此从未提及过。请问你怎么看？

Phong:

这是我们在博朗、无印良品等设计组织中经常讨论的问题，特别是博朗和苹果。我认为设计行业的错误在于认为苹果抄袭了博朗的设计。其实你可以说是苹果模仿了博朗的设计语言，但设计原则是没有抄袭这种说法的。因此，苹果没有抄袭博朗的任何产品，因为两者处于完全不同的行业。苹果唯一做的就是遵循并继承博朗的设计理念和好的设计原则。这就是乔纳森·伊维及苹果的管理层所说的他们继承了博朗的设计哲学，而博朗的设计哲学或多或少来自于迪特·拉姆斯。如果你遵循了好设计的十大准则，你就会得到如今在苹果和博朗的产品上所看到的设计语言。所以，这并不是抄袭。抄袭这个词有贬义的一面。如果一定要较真，那么博朗也可以说是包豪斯的翻版。这不是抄袭，这是对于一种思想的坚持。我认为我们需要引导设计者。其实在不同行业的产品设计过程中并不存在纯粹的抄袭这一概念，因为如果你遵循好设计的十大准则，你总会以某一种类型的简洁设计语言表现出来。就算是一辆汽车，这辆车也会很简洁。

Tang:

也许你可以举个例子，告诉我们如何区分设计语言和设计准则。

Phong:

我认为首先是设计准则的设定，也就是说，首先你要有一个原则和一个信念。以时尚产业为例，如果我成为一名路易威登设计师，我会从路易威登的初级设计师做起。首先，我需要了解这个品牌的设计原则是什么。比如路易威登使用的特定材料、图案、图形和纺织品。同时，他们也有特定的店内环境。

当我开始为这个品牌设计一些东西时，我需要知道这个品牌的指导方向，而设计语言是从广告、印刷入手，最后到设计对象。当一切都以一致的方式执行时，原则和语言才各自发挥了作用。

回到博朗，在1965年当新博朗成立时（吉列入主博朗），这个原则被确立了。许多人参与其中，当然还有迪特·拉姆斯。但从产品设计的角度来看，这只是其中的一部分。几年后，有人问他博朗设计的成功之处是什么，而这，才是原则诞生的时候。

当时很多有关设计的媒体和讲座都在谈论新的设计方向，他们选择了简洁的语言来解释博朗的设计，之后迪特·拉姆斯写了《好设计的十大准则》。20多年后，博朗才真正建立了统一的设计语言。

Tang:

可我觉得现在博朗的设计已经换成了另一种新的设计语言，而苹果还在坚持原来博朗的设计语言。我不确定设计语言的转变是否会改变博朗的设计品质，对我来说，我觉得旧的博朗设计语言给我留下了很深的印象，但是我也很喜欢新的设计语言。它们之间似乎有一个明确的边界。

Phong:

我想这种转变大概是在1995年之后发生的。1965—1995年，当时博朗的设计总监是迪特·拉姆斯。1995年他退休后，其他人接管了公司，高层管理人员也发生了变动。如果你做了50年的设计总监，你也会想尝试一些新的东西，同样博朗也总是在尝试一些不同的东西。

1995年前后博朗的口号是“博朗，与众不同”，关键是他们想要更加迎合消费者。大约在2005年和2007年，我们意识到这个尝试是失败的，它彻底摧毁了品牌设计语言。

就在我们决定再次回到过去的时候，我们想出了一个新口号，叫做“纯净的力量（无设计的魅力）（pure power）”。我也参与其中，所以我知道我们这么做的原因，这是关于博朗第二代设计师所经历的故事。

我们相信，过去的设计理念仍然适用于今天。这也是为什么我们需要感谢苹果的原因，因为当时它在市场上非常有名。苹果采用了博朗原有的设计理念，并将它应用于现代设计。我们想知道为什么苹果能成功运用博朗的设计理念，而那时我们对博朗的设计没有信心。这就是我们改回最初设计准则的原因。

Tang:

中国的消费者可能对博朗的设计历史并不熟悉。我觉得博朗公司的产品有些变化也许是个好主意。

Phong:

我同意这个说法。2021年，博朗迎来了他的100周年，但大多数人并不真正了解博朗的故事。

Tang:

你们是如何控制设计语言在不同时代的变化，又是如何确定哪种设计语言最适合这个时代或者市场的?

Phong:

对于博朗来说，没有一个准则可以决定什么是正确的。如果你成为一个博朗设计师，有一天你会明白什么是博朗设计。如果你要我或其他人解释什么是博朗设计，这几乎是不可能的。博朗的每一位设计师来学习博朗的设计理念都需要3~5年，这是在行业中非常少见的事情。

Tang:

我认为博朗的设计在20世纪下半叶可以代表德国的设计，产品的外观也许不是最重要的，而博朗产品的使用体验给人们留下了深刻的印象。这方面你们认同吗?

Phong:

这样的定论，我认为要有一个准则，即在设计的每一个细节中，如果你都可以解释为什么要这样做，那么这个设计就是适合博朗的设计。如果你不能解释，它就变成了装饰和时尚，这种设计就与博朗无关了。

例如，如果你在剃须刀上使用了一个元素，高级设计师会问你为什么要这样做，然后你开始解释剃须刀可能看起来很奢侈。但是，这种奢侈，它是不长久的，不可持续的，这就不符合博朗的设计。这也是想要成为博朗设计师的必经之路。我认为这是我们可以用来向年轻设计师和对博朗设计语言感兴趣的人解释的一种说法。

Tang:

我不确定你是如何定义这种新的设计语言的，因为时代变化得比以往任何时候都快。消费者对这个产品的印象也许不错，但过一会儿他就会改变主意。

Phong:

我认为如果没有创新，就没有新的设计语言。如果你想改变一个产品的结构，你需要改变内部的一些东西。你无法用智能手机做出很多新的设计变化，因为它是一款轻薄的产品。如果你不能改变技术平台，技术平台中就不会有新的设计语言。

如果你成为博朗的一名设计师，你需要很好地去理解技术。任何你想做出改变，首先都需要了解产品内部可能发生的变化。

Tang:

现在，采用钢琴漆、赛车单体结构技术和碳纤维等新材料在产品设计中非常流行，电动剃须刀作为博朗的主要产品是否采用了这些新技术?

Phong:

如果你能把其他企业做的碳纤维剃须刀的图片发给我，我就能更容易地理解我们所讨论的技术，因为我还从未见过用碳纤维制成的剃须刀。设计团队认为碳纤维对于剃须刀和其他产品，是具有潜力的表面材料。但问题是你不能大批量地对真正的碳纤维材料进行加工制造。因此，我不确定你指的是哪款剃须刀，这对我来说是全新的东西。

Lin（phong的助手）:

我也认为碳纤维对于剃须刀来说不是一个合适的材料。

Phong:

你可以说碳纤维是一种轻量化的材料，当用其制造的产品运往世界各地时，有助于节约成本。但要注意什么是可持续的，什么是不可持续的，因为这背后有一个完整的经济体系作为支撑。碳纤维可以使用数百年，这种材料或许以后可以变得更加稳定。

Tang:

你能否给我们介绍一些应用在博朗产品上的新材料或新技术，让我们理解如何合理地进行创新。

Phong:

我们一直在寻找新的材料。当从塑料被发明的时候，彩色塑料是实验性的东西。博朗在那个年代便设计了很多色彩丰富的产品，比如家居类产品。我们总是试图理解新材料与新方向对我们意味着什么。

它可以帮助我们把事情做得更简单，比如它的成本更低，因为材料的选择完全取决于成本。博朗不是奢侈品品牌。博朗应该生产世界上任何类型的消费者都负担得起的产品。但从质量的角度来说，我们是一个高端品牌，因为我们所做的任何事情，都是为了下一代，都是可持续的设计。

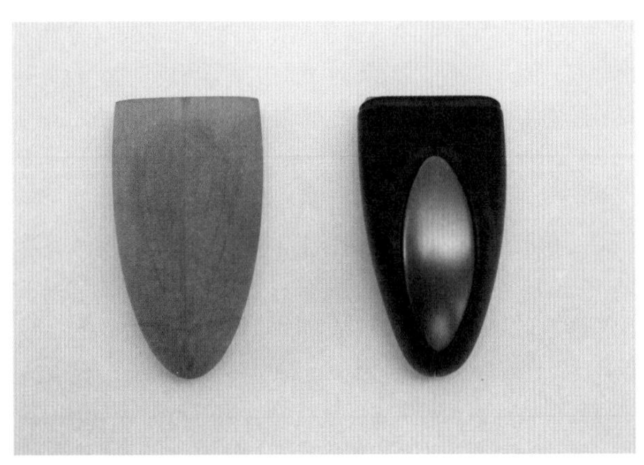

图3-10　产品表面处理

正如前面所提到的，博朗之所以选择钢琴漆，是因为在塑料发明的那个时代，其表面不够坚固。博朗测试了很多东西，发现漆可以保护塑料的表面，上漆主要是为了功能（图3-10）。不仅仅是涂漆，如果你使用渐变或装饰艺术，那么它就是一种装饰。后来，它将会变得时尚。但最初选择漆的初衷是为了保护表面，让对象寿命更长。

我们今天也在使用玻璃，这是一种超级可持续的材料，但了解在什么程度上使用玻璃是非常重要的。博朗最常用的材料还有铝、钢和铬等金属。

Tang:

在未来，你认为什么样的材料是你最想得到的？

Phong:

我认为是各种不同的金属和塑料材料。我在米兰的材料实验室做过一个研究，他们那儿有一个系统来衡量材料可持续发展的程度，我们会请他们对于建议更换的材料做出说明。就我个人而言，我相信新技术。

材料本身不会改变，但如何生产这些材料是很重要的。例如，3D打印机对世界来说是一项新技术。如果3D打印机可以在家里打印出你的博朗产品呢？那么你就不需要在工厂里制造它。这是一个不同的层面，如果一种新技术兴起，它将改变我们的设计方式。

我认为，新冠肺炎的发展现状具有全球化趋势，正如你购买零部件的方式以及你将它们运往世界各地的方式，这些在未来都将会改变。这是我们需要注意的，也是我们需要思考的，而不是让全球化变成本地化。因此，未来的供应必须在一定程度上做出改变，同时也要兼顾当地环境。任何一种创新都有一个问题，那就是这个创新的时间是否是将其推向市场的正确时机。

我认为我们都需要从营销的角度、技术的角度或设计的角度来进行我们的工作。所以，我们需要具有商业嗅觉来了解市场情况。同时，这也伴有很多风险，但这是你必须承担的。另外，你不可能百分之百保证创新，创新也需要你对某一事物富有激情。虽然有其它品牌的智能手机比苹果智能手机早几年发明出来，但时机不对。如果我们有一项创新，我们会保护这项创新，使其不容易被竞争对手所利用。

Tang:

博朗的电动剃须刀2011-2012年在中国市场销量增长25%，全线产品价格在随后的2012年9月上涨20%~30%，而这又使得销售量急剧下降。博朗涨价的真正原因是什么，是技术升级还是对于市场的分析？

Phong:

我不清楚当时的市场营销情况，那需要做非常多的功课。中国在各个方面都是一个迅速成长的市场。如果你设想博朗是如何试图占领市场或展示品牌的价值，那最有效的方式就是销售产品。

对于中国消费者来说，博朗是一个高端品牌，并且它在很多领域都有业务。博朗的目标也是在中国建立一个高端品牌。因此，博朗需要投入，需要投资商店和业务沟通渠道。投入得到的回报决定了产品的价格。

Tang:

在亚马逊，产品的价格涨跌变化是很常见的。但是在中国，我们的消费者习惯于产品的质量决定产品的价格。

Phong:

我不知道消费者是否会接受这个策略。这不是由公司的某一部门决定的，而是与客户和销售组织共同做出的决定。这是一个复杂的系统。作为一名设计师，我对这些并没有很深入的了解。也许有时候渠道商想卖更高的价格，公司便需要重新考虑零售价格。

通常你要考虑成本，然后再从渠道商的角度考虑利润，从公司的角度考虑利润，也包括产品的运输成本，把所有这些成本加起来，你就得到了建议销售价格。这个价格也是给经销商的建议价格。

例如，如果渠道商希望获得20%的利润。他可以自己决定是否参加“双十一”促销活动。对于“双十一”，他可以将利润下降到10%而获得更大的销量，这是他的决定，不是公司的决定。这些是独立的组织。我们只能给出销售价格的建议，但是每个客户如何处理自己的利润是由他们自己决定的。

因此，我们生产的产品有低端、中高端，不仅在剃须刀上，也在家用产品上。这使得渠道商有更大的灵活性，他们可以将产品卖给任何类型的消费者。

Tang:

我认为有时我们不需要一味地满足消费者在价格方面的要求，就像苹果公司一样，他们将新款笔记本电脑的价格提高了很多，但消费者也愿意接受。

Phong:

这和产品的造型没有关系，但与品牌的情感体验有关。如果你把苹果和索尼的产品做比较，人们更愿意为苹果的产品付钱，因为他们对这个品牌有完全不同的体验，这也是计算品牌溢价的另一个方面。

在今天，人们愿意为苹果的产品支付更多的钱，因为他们在寻求一些经验。苹果的产品给了消费者一种不同的情感联系。20世纪90年代的索尼随身听也是那个时代的一个情感品牌，它有创新，做了一些完全颠覆消费者的事情，但人们喜欢它，这也解释了有时消费者愿意多付钱或少付钱的原因。

在汽车行业，像mini cooper，它是一种小型紧凑型汽车。为什么mini cooper的价格要比同样的四轮车和具有同样技术功能的车贵三倍？这是因为情感联系和购买mini cooper的体验。这和你作为苹果用户购买产品是完全一样的，你同时也购买了体验。

Tang:

我认为消费者选择昂贵的产品是因为他们想要选择新的东西。当时，苹果公司确实提供了铝合金外形的新产品来满足消费者的需求。我想这可能也是博朗给顾客带来新东西的机会。

Phong:

你说的对，但我认为这只会在短时间内有效果。如果博朗现在尝试用碳纤维做些什么，这便与品牌的真实性不符。在购买过程中，人们正在开始逐渐考虑品牌的底蕴。如果这个品牌的故事不是真实的，那么几个月后它就会消失，也就注定只能昙花一现。

第四章　博朗产品的定位、研发与品牌建设

产品设计同时包含了美学特性和人机交互特性。但是到现在为止，我们很难说产品设计未来的发展方向到底是什么，因为我们在主观上非常容易被审美趋势所影响。最典型的案例就是欧洲的很多奢侈品品牌，品牌的价值在很多时候会带来超过产品本身的价值，无论发布什么样式的产品都会有大量的粉丝蜂拥抢购，但没有多少人会深入思考产品的实用性、舒适性和其他理性的方方面面。这种现象其实并不可怕，因为奢侈品品牌主要集中在服装、箱包和首饰品等行业，这些产品并非属于会改变我们未来生活的高科技产业，但是它们所形成的审美风格力量是无穷的，而如果这种风格进入科技类产品中，甚至会让我们的产品产生倒退。

不得不承认博朗是一家伟大的公司

在20世纪50年代初，博朗就推出了一大批引领世界潮流的家用产品（图4-1），其工业设计也是风格独具。我们前面曾介绍过1955年博朗推出的SK4收音机—留声机组合，在当时，这种简约的几何形态和塑料材质的应用一反装饰主义的产品风格，给大众的生活带来了一抹亮色。除了在工业设计领域，在建筑、室内，甚至在美发行业，都开始强调简约的几何造型，迪特·拉姆斯甚至说过，如果直角可以申请专利，那我肯定是第一个申请人。这一切都要归因于20世纪20–30年代的历史背景。在大工业迅速发展、商业日益繁荣的形势推动下，欧美的工业设计逐渐走向成熟，那些仍然留恋手工业生产的新艺术设计运动，已不能适应普遍的机械化生产的要求了。

图4–1　博朗系列产品

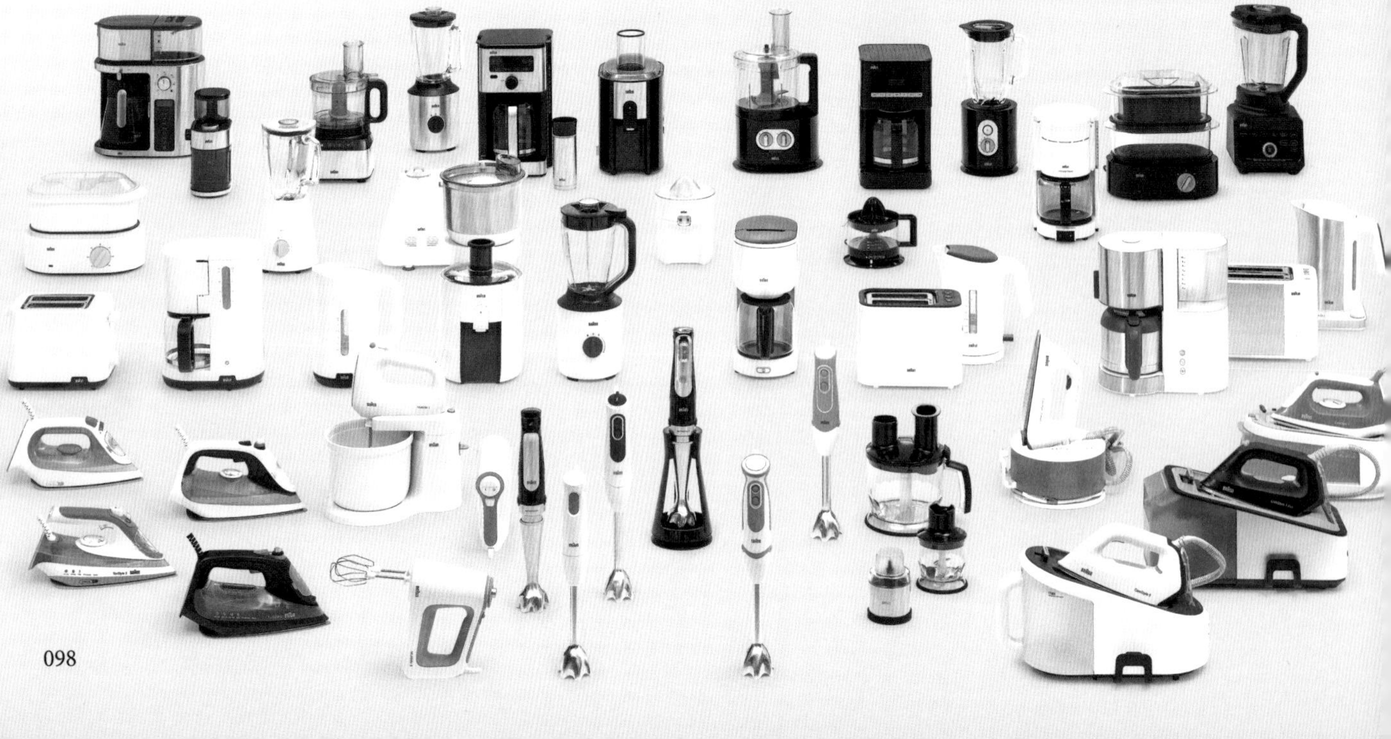

在20世纪上半叶之前，人们日常使用产品的主要材质都、是木头和金属。因此大量的手工艺人都可以非常熟练的对木材和金属进行深度造型加工。同时，为配合风格，复杂的曲线形态出现在几乎所有的家具和家居产品中。经过长时间的发展，潜意识里人们其实已经对这样的复杂装饰美学产生了审美疲劳，所以在简洁的几何形态出来后，人们对其趋之若鹜。另外简洁的几何形态也非常符合工业化大生产的要求。在建筑行业中，预制件渐渐替换掉繁复的人工修造，在产品制造业中，模具的应用也让手工艺人没了“用武之地”。这和二战后婴儿潮的背景有一定的关系，大量极速出生的人口在衣食住行上都有大量和急迫的需求，过去稳定持续的发展趋势难以满足当时社会的需求，所以简约主义的出现既是人口繁荣的需要，也是科技进步的结果。

从设计的角度来说，简约主义另一方面也代表着人们对新生活形式的向往。国内现在的工业设计发展有一个明显的断层。在20世纪50年代，简约主义在欧美出现，欧美处于大生产时期，而当时我们还处于手工艺阶段，因此大量的产品还是采用金属和木材。我们当时并没有掌握刚刚出现的塑料制品加工技术，这种现象甚至到了20世纪80年代末、90年代初才得以改变。

20世纪50–70年代的国人确实没有经历过产品的人机交互发展阶段。在六七十年代世界处于工业大生产阶段时，国内的大量产品还带着浓烈的苏式风格。虽说是三维产品，但其实都带着本质上的二维思维，因为产品都是由两轴机床加工出的。当后来德国、日本发展五轴数控机床的时候，我们很多工人还在考车工、钳工证书。

中国的大学是嗅觉最敏锐的一个群体。很多最早接触西方加工手段的老师开始意识到，二维的设计思维解决不了未来复杂产品的加工问题。所以国内在20世纪80年代末开始有了“甩图板”运动，国内很多机械系的制图教研室被缩减甚至被裁撤，而东华大学机械学院的工业设计专业就是20世纪90年代初由一批原制图教研室老师建设而成的。当时我们的制图课程和相关教材也都处于国内领先地位，王继成教授还担任了中国图学会秘书长，直到现在上海图学会也常驻我校。20世纪90年代，机械加工开始陆续出现了专项数控加工技术，甚至产生了一批上市企业，大连机床厂、上海机床厂等国内龙头企业都开始致力于数控加工设备的发展。我院校友李培根院士，即华中科技大学前校长在工作期间就大力推动了华科的机床数控技术发展，而建立于1994年的上市企业华中数控也和华中科技大学有着极深的渊源。

1950–1980年间，国外的加工技术正是大发展时期，其中最重要的便是塑料产业的大发展。其在加工形式上又分成了注塑、吹塑和滚塑等，而这种加工形式的细分对产品的发展，特别是对消费类电子产品的发展起到了巨大的推动作用。日本在这轮塑料技术中抢得先机，无论是模具工艺还是材料发展都走在了世界的前列。有一部很火的日剧叫《半泽直树》，里面有这样一个桥段：半泽直树的父亲开了一家螺丝厂，开发出一款树脂螺丝，可以替换掉金属螺丝，实现了成本的大大降低。但是由于没有获得银行贷款，最后不幸自杀。普通的螺丝是金属制成的，高分子材料的好处就是质量轻，但是其缺点是强度不一定很大，不能耐热，因此可能会有蠕变。他们家做的应该是类似于PEEK(聚醚醚酮)螺丝，当时有这个技术做出PEEK的螺丝，说明他们的技术水平已经很厉害了。即使放到现在，也没有几家像样的公司能做好。PEEK螺丝有几个优点，其中一个就是它强度高，耐温300摄氏度，而且不会生锈，因此能够用于一些高强度、高精密的设备。但缺点是它的原料成本很贵，而且不好加工。从中可以看出，当我们国家被国外技术封锁的时候，很多国家正在大力发展现代加工和制造技术。这对产品的大量制造和向第三世界国家倾销提供了技术支持，而日本就是通过技术的更迭实现了用产品换资源，从而积累了大量财富。所以尽管现在很多国外有经验的设计师可以对各种设计风格娓娓道来、喋喋不休，但是让他们真正感到敏感的却是现代制造技术的发展。Phong就特别敏感三维打印技术，他对家庭工厂的概念一直耿耿于怀，因此他甚至希望通过三维打印技术实现产品的家庭化生产。

从博朗剃须刀和搅拌器的发展来看，产品也从最早的塑造结构、实现功能进化到了和人体适形的过程，而这种趋势是非常明显的。这种设计趋势的代表无疑是芬兰的诺基亚，当时大量的设计都在认真地思考产品和手部的适形效果，而复杂的产品曲线也使人在握持产品的过程中更加贴合和舒适，软件的发展也让机器和人之间有了进一步的融合。诺基亚在那时候提的公司口号是“设计以人为本”，飞利浦公司也提出了“精于心，简于形”的产品理念，因此适形产品的发展迎来了大好时光。三维测量、三维扫描和三维打印技术也为符合人机工程的产品发展提供了新的契机。

本来这应该是未来消费类电子产品持续发展的康庄大道，但是苹果的崛起让适形产品的发展发生了历史性后退。现在几乎所有的手机产品都是“砖块”式的设计，甚至这种设计风格延展到不同的品牌和不同的产品类别。现在如果你的设计不是四四方方的，就会有种脱离时代的感觉。但是我很质疑这样的设计风格有多久的生命力。

乔布斯是1955年出生的，那个年代也是历史上著名的婴儿潮时代。美国第二次世界大战后的"4664"现象：即从1946年至1964年，这18年间婴儿潮人口高达7600万人，这个人群被通称为“婴儿潮一代”。这批人在成长过程中就受到了迪特·拉姆斯等人“简约主义”风格的不停轰炸，在乔布斯自传中也曾7次提到博朗和迪特·拉姆斯，而苹果的首席设计师乔纳森·伊维也曾多次向迪特·拉姆斯先生致敬，甚至苹果新ipad出来后也会给迪特·拉姆斯先生试用，后来甚至还曾邀请过迪特先生到洛杉矶的苹果总部参观。拉姆斯先生对苹果的设计也是赞不绝口，认为其是充分理解了自己的设计准则和设计理念。

苹果手机诞生于21世纪初，而此时正是适形产品大发展时期，大量运用了复杂曲线的产品蓬勃而出。但同时这个时期也是婴儿潮时期的消费者进入中年之时，而这个年龄段的企业家对过去的简约主义设计还有着极深的感情，所以当苹果初代产品诞生时，便唤起了无数同龄人的回忆。更关键的是，这个年龄段的消费者在当时的社会中有话语权，也有消费能力，因此他们对产品可以用钱包投票。苹果的初期产品中有相当多都有是博朗产品的影子，这些影子虽然说明了博朗设计的历久弥新，但更多地也说明了人们对其风格的追忆和热爱。

虽然现在苹果风格如日中天，但是从大的时间系来说并不能证明其生命力旺盛。其实，在2008年iphone3发行的时候，国内客户并不算多，全国销量也就是100万台左右。真正让苹果风靡世界的还是2010年–2011年iphone4的诞生，这时国内销量突破了1000万台，据相关资料，从国外渠道购买的也有超过1000万台，而也正是在这个时间段诺基亚宣告破产。2015年苹果手机的销量达到了顶峰，国内直接销量超过5000万台，国外渠道进入国内的还有上亿台的销量，一时风光无限。但是在2019年，苹果的国内销量直接跌到2000多万台，虽然其中不乏包括华为等国内品牌的阻挡，但是苹果公司的这种设计现象却对同时代大量的消费类电子产品企业都造成了毁灭性打击。对于欧美消费者来说，这显然是对过去简约主义产品的一次集体怀念，但对于国内用户来说，这则明显是对曾经错失的简约设计时代的追忆和拥抱。但更多的，我认为这只是一次全球范围内对当年以博朗产品为代表的简约主义产品的集体致敬。美景易逝，万物轮回，视觉风格毕竟在未来人工智能的时代很难与产品进行匹配。

产品的适形化升级必然是一项大的趋势，2007年开始，中国出现了劳动力不足现象，大量的企业招不到工人，为了满足就近匹配劳动力资源的需求，大量的生产型企业迁徙到内地。在技术上国家也做出了一系列动作，例如力推机器人技术、工业4.0、机器代人、智能制造和智慧工厂等科技主题，大学、研究所和企业都在这些领域做了大量的工作，欧美也乘着这个机遇将制造业转移至东南亚等人力资源富足的地区。但是这些举措现在看来多少是有些问题的，技术的发展从本质上来说应该是服务于人类的，而不是和人类进行竞争甚至是替代，因为这将会从深层次引发大量的社会问题。“硅谷钢铁侠”伊隆·马斯克的名气就是从豪赌未来科技前沿而来的。然而当硅谷科技公司全都在人工智能产业上冲刺时，他却感到害怕。他不止一次公开表达自己对人工智能的恐惧。2014年，他在麻省理工学院的学生面前将人工智能开发者比作“召唤恶魔的术士”。2015年，他和史蒂芬·霍金等人一起写信，宣称危险的人工智能军备竞赛已经开打。

但是Facebook的创办人兼CEO马克·扎克伯格(Mark Zuckerberg)却觉得马斯克的言论荒谬至极。他说：“人们总说人工智能在未来会伤害人类。的确，科技可以被好人利用，也可以被坏人利用。因此人们需要对怎样打造和怎样使用科技非常小心。但有些人因此主张减慢人工智能的研究开发，我觉得这种言论真的非常可疑，我真的无法理解。”他也简单地举了一些人工智能可以改善人类生活方面的例子，比如自动驾驶降低交通事故率。人类最大死亡原因之一就是车祸，所以如果你能用人工智能消除它，改变将会是巨大的。未来 5 到 10 年里，人工智能会带来很多好东西，从而提高我们的生活质量。

两个人或两个阵营的观点都有道理或都有偏颇，但抛开现象谈本质本身就是一种不负责任的观点。事实是，我们在本质上必须要提升人对科技发展的适应性，即必须从智力、体力上对我们自身进行升级，从技术的解决方案上我更倾向于马斯克的方案，即一方面是对外太空进行开发，以获取更多的生存空间，另一方面则是通过脑机接口技术实现人类自身能力的提升，过去10年大力发展的穿戴式设备正是对这种科技思路的承接。Google的谷歌眼镜（Google Project Glass）就是这种类型产品的一个代表，现在华为也在开发类似的产品，但是问题也很明显，就是现有产品都体现出了产品和我们人体的不兼容性。

眼镜是个典型的人体适形产品，但是怎么让现在的眼镜结构满足既能够让我们佩戴舒适又能够在不同场景中发挥其作用是关键。现在很火的类骨骼产品也具有同样的问题。硅谷和中国的工程师都致力于技术本身的开发，但是在人体适形方面却几乎无人问津，似乎功能实现是我的问题，但怎么穿戴就随便了。这种产品的开发模式在很多情况下都很常见，大家似乎都对最前沿的科学问题有着浓厚的兴趣，但是具体的工程方案却乏人问津。这也和资本的喜好有着密切的关系，现在资本追逐的都是科学前沿，但是工程前沿却很难融资。举个例子，我国的芯片设计其实并不落后，但是芯片制造却和国外有着巨大的差异。在软件领域这种情况就更常见了，我们可以造航母、火箭、大型飞机，但是工程软件这种重要的工具型产品却几乎无人涉足。

随着知识产权的加强和人们本身对产品舒适度的进一步要求，这类适形产品必将迎来春天。我在博朗参观时，印象非常深刻的就是他们很多产品从20世纪50年代到现在一直处于持续的变化过程中。这70年间给我印象最深刻的就是产品的造型变化，产品思维也从过去的二维产品思维转向了三维产品思维。这其中当然有加工工艺的转变因素，但更重要的是设计师花了更多的时间在对用户本身进行研究上。一件产品的开发过程需要三年，而其中大量的时间就是通过模型对产品进行推敲。Phong也和我们分享了他们的模型规划过程和方案，因为现在博朗的手持厨师机是博朗的明星产品，所以我们也就这个产品和Phong进行了对话。

中国厨房里的神秘物件
——搅拌器

来自于西方的热销产品如何征服亚洲市场

博朗手持搅拌器的设计和开发过程

Tang:

手持搅拌器是一个典型的制作西式食物料理的工具。博朗在厨房相关产品方面一直保持着自己的特色和优势。博朗的手持搅拌器已经被设计迭代了多次，因此我们希望你能和我们分享有关持续开发的动力和当初设计这款产品的原因。

一些需要被关注和希望分享的问题：

① 手持搅拌器最初诞生的故事和原因是什么？

② 把手的人机工程问题是如何进行研究的？

③ 不同刀头是由哪些工程师和设计师、依据何种设计原则进行开发的呢？

④ 手持搅拌器需要在液体、半流体和其他不同介质中工作，保持其搅拌过程中的动态平衡是否很重要？

⑤ 搅拌器不算一个价格便宜的产品，如何引导中国消费者对其进行使用？

⑥ 博朗制造的搅拌器现在似乎已经更新到第7代，产品的迭代过程是否有一个固定的周期，或是有按照时间进行驱动的机制？

⑦ 中国的厨房普遍没有西方的大，有考虑过针对小空间开发搅拌器的计划么？

⑧ 用户体验和反馈是否对产品的改良设计起到过作用？如果有，能举例么？

⑨ 未来是否还有进一步开发搅拌器的可能性？

Phong:

在博朗所有的家用产品中，搅拌器这一品类占据了最广泛、最重要的业务领域。我们始终认为，它将会在博朗现有产品市场中处于一种领军地位。

在博朗所有的家用产品中，搅拌器有最大的商业价值。手持搅拌器是博朗家居业务中最重要的类别之一，是我们最大的业务，长期以来我们都是搅拌器市场的领先者。搅拌器的原型是垂直架构的，电机在顶部，调速器在底部。新的改变都源于新型的立式搅拌机，它的结构特征正好相反：马达电机的顶部是玻璃制成的外壳。当电机外壳变得越来越小后，会发生什么呢？是的，产品的稳定性将会破坏，从而倒向一侧。手持式搅拌器原来是西班牙Pimer公司的一名工程师mini-Bhima设计的，后来该公司在20世纪70年代被博朗收购。

当时，这个工程师提出了将搅拌器镜像化的设计概念，是一种完全相反的方式倾斜立式搅拌器。这样一来，在使用时你就可以用手握住电机，搅拌工具指向下方的同时，你可以及时观察搅拌器的工作状态。因此，手持搅拌器只不过是一个将马达翻转180度的小型立式搅拌器，手持式结构应运而生。第一代手持搅拌器的手柄设计得非常大。过去的设计师，他们试图通过在产品结构中加入手部凹槽来改善人机工程学，但没有办法进一步缩小发动机的尺寸。在改进人机工程学问题的同时需要提升引擎的性能，这无疑给设计师们带来了新的挑战。与此同时，博朗的工程师们开始研发新的电机，舒适性与小型化是博朗手持式搅拌器最独特的创新点。人们可以轻而易举地用手握住手柄，以便更好地控制它。所以说，电机的尺寸必须符合我们的所有要求，小而精，且功能强大。而且它的设计方式，也需要实现不同的动力性能，来保证你有好的数据和技术平台。就现在新一代的产品而言，我觉得最重要的是它已经历经了50多年的手持历史，我想这就是最大的创新。

在博朗的很多产品中都在使用同一款电机，它能够很好地和手柄进行匹配，手柄外形也能够很好地与消费者的手部进行适形，使用体验变得更为舒适。而且可以肯定的是，每一次博朗在手持式组合上的创新，都是为了提高产品的经济性与可用性。用户不需要看很多的使用说明就能理解产品的使用形式，而这也是在设计一款手持产品时所要面临的挑战。

博朗始终注重通过创新来提高手工工具的效率，提高用户友好性，最终使产品更加具有亲和力，也就是说用户不需要阅读说明来理解他们的新设备。在设计手持产品时，设计者的任务是将效率、功能和设备安全性结合起来。在新的Multi Quick9 搅拌器的顶部，我们有可以像点击鼠标一样的操作模式，同时还设有安全解锁程序，用户可以在三种不同的速度之间进行切换，这种控制是我们的另一个技术创新，它是通过两个平滑按钮来进行操作的。这个平滑按钮的设计是具有典型使用意义的，当你把它推开或者关闭的时候，它真的就像一个按钮，实际上它并不是机械旋钮。我们把这个叫做智能触控，这是一个很显著的特征。这一直是我们设计的重点。当你每一次想要进行改良设计的时候，我们需要学习的东西就会变得越来越多，比如说向后倾斜的角度。我们了解到，手持式的使用方式能够使消费者得到短暂的休息，用户不需要那么用力地握住搅拌器，这就给了你一个自由的空间去做不同的事情。倾斜设计也给你提供了一个机会能够让你的胳膊保持竖直状态。如果我们不加倾斜，你的手臂就会被箍住。当你开始使用的时候，这样的使用方式就会使你的胳膊感到疼痛。另外，当你为博朗设计一款手持产品的时候，你需要真正地去了解人机工程间的关系。博朗在这方面是独一无二的，我们有一个专门的经济可用性团队，来真正去做这种关于经济性的模拟。

博朗在开发手持产品的时候总是立志于更了解产品本身最简单的用途。我们会用不显眼但重要的细节来处理这些用途。例如，在握把中，我们附加了一个额外的细节设计：它的前面是圆形，而背部则呈尖角状。因此，即使你闭上眼睛，你也能准确地确定前面和后面的位置。正是这个细节给了这个装置一个方向引导。这意味着大多数用户能够更加直观地将物料搅拌器放到他们的右手中，因为产品的几何形状和材料都有助于帮助他们判断。我们通常会在低成本领域使用软橡胶，而如果我们只用到硬塑料，那么我们就会玩一些纹理。但不管搅拌机有多贵，消费者都应该始终能够抓住前端，直观地握着它。它可能会由闪亮的金属制成，或是由闪亮的塑料制成，但无论是哪一种，它的视觉方向都很清晰。

在物料搅拌器的设计中，我们非常重视它的经济性和高效性。你或许会感到惊讶，为什么我们会在这方面下功夫？因为消费者对这款产品最多使用五分钟。在这五分钟里，我们必须保证它们有完美的表现。五分钟后，你就可以吃那些已经完全压碎的坚果、搅拌均匀的奶油汤或者是切碎的香草。立式搅拌机也是千禧一代、年轻一代的新工具。为什么？原因很简单：因为年轻一代还没有学会如何使用锋利的刀具。我们这款产品就是这几代年轻人人的“新刀”，因为他们没有学习、训练过如何使用锋利的刀具利器，在使用刀具的过程中会容易切破手指。这是我们需要考虑到的安全因素。所以我们给它作一个比喻。这就是一把刀，一把新一代能够使用的刀。因此，安全因素也是我们每次设计新的手持式搅拌器的时候所需要考虑和改进的地方。

观察消费者的同时时刻关注市场

Phong：

在博朗50年的搅拌机设计历史中，我们所做出的改进是对消费者行为观察的结果。我们对设备使用的设想并不总是与实际用户行为一致。所以我经常观察我妻子是如何使用手持设备的，我们调查家庭使用情况，也邀请消费者到公司的测试厨房使用我们的产品。通过观察，我们试着产生新的想法，并与消费者进行对话。这就是我们在中国推出物料迷你搅拌器时所做的。

社交媒体是与消费者进行对话的一个新的重要场所，人们会在那里谈论，并针对我们正在设计的产品提出他们的意见，然后我们就会真正深入地去理解消费者的想法。我们的手持式搅拌器最初在中国上市的时候，也是这样做的。

我们看到了亚洲人对待食物的态度不同：他们更喜欢碾碎食物。所以理论上这个搅拌器对中国市场毫无用处。当地营销团队随后邀请了20名消费者参加了一个研讨会，我们把搅拌器送到这些消费者家中，让她们试用几个星期。后来，我们邀请她们去烹饪，在我们中国的厨房测试室内进行演示。根据这次的研讨会经历我们发现，他们中的大多数人都把搅拌器当作粉碎机来使用。对于准备典型的中国菜，粉碎机是非常实用的。因此，在中国市场上我们的王牌产品不是完整的搅拌装置，而是它的简配版——迷你搅拌器。

这种迷你搅拌器就像是一个带旋转切刀的小盒子。我们调研了消费者喜欢迷你搅拌器的原因，这是一个制作饺子馅的好工具，他们用机器来解决传统厨房的问题。后来我们了解到越来越多中国厨房的细节，并通过进一步改良这款产品使它成为了当时的明星产品。

我们从观看中国菜中使用的食材中得到了帮助甚至改进了饭菜准备的方法。我们已经意识到，中国人使用大量的胡椒和辣椒，并将其与油混合，而欧洲设备并没有为此做好准备。所以我们的工程师发明了一种不锈钢香料磨作为配件。不锈钢比塑料更卫生，也更容易清洁，同时，辣椒和大蒜的味道也不会黏在不锈钢上。这就是我们改进配件的原因，而整个改进过程中，只有发动机保持不变。

在亚洲，人们想把洋葱切得很光滑。所以我们决定在立式搅拌机的基础上，为物料搅拌器配备不同的速度等级。比如在切洋葱的时候就需要慢一点，因为如果洋葱切得太快，那么将会损失大量液体，最终导致成品变得稀烂。这就是为什么我们需要设置不同的搅拌速度，使得速度可快可慢。而所有这些发现都有助于我们为中国市场开发合适的产品，我们通过观察消费者如何在他们熟悉的环境中使用我们的产品，来改进我们的产品。

Tang：

是的，但是位于中国不同地区的人们在处理食物方面有着不同的习惯。也许你所说的这些存在于中国的北方，他们非常喜欢把食物混合在一起。或许像你所说的那样，他们会用搅拌器去粉碎辣椒或者切碎洋葱。但是在中国的南方，他们有另外一种处理食品的方式。所以我的问题就是，到现在为止，搅拌器可能在中国还不是很普及，我们可以通过什么样的方式让中国人接受这种产品？

就像你曾提到电动牙刷的设计，目前电动牙刷的设计已经有了很大的提升。而且，特别是在当下，许多人都接受了这个产品，因为他们发现这个产品非常好用。所有的人都突然知道了这个产品的好处，所以也许我们可以发现关于这种产品的特殊用途。因此我们还是应该去探索它的深层优点。

Phong：

没错，我认为这是一个时间的问题。因为我们需要我们的品牌也可以在中国市场上的其他品类中被看到，比如电动牙刷、剃须刀等。为此，公司需要在商店里做大量的广告展示。但是，在网络时代的今天，我们可以使用很多关键的引领性意见来支持市场的起步。这种情况不仅仅存在于中国，也包括欧洲、美国等其他市场，所以我们还是有很大的机会让市场来接受我们的产品。

我们需要通过使用社交媒体，使用电视广告，使用微信小程序来告诉消费者我们的产品的好处。需要宣传我们的产品是什么，如何使用。如果我们是设计师，我们可以设计手持式搅拌器。那么你马上就会明白，我们可以用它做意大利面，我们也可以用它做点心。在七八年之前，我们开始在中国家庭推出手持产品时，销量是6万件。经过七年的时间，我们现在的销量达到了50万件。所以你能够看到，我们已经有了转变，而且也是通过与客户建立合作的方式，来真正地展示我们手持产品的优势。教给消费者这个东西是什么，就是我们建立品类推广的唯一办法。

Tang：

我有一个例子，我觉得这个例子可以形容搅拌器。你知道，在中国，人们还无法接受烘干机。那是一个像洗衣机一样的产品，可以烘干人们的衣服。我们习惯于一次性洗许多衣服，并且在洗完之后把它们晾晒在太阳光下。我们认为，经过阳光照射的衣服会更加健康，因为太阳光可以杀死细菌。所以我们并不能接受外国人烘干衣物的生活方式。但是会有一些专家向我们介绍烘干机，这种产品相比于传统的晾晒方式而言可以更好地杀死细菌，从而使越来越多的中国人逐渐接受了它。

所以，新的产品进入中国市场，应该让人们知道它潜在的本质，就像搅拌器或烘干机一样。他们知道为什么我应该使用搅拌器，而不是用传统的方式来处理我的食物。也许在使用搅拌器之后，我们可以拥有更健康的生活方式，也许这会比传统的方式更简便。尽管我不确定，但我觉得这也许是一个更好地在中国市场推出新产品的方式。这就是我的想法。

Phong：

这是个不错的故事。我也观察过，在中国，一般客厅和厨房的空间较小。当我们进行家庭访谈时，我采访了一些客户。他们阐述他们是如何开始工作的，如何思考他们在午餐、晚餐时做些什么，所以我会选择在他们开始动手准备食物之前赶过去访谈。

尽管只是一个正常的对话，但在对话中大多数的女性和家庭主妇都在解释、在挑战她们所面对的问题。他们的大部分压力来源于：她们需要备料，需要切食材。因受到厨房大小的限制，她们会把木板放在水槽上方来切菜。洋葱、胡萝卜等蔬菜和肉都是这样被切碎的。刀子拍打在木板上时，水槽放大了每一个声音，这导致切菜的过程会产生很大的噪音。他们说："我需要保持谨慎，因为在水槽上面切东西会发出很大的声音。但是现在我又不想打扰我的孩子，尤其是当他们中午在睡觉的时候，或者晚上他们在小憩的时候。我也不想打扰我的邻居。"做饭时的备料过程是人们日常生活中最为关键的一个时刻，但这个时候如果产生了噪音，她们可能感到不安，因为她们不想打扰别人，而这就是手持式搅拌器的优势，因为它是静音的，它是由电机驱动的。你可以切洋葱，你可以切肉或者切其他食物，你不需要去考虑它是不是打扰到了其他人。

对于消费者来说，使用物理刀具会产生很大的噪音。你可以想象一下，如果你在水槽上面切东西的话，它有很大的共鸣声，而且声音非常大。所以你甚至能听到隔壁邻居家有人在切肉、砸骨头。据我观察，这就是将我们手持搅拌器的优势转化为消费者的购买欲望的一个非常好的时机，因为这个产品可以帮助他们在使用时更为灵活，这是一件很好的工具。物料搅拌器使烹饪再次成为一种积极的体验。在这些时刻，我就意识到，设计师观察消费者的使用习惯，并质疑一些已有的流程，寻找一些较佳的解决方案，而这些可以给设计者一些真正的启示。

这种启示是通过观察消费者的行为得到的。只有当你真的了解到他们的使用痛点时才会理解他们这样做的原因，所以他们越来越多地是在告诉我一个更深层次的原因，然后我就明白了，原来这就是他们的一个痛点。

如何让这个品牌不需要标志就能被认出来？

Tang：

你知道，有一些广告，它们介绍的是一个非常普通的产品，比如说鞋子。我记得有一则关于鞋子的广告，它们说这双鞋是专门为老年人准备的，老年人有了这双鞋就可以有一个健康的生活方式，就可以更加方便地去工作，而且可以做一些比以前更方便的事情。我看到的节目是一个很普通的节目，但是这个观点，还有广告的观点是非常有用的，我认为它能够把握住老年人的使用需求，它能很好地切合市场的需求。所以，或许搅拌器对于我们来说是非常好的，但是对于中国的传统市场和老百姓来说，也许他们的第一意愿不仅仅是为了好用，也许他们还有对健康生活的一些其他要求。

即使在日本市场，搅拌器也不是很流行。我记得上次我参观了法兰克福的博物馆，我看到了博朗发明的第一个手持摄像机，过去几十年它在日本越来越受欢迎。日本人想改进摄像机，因为他们喜欢这个产品，他们知道这个产品的潜力，而且也许他们有更多的东西想要记录。所以日本企业对该产品进行了深度开发。日本著名的生活产品并不是厨房里的产品，因为可能他们更喜欢传统的食物制作方式，也可能他们还没有接受你所提供的产品背后的故事。

Phong：

事实上，在亚洲，特别是在中国，我们的手持搅拌器的重点使用群体是母亲，所以我们首先向她们传达了一个明确的信息：健康。一谈到健康，母亲们就会变得乐于接受，因为每一位母亲都希望能够为她的婴儿和孩子提供最好的营养。因此，我们非常清楚地告诉他们，使用手持设备及其所有配件的好处在于可以为儿童和婴儿准备健康的膳食。

从宝宝们只有几个月大开始，他们就可以吃研磨的蔬菜或者混合蔬菜。这时候，妈妈们可亲手为儿童和婴儿准备膳食，而不必求助于现成的食物，这是非常重要的。我们正是在这方面帮助妈妈们，让她们能够购买到完美的健康食品制作工具。因为是你自己准备的食物，所以你很清楚自己的孩子吃的是什么，而这正是我们的目标受众。一个生活健康的母亲会设法用健康的食材喂养她的孩子，而这就是我们的故事：有了健康的妈妈，就会有健康的宝宝。

Tang：

非常好。而且我觉得我很喜欢这个手动搅拌器的造型。但是我还是想知道，你们的设计师是如何去确认产品的形状、颜色以及不同的材质的，你们在设计的过程中有什么样的设计流程，这种流程是取决于消费者的反馈还是不同设计师的意见，或者是取决于实验还是其他妈妈们的要求？这是一个大家很感兴趣的点。因为在一些设计公司，产品总是依赖于设计师的实验，他们没有站在其它立场去设计形状和材料，而只是依赖于设计师的个性。我觉得这不是很科学。所以我想知道也许在博朗，你们会有更好的方法来解决这个问题。

Phong：

对于一个机构或者一个新的公司来说，如果想设计与我们类似的手持式产品，肯定不容易理解我们为什么这么做。新的公司因为没有50年的经验积累，产生的问题就是它们可以很容易复制博朗的产品，但是却不知道重点在哪里。

首先，这其实是经济问题。每一个问题都会回归到这个设备的可用性上，虽然这个设备你只用几分钟。我们想做一个好的设备，就需要让消费者用简单方便的方式进行使用。所以我们要抛弃一切令人厌烦的元素。我们的第一优先级是经济性。当然，经济性要与消费者结合在一起进行考虑，因为我们要从消费者的角度去学习。同时，我们也要学习如何改变事物本身。

博朗的设计师会一直与博朗的工程师和开发商进行讨论，因为他们对消费者的需求有着准确的了解。所以，满足用户的需求是我们的首要任务。你可以从做一个小的把手开始，但是一旦工程师不允许缩短电机，那么可以肯定的是，你是无法改变的，所以你要综合考虑。另外，做电机的工程师也要了解消费者的需求。所以，我们讨论的时候总是以消费者的需求为前提。可用性也是优先的。

其次，品牌的DNA属于所有博朗产品，如果你从一个设备上移除了博朗的标志，那么它应该仍然能够被认出是一个博朗的产品。我们有清晰的界面，我们推崇非常实用的使用方式，我们使用耐用的表面和耐用的材料来强调品牌的价值。这就是博朗历经多年发展的一种积淀。

第三个重点，就是产品的质量。耐用的电机和坚固的外壳结构必定会给人们留下高质量的印象，并最终能够通过我们的案例测试和其他测试程序。因此消费者应该能够明白，他们是从一个值得信赖的品牌购买了一个非常有用的产品。博朗作为一个德国品牌，有着遵守承诺的特点。人们信任这个品牌，并且知道每一次购买都会形成一种长期的纽带。对博朗设备的投资者而言，他们应当被给予回报。设计师不可能一天就学到这一切，每一个开始从事这类家用电器的设计师都必须理解每个项目中博朗的观点。博朗设计是关于先了解历史，然后着眼于未来的设计，所以我们的设计师要和我们的设计DNA保持一致。

Tang:

我觉得产品的DNA是一个很好的识别产品风格的方法。但是从另一个方面来说，这是对产品发展的一个限制，就像奥迪A6一样，你可以看到新一代的奥迪A6和上一代相比只有很小的变化。我想可能这是产品风格的DNA限制了产品的发展。

我不知道你会对产品有什么样的改变计划，如果要改变产品DNA，那你就要去改变所有关于博朗的产品线，这是一个非常大的改变。在未来你要保留什么样的DNA，是否想把它改造成为一些其他的DNA体现方式？你在设计部门是怎么决定的，在谈判中你又做了怎样的决定？

Phong:

在博朗，当迪特・拉姆斯退休、彼得・施耐德（Peter Schnei der）接任设计部后，我们感到新产品的设计突然变得与博朗的DNA不一致了。这是因为彼得・施耐德想要做些全新的事情。在此期间，每个设计师的工作都被允许不再致力于追求品牌一致性。这以后的产品在消费者使用后，我们的品牌认同度下降了。我们所设计的每一个产品，包括单棒搅拌机、剃须刀、电动牙刷、吹风机都经过了设计测试，我们询问了消费者对用户友好性的看法，但最重要的是，我们想知道他们是如何看待这个产品的，他们是否真的喜欢这个产品。因此，设计团队开发了一种非常不同寻常的剃须刀，而这种剃须刀在所有测试中都优于其他竞争对手的剃须刀，它能够达到100%的剃除效果。我们的这些测试一直没有博朗的标志，而结果是，尽管剃须刀本身的概念很好，我们也以一个得胜的设计进入了市场，但这款剃须刀最终还是没有被市场认可。这只是因为它和博朗设计的DNA不一致，而它也和博朗品牌的消费者的期望不一致。没错，他们买的不仅仅是一个工具。对他们来说，品牌的DNA很重要。你对设计语言的承诺要符合你的品牌资产，而这也是我们重新回归的一个原因。自2012年以来，就像我在采访中所说的十大设计准则一样，良好的设计要与豪雅的实力保持高度一致，而这就是品牌的DNA。如果你把这种情况搞砸了，消费者将会否认品牌的价值。

作为一名设计师，要用你的品牌语言来说话！

消费者只为设备的功能付费，但是他们没有为你的品牌DNA或者品牌资产付费。因此这两者需要配合起来。尤其是像博朗这样的公司，因为它有悠久的传统，而人们也了解博朗的设计理念。我可以很容易地将手动搅拌机设计成一种新的形状，使其更具特点、更具价值，使消费者为之惊叹。我也可以应用丰富的色彩与时尚元素。但是，只要博朗的标志出现在这类电器上，人们就不会再去购买，因为这样的设计不符合人们对品牌的期望。当人们看到博朗的Logo时，他们会觉得这不是博朗的设计风格。例如Kitchen Aid这个品牌,Kitchen Aid公司具有很高的品牌价值，它的设计包括色彩丰富的外观与圆润柔和的造型风格，这些特征对消费者选择其产品时是非常有效的。但如果博朗突然出现了Kitchen Aid电器的风格，我们的销售就会明显下降。

Tang:

是的，我觉得在迪特・拉姆斯时代，博朗的产品看起来比较简单。材料上，可能一般都是使用一种或者是两三种材料，然后把它们融合在一个产品里面；颜色方面的话可能只有一种颜色或者是两种颜色，而这在我们的印象中看起来非常简单；外形方面博朗的许多产品可能就像一个圆柱体形状。

在过去的10年里，我们可以发现博朗的风格变化越来越大，也许这是因为博朗更加注重消费者的反馈，希望能够借此让消费者操作起来更加舒适。在这个发展的过程中，产品的形态越来越复杂，它的曲线也变得越来越复杂，因为它需要满足消费者的要求。我们认为也许博朗的DNA在进行演变，变得越来越复杂，所以我不知道形状的变化是否也是消费者需求所驱动的，还是只是用新的DNA来要求消费者群体有变化。

或许因为经济性是未来工业设计的一个重点，如你之前曾提到的电动牙刷，博朗和欧乐B（Oral-B）的产品有越来越多的功能。但是小米的产品功能很简单，使用起来非常方便，也许这是因为他们认为越简单越经典。博朗和小米之间是有很大区别的，我不知道你用什么样的想法来解释这个现象。

Phong：

我相信，如果博朗的设计仅仅被认为是几何设计，那就是误解。如果回溯到20世纪50年代，你首先要区分独立的和手持的产品。根据这个概念，你拿在手里的所有个人产品都不是按照几何标准设计的，无论是剃须刀还是牙刷都没有被设计成几何形状。因为无论是剃须刀还是牙刷，它们都不是简单的几何形态。

一直以来，当你说到几何形状，我们经常说的是台面设备。所以我发现大的机器在消费者手里是用不上的。回顾历史，第一款剃须刀S 60就采用了V形设计，那是一款超小型的紧凑型剃须刀。在当时，这对工具制造商来说就已经是一个挑战。因为如果要把这个外壳做成一个非常柔软且量身定做的形状，特别是在手持设备领域，在当时是一个巨大的挑战。

好的设计究竟要定位谁的需求?

设计与工具构建创新同步发展。在工业化的早期阶段，这些工具不如今天那么智能和先进。当年的技术，比如说CAD、机械设备、注塑模具等，都不像我们今天这样先进。或许当时只能注塑一个部件，而在今天，你可以在一个外壳中注塑五个不同的组件，甚至更多。这也是我们的设计师需要思考的问题，我们要更新他们对造型的创新水平与技术能力。当然这些都是我相信的东西。小米做的这种简单的形状和形式有时候太简化了，这可能是因为它的成本目标不同，所以小米的定价始终在一个非常入门的价位。也正是因为这样一个原因，如果你为了成本而设计一个东西，那么你就只是在做一个造型，就只是在用塑料成型。所以如果小米想卖高端品牌，他们肯定会开始考虑金属的使用。如果你想从消费者的角度获得溢价，那么软性材料和不同塑料的使用，或者是不同颜色的点缀都是很重要的，但小米只是保持了白色。所以，小米并没有展示出好的、更好的、最好的。但是小米有一个简单的入门价位，而这是很好的一个方面，这也是一个清晰的理念。

而且他们也没有想过要做高端产品。也许未来会有，但就目前而言，博朗和小米合作的剃须刀是一个简单的入门工具。这不是一个复杂的工具。这是一个超级标准化的技术，其中没有复杂的功能。如果你想真正设计一个比较复杂的造型、复杂的工具，成本就上来了，功能不同价位就有差别，但是其中都肯定要有最基本的功能。

Tang：

是的，我同意你的观点，也许不同的功能就应该有不同的策略，比如说成本上的策略，又比如说价格上的策略，因此他们必须在产品上节约成本。但是，除了成本和价格上的原因之外，你认为中国设计师的能力有什么问题吗？打个比方，如果你在中国有一个设计团队，在德国也有一个设计团队，在这种情况下你认为中国的设计团队以目前的实力可以取代德国的设计团队吗？

Phong：

我不认为一个团队可以取代其他团队，因为欧洲市场有不同的需求，而中国市场也有不同的需求。对我们来说，美国也是一个很大的市场，所以我们也在那里学习如何去做。因此，问题总是在于设计团队是否足够优秀，是否能够跟上新技术并从中受益。

我在与博朗大多数资深设计师的对话中也了解到了这一点。每个人都有技术背景，他们都很清楚设计中的变化是如何影响工具构建的，设计师也会从技术上思考。如果一个设计师只注重美学，他将永远不会成功。他可能会成为一名艺术家，但他不会用自己的语言为大众设计。毕竟，我们在这里谈论的是工业设计，因此必须专注于大规模生产。作为一名工业设计师，不理解这一点的人永远不会在工业领域取得成功。

我们需要理解工业设计师和艺术家之间的区别。工业设计师从事工业工作，为消费者提供设计服务。也许博朗的设计师们会设计不同的东西，但他们是为博朗品牌设计的，所以我的工作对博朗来说是好的，我的设计语言是我设计的品牌的语言。我在德龙（De'Longhi）和健伍（Kenwood）的团队也必须掌握这一品牌语言。这与我或其他设计师的品味无关。我们都必须始终牢记，我们是为最终消费者设计的，他们对自己购买的品牌抱有期望。他们会买博朗产品的前提是该产品必须符合博朗设计语言的DNA。

Tang：

但是，你是如何引导你的设计师在产品设计中使用设计语言呢？博朗设计DNA的标准是什么？或者说，设计师可以拥有什么，不应该拥有什么？

Phong：

在团队中，我们讨论了所有这些，并围绕品牌DNA讨论了我们的设计愿景。一般设计师们需要用几年时间去了解什么适合、什么不适合博朗。所以，像贾拉·弗洛恩德（Jara Freund）或吉安·卢卡·西维斯特里尼（Gian Luca Silvestrini）这样的年轻设计师接受我们的采访时表示，他们是花了两三年时间才明白上述的这些，他们现在的状态很好。现在我终于明白了“为博朗而设计”所代表的深层含义，这并不是书面的公式，这是一种心态，一种你需要学习的自信，而这种自信可以用来解释博朗的设计理念。

Tang：

在中国大学的工业设计研究方式中，有一些教授在研究曲线，因为他们认为可以通过曲线的结合形成产品的形状，这其实是一种探索性的研究方式。但在实践中，我认为DNA或许很难用语言描述清楚。那么我的问题是，如果一个博朗的设计师曾经设计过一件非常漂亮的产品，但它可能并没有像你说的那样蕴涵博朗的DNA，它或许不能满足博朗DNA的要求，那么在这种情况下，你认为这个设计是否可以接受？

Phong：

不，我不会接受。尽管我还没见过这种情况。我会认为这是一个非常好的设计，但它不适合博朗，所以它并不会发生在我们公司。因为如果你是博朗设计团队的一部分，你需要迅速进行产品设计来满足品牌资产增值的要求。这也是我需要同时做个人设计顾问的原因之一。因为如果我有自己的设计顾问工作，我也许可以做一些完全不同的设计。

像我这样的设计师从不考虑自己的风格。因为如果我真的考虑到自己的风格，我就不会为这个行业工作，我会开设自己的设计机构，只为自己的理念和品味而设计。那么我就会成为一名艺术家。因此，这种情况从未在博朗发生过。说实话，如果我们团队的某个设计师所设计的东西非常漂亮，但并不适合我们的品牌，那么我们还是要拒绝它。

如果你是一名设计师，你会有不同的热情。你喜欢一个完全不同的设计，在合同上你需要决定什么东西适合自己的品牌。但如果是这样，就说明你已经犯了错。因为你开始喜欢不同的东西，但你的工作描述是，你需要为一个品牌设计。这是我们公司的第一个特点，通常来说人们会在加入我们的第一年就将其认出来。他们加入我们一年，然后就能够注意到，他们的风格和设计原则其实并不适合博朗的设计要求或博朗的设计团队。如果我知道了，我就要和设计师们讨论他是否适合留在这个团队，因为他虽然是在做一个伟大的设计，但他不是在为博朗做设计。很多时候，这样的设计师因此离开了设计团队。过去有很多设计师，我很喜欢他们工作的方式，但是这种工作方式永远不适合这个品牌，所以它也永远不适合我们的团队环境，因此我们只能要求他们离开我们的团队。

Tang：

是的，就像你说的那样，你会花很多时间培训新设计师，让他们适应团队，做出漂亮的设计，而这正好符合博朗的要求。这其实很好，但在中国市场，人们变得越来越懒惰，因此智能化高的产品非常受欢迎。也许他们只是想要做食物的过程简单些。

我们发明了一种自动制作食物的机器，这种机器能够把新鲜的食材直接变成最后的产物。也许对于欧洲市场的家庭主妇而言，这是一种有趣的方式，因为我们的产品可以为他们制作一些食物。

另外你要知道，在中国市场，越来越多的年轻人没有时间准备食物。他们想用更多的时间来睡觉，所以他们可能不想要去看到食物的准备过程。所以，我不确定在这种环境下你是否会对你的产品做出一些改变使产品变得越来越自动化。

Phong：

首先，我认为，我们完全了解当下年轻人的生活方式。所以当一个中国人开始思考我的下一个烹饪练习时，我开始有一个想法，我想我应该在第二天关注什么。因此，在人工智能的背景下，假设细分到年轻一代想去玩游戏之类的消费者，他们没有时间去准备食物，而我们没有完美的产品主张，所以这个目标群体对我来说是一个非常巨大的行业挑战。

如果你的目标消费群体是极速追随者一类的，他们总是关注最新的产品，作为一个公司，你需要问问自己，你如何对这类目标消费群体进行投资，你怎样才能真正帮助他们。但是如果消费者每天都在改变他们的观点，那么，再往后并不会产生实际价值，这就意味着在他们身上没有生意可做。

如果是长期业务，我们可以实现这类目标群体的想法。但是很明显，这个目标消费群体并不是适合我们的，可能是其他公司，也可能是小米这样的品牌。所以，我们只需要认真地思考一下，现在我们是否应该投资，因为我们所生产的一切都是高质量的产品，是长期的产品。所以这也应该是一段长期的摸索过程。

这就是为什么我们知道我们正在开发的产品并不是一个有趣的领域，因为在生活中，在整个生命周期中，我们关注的是准备阶段，而这并非是你所有烹饪练习中最有趣的部分。准备阶段是最讨厌的时刻，所以我不喜欢切洋葱，我不喜欢拌沙拉，我不喜欢清理锅具。但当他们做饭的时候，当味道扑面而来的时候，当食物变成美味的时候，消费者的生活气息就出现了。

如果博朗涉足烹饪事业，我们就能在烹饪方面有所作为。博朗做了一个最终的决定，只需要在一开始把食材放进机器里，然后机器就能智能地为你烹饪出食物，这才是我们需要投资的地方。这个产品不是为了那些懒惰不想做饭的年轻一代准备的，而是为了满足那些对烹饪有所需求的年轻人，因为这些年轻人有基本的烹饪知识并且有基本的烹饪需求，如果你不懂烹饪的基本知识，那么你只能去吃方便面。我认为在接下来的几个月里，我们将在中国推出一种烹饪设备实现上述的市场需求。

Tang:

我想这可能是博朗的观点，博朗的领导支持你的想法。这两个市场有很大的不同。你知道，美的品牌在中国市场上有全自动炸锅产品，这款设计可以根据中国传统要求烹饪食物，它可以自动制作食物，而且价格也非常高。我认为它很受欢迎，人们都想使用这种产品。

另一些人也喜欢博朗的产品，越来越多的妈妈们试图购买博朗的搅拌器。它很受欢迎。但我不确定10年之后，也就是在未来搅拌器的受欢迎程度是怎样的。也许一切都应该要有所改变，我们要顺应改变。

Phong:

我们正在经历行业的重大变化。在欧洲和中国，人们思考自己传统的传承，自己动手，烹饪又有了新的含义。这就是为什么博朗会涉足烹饪领域的原因，而不仅仅是手持搅拌器这样一个关键类别。我们现在进入了一个新的类别，我们相信它们对消费者有一个固定的含义。这是一个长期以来明显的趋势，尤其是在新型冠状病毒肺炎疫情肆虐的大背景下，人们又回到了自己动手的时代，我们要自己制作食物。烹饪是一个新的关键类别，在未来，饮食健康将变得越来越重要，而我们要做的，不仅仅是研发出手动搅拌器，更是要帮助人们准备最健康的食物。

电动牙刷让牙齿更健康

牙齿护理创新的过去与现在

电动牙刷一直是博朗非常具有代表性的产品，所以我们想就电动牙刷这个产品发掘它的历程以及一些相关的理念聊一聊。

这次让我们来聊一下电动牙刷背后的故事。电动牙刷（图4-2）是博朗技术部门的发明之一。尽管博朗在1963年就已经开始研发和推出电动牙刷，但早期在市场上该品类一直处于低靡状态，消费者并不认可新技术的优势。为了提高市场接受度，博朗在这类产品上做了一些改变。初期的产品电源线一直干扰着消费者每天的刷牙动作。最初，设计师通过改进将电机集成到手柄中，并由一次性电池或可充电电池供电，然后它被推向了欧洲市场。

起初，博朗推出的电动牙刷并没有取得成功。因为没有人会选择在自己的口腔中使用这样的设备。刷牙对人们来讲一直都是手动的过程，“使消费者更容易清洁牙齿”的产品承诺并没有在第一批电动牙刷上得以实现。牙医认

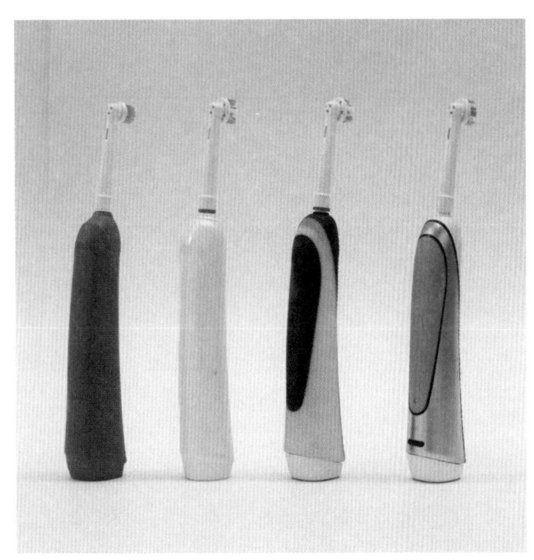

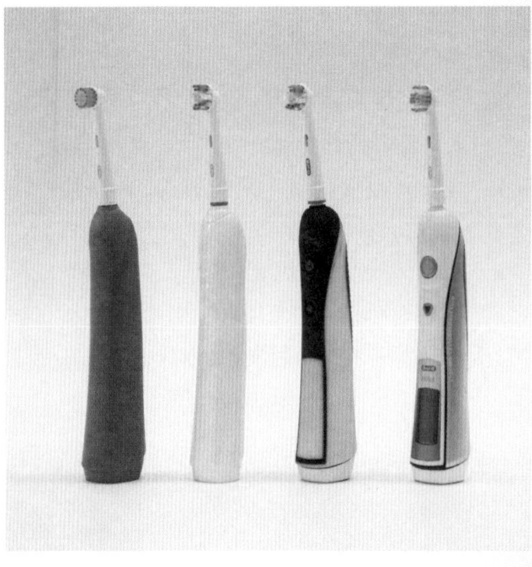

图4-2　电动牙刷模型

为，用手动牙刷刷牙并不利于在牙齿上做圆周运动，更多的是在进行线性运动，而来回往复洗刷并不利于牙齿清洁。所以这也是博朗推出电动牙刷的原因之一，或者说，这种驱动方式能够进行牙刷头的圆周运动，而牙刷头在进行圆周运动的同时，使用者自然刷牙是一种线性运动。电动牙刷保留了手动牙刷的左右线性运动，但也在每个牙齿表面实现了圆周运动的清洁效果。20世纪80年代，那是一个完全具有创新性的发明，而人们并不接受这种新技术，因为没有人愿意尝试使用它，所以这个产品不能盈利，但同时却在研发上投入了大量成本，因此公司开始思考是否应该在这个品类上止步，或者投入一类新的产品。事情的转机出现在20世纪80年代末期，博朗与位于美国的欧乐B公司（Oral-B）达成合作协议，由于欧乐B公司在口腔护理市场的经验与地位，博朗的电动牙刷逐渐被市场所认可，这是电动牙刷的决定性转折点和历史性胜利。

研发最新款的电动牙刷花费了大量时间。一旦公司建立了一条每天生产数千件物品、一年生产数百万支牙刷的生产线，但凡设计师想改变一颗小螺丝，都会对整个生产线产生影响。做一条新的生产线就意味着大量的投资。我们必须因此开发一条全新的流水线，这是一个巨大的投资，因此公司真正需要思考的是，新的电动牙刷是否能够成功推向市场。

为了使新产品系列物有所值，我们需要考虑是否能够仅仅依靠技术创新维持盈利。因此，通过磁力充电站，只需三个小时就能为牙刷充电。在这一点上，我们也为消费者创造了一项新的服务，并为牙刷提供了全新的造型设计。现在我们又有了一个长期的保护机制，即在所有创新活动的背后，都会有一个长期的商业案例作为支撑。我们设计的新牙刷具有高度的智能化水平。这是牙刷设计史上的一个里程碑。我觉得真正的优势正是在于这种彼此之间的连接。它创造了一种服务，一种通过设备的连接，这样就能够让消费者了解到自己怎么做才可以使得口腔内的环境保持一个非常健康干净的状态。从人类健康的角度来看，大部分的细菌，或者说大部分的健康问题都是从口腔开始的。所以，如果这个区域不干净并且没有形成良好的管理形式，那么我确信，你的口腔区域就不会有这种非常安全的环境。因此你的健康总是会受到影响的。所有这些有关牙刷设计的思考，其最终目的都是为了实现长期的商业案例。我们已经实现了刷牙的新形式，有了这种联网设备，消费者就可以了解到如何才能保持口腔环境的健康和清洁。

健康从口腔开始

大多数健康问题始于口腔。因此，如果这个区域没有得到很好的清洁与保养，将会对整个机体产生负面影响。口腔部分分为四个象限，上下各两个象限。医生建议应在每个象限区域刷牙30秒，四个象限总共两分钟。博朗观察并分析了消费者的行为后发现，对大多数人来说，很难预估刷牙的时间，所以也就很难遵循牙医的建议。因此，博朗在2006年推出了第一款带有外部显示器和蓝牙连接的交互式牙刷。消费者开始刷牙后就会启动倒计时装置，显示屏上会准确显示出刷牙的时间，这是第一次能够通过显示屏真实地反馈自己的刷牙时间。博朗电动牙刷的3-D齿面追踪功能有助于使用者在所有齿面达到最好的清洁效果。两分钟后，显示屏上的微笑图标会告诉用户：自己已经完成了该项工作。通过这种积极的反馈，我们给了消费者一种新的自信：如果他们真的能够确定自己已经正确地实现了牙齿清洁，那么他们的笑容也会更加自信。

伴随着电动牙刷的演变进程，很多细节都需要逐步加以考虑。例如，每次刷牙时，刷毛的蓝色会一点点消失，直到所有刷毛都变成白色，从而提醒消费者：是时候购买新的牙刷头了。这种变化就会传递给用户一种信息，从而衍生出了牙刷替换头的行业。所以关键在于，我们应该怎么推崇用户去作出改变，去买一个新的替换头，因为每过一段时间，刷头的性能就会变弱，这已经不是清洁的问题了，我们需要提醒用户去改变。再例如，电动牙刷的购买成本并不便宜，所以，能够让整个家庭使用同一个手柄刷牙也变得尤为重要。那么，如何才能区分每个人自己的颜色便成为了必须要思考并解决的问题。智能牙刷必须要具备几种不同的清洁功能设置，而且刷头必须是可区分的。我们要同时使用四种不同的色彩——黄色、绿色、红色和蓝色来进行区分。每个家庭成员都会通过不同的颜色来识别自己的牙刷柄。在其他很多方面，我们也都在一步步地尝试改进。

让我们继续讨论电动牙刷的充电时间这一话题。你会给电池充多长时间的电？按照以往经验，电动牙刷不能连接电源线使用，它必须是防水的。我们为牙刷开发了一种由点状接口和手柄中的线圈组成的新型感应式充电。当牙刷放置在磁性充电站上时，通过感应过程，电池将会快速地进行充电。

当你考虑如何才能成功时，你会发现有很多关于它的事情我们都可以去研究，这样才会使消费者认为我们是以一个很高的层面进行思考。另一个重点是，人们习惯把牙刷放进杯子里。我们发现，有些人习惯将牙刷倒置，因为这样能够使牙刷保持湿润，而这是最关键的情况。一旦你把你的牙刷湿着放入杯子里，而它又不能得到清洁或保持干燥，那么细菌就会在里边进行繁殖。下一次我们再使用它的时候，细菌就会进入嘴中。现在，电动牙刷的使用已经变得非常容易，但我们仍然需要在使用之后把它放好。如果所有家庭成员都使用同一个手柄，还必须确保他们的刷子能够直立晾干，而不是最后倒置在牙刷杯中。我们对紫外光下干燥的刷头进行了测试，我们想知道那样是否会杀死更多的细菌。但事实上没有什么能够胜过新鲜空气。新鲜空气对细菌的杀伤力最大，因此，它才是最简单的口腔卫生用品清洁方案。

从人体工程学角度考虑

刷牙时，人们手握牙刷的方法有无数种，而改善处理能力的第一个改进方式，就是将电动牙刷从电源线上释放出来。一个消费者在使用牙刷的过程中，可能同时有五六种因素都在产生影响。当消费者正在店里选购的时候，你将牙刷拿在手中，打量着尺寸是否合适，消费者还要觉得这对自己来说是合手的。接着我们从消费者的角度来讲讲购买后使用时的流程。消费者一旦购买了这个电动牙刷，开箱，使用，大多数人用四个手指，也就是所谓的钩握式，抓住牙刷，并且用拇指控制牙刷，而有些人只使用拇指、食指和中指，这种持握方式被称作握笔式。像20世纪70年代以前的老一代人，他们用那种很小的可以推着使用的东西来刷牙。他们会选择握在牙刷的上部，而其中灵活的乐趣就在于食指，这种方式

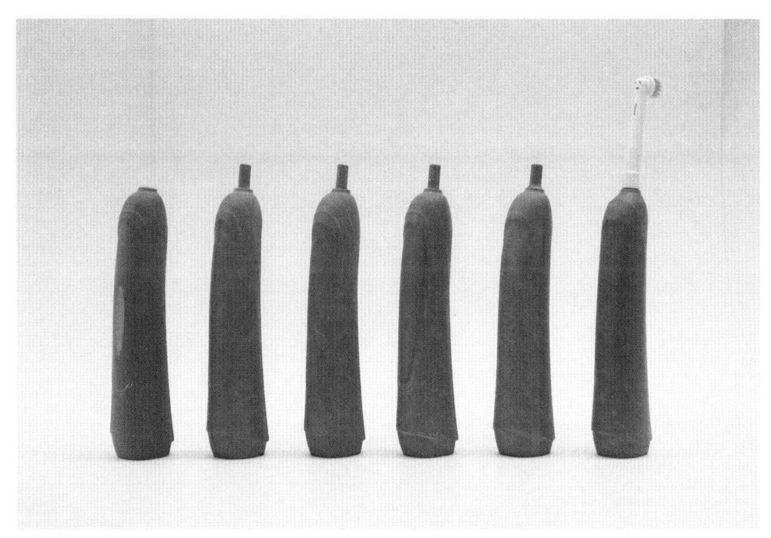

图4-3　电动牙刷手柄模型

使手部没有力量再去做勾手。我们在中国做调研的时候发现我们在设计过程中需要准确地考虑使用筷子的人们握持牙刷的习惯，在产品的设计过程中，设计师必须考虑到所有这些（图4-3）。为了理解一个产品，许多原型应该在一开始就被设计和构建。

在原型阶段，技术和美学就可以被包括在内。第一个技术原型被创造出来，在保障技术复杂性的同时，应确保安装没问题。比如，我们会一直以摆脱管状结构为目标，那么是否需要把壳体分成两个部分呢？但这样做的话接缝是否能够密封得很好？这样一来，电机是否仍放置在手柄内部？就外壳之间的分割线而言，只要有了内部结构的确定，就可以很容易地以更流畅的方式设计一个新的外壳。但是我们从来没有成功过，因为两个外壳之间的密封性并不能做到完美，我们看到有太多的表面并不能得到很好的融合，这就是为什么在现在牙刷还是管状结构的原因。其中一种解决方案是将壳体技术与管技术结合起来（图4-4），这种方案能够把一切都解决得很好，而且成本效益也很高。在我看来，设计师们必须要把产品组装方面的设计尽可能地简化。

关于公司对开发电动牙刷这个新想法的意见，我想刚刚我已经阐述了。我们在寻找一个新的商业模式，比的就是真正的性价比。因为欧乐B公司和博朗公司都能够点燃用户对于牙刷替换头的购买热情。对于一家公司来说，电动牙刷当然比手工牙刷贵得多，开发起来也复杂得多。然而，电动牙刷是一种可持续的选择，从长远来看有助于维持客户忠诚度，从而促进经济的成功。我们总会感觉，与直接购买电动牙刷相比，购买刷头可以支付更少的费用。从生产复杂性的角度而言，它更方便并且更便宜。然后，更重要的是，消费者就会一直使用我们的品牌，因为如果你有了电动牙刷手柄，你总是会回来用同样的替换头作为补充。如果你选择了手动牙刷，下次你或许会选择其他的品牌。但是一旦你买了电动牙刷手柄，你总是会想到再购买同品牌的替换刷头。而这就是消费者和品牌之间更长久的关系。

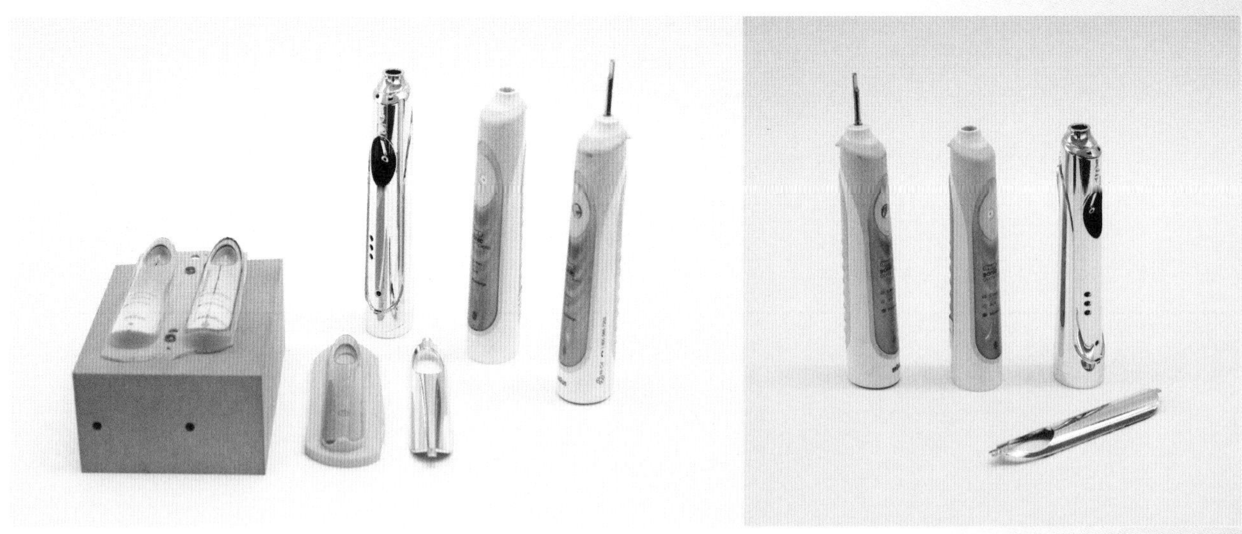

图4-4　电动牙刷手柄外壳

我们需要创新型设计

Tang：

你说过你是在20世纪90年代末来到博朗团队的，而刚才你说的电动牙刷是在20世纪80年代末发明的，所以在你来到博朗团队之前这个产品可能已经有10年的发明历史了。我不知道你们为什么要在一个产品上花费这么多年的时间来探讨技术问题。就我们现在的市场而言，我觉得决定产品价格的主要因素是电机动力系统，所以可以认为越贵的产品电机系统越强。因此就这类产品而言，只要能提供优秀的电机系统，产品设计反而会变得越来越简单。例如电动牙刷，可以更容易地清洁牙齿，我不确定这个结论的正确性，因为这只是我观察到的结果。所以目前我认为牙刷头的运动模式也许并不重要，因为你可以看到，现在有两种牙刷头的运动模式，一种是圆周运动，就像欧乐B牙刷一样，一种是径向振动模式，现在飞利浦的部分电动牙刷采用的就是这种模式。所以电动牙刷的清洁模式需要在实践中得以进步，花费十年时间讨论它的技术细节是否有意义呢?

Phong：

不，这是绝对正确的。我的意思是，我们总是听到有关飞利浦的声波技术的讨论。正因为这种运动是一种高频的运动，因而被称为声波技术和振荡系统。正是基于对类似技术的讨论而演变成了博朗和欧乐B电动牙刷的技术。你说的对，这和动力有关，和马达有关，并且和能量有关，而你所需要测验的更高的性能需要能够说服消费者使用电动牙刷而不是传统的牙刷。20世纪80年代发明电动牙刷技术的时候，这种技术还不完善。所以，这意味着一旦他们建立振荡系统并进行功率转换，那么你就能够根据临床的结果做出判读，这也就意味着你成功了。新的技术与我们自己的技术相比，并没有更高效地清洁你的牙齿，而这种技术他们已经发明出来了。我想你也可以在网上谷歌一下。有一个欧乐B机器人，他们把每一个新的电动牙刷都装进了机械臂，并且在机器人

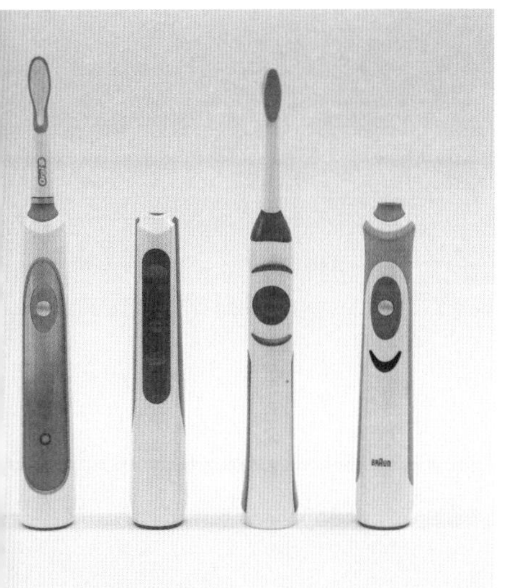
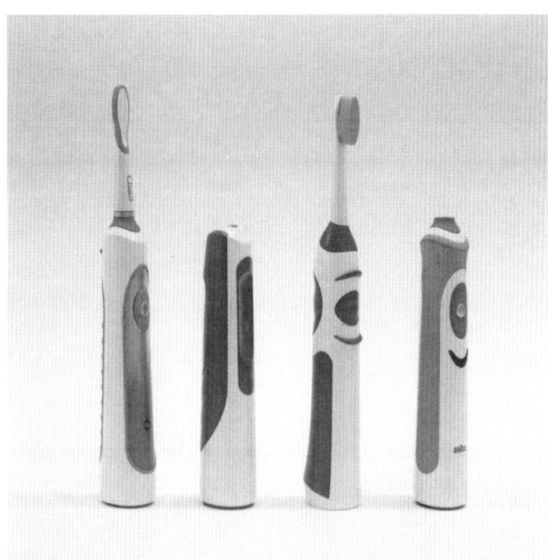
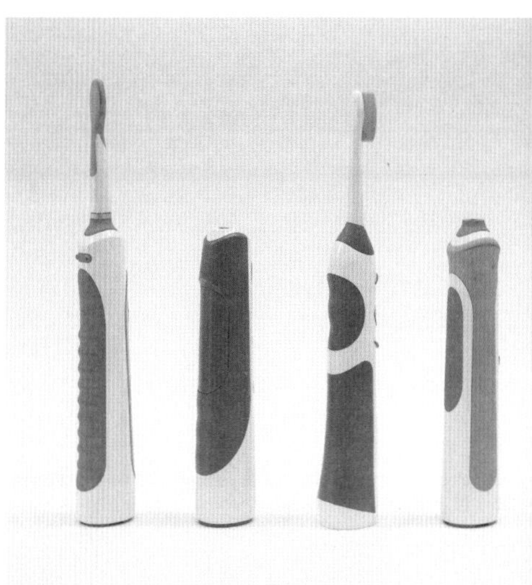

图4-5　欧乐B电动牙刷

内部有一个刷牙程序，为了验证这个程序，机器人的牙齿被染上了蓝色，一旦机器人在两分钟内完成任务，你就可以看到机器人牙齿上的蓝色有多少已经被清除干净了。这其实是一个清洗测试，通过它你能够呈现新的工艺，同样也能够使用新的技术配置来展示自己比竞争产品或自己以前的产品表现得更好。所有的这些创新都是在20世纪90年代初进行的，是在这个领域刚刚开始发展的时候所进行的。今天我们说的电动牙刷谈及的是一个60多亿美元的消费市场，在20世纪80年代，这个市场容量可能只有6亿美元。所以，这40年来在提高技术、提高性能、提高经济性、提高设计美学方面有了很大的跨越，进而提供更多的服务，我想这是非常重要的。

Tang:

博朗在电动牙刷上投入了如此大的精力，为什么现在在博朗品牌下看不到这个类目的产品了?

Phong:

我认为创新也要选择合适的时机。最初，博朗的电动牙刷在美学上缺乏自己的特点，整个设计是以技术为导向。它的设计又硬又锋利，手感也很不好，于是一个新的设计诞生了。所以这也就是为什么你发现，现在的这些牙刷已经不再是博朗品牌，而是欧乐B的原因。但由于博朗设计有自己的语言，也就是极简主义和几何，所以新的产品必须脱离博朗，并与另一个品牌合作。有时，基因预先决定的设计理念并不适用于所有类别。可以肯定的是，尽管它已经不属于之前的创始品牌了，尽管它现在的牌子是欧乐B，但它的技术根源依然来自以前的博朗技术部，它在设计语言上并没有什么改变。我们的设计方向从尖锐转向流线型设计，这让消费者更愿意握在手中进行使用（图4–5）。但是，有时候你所预测到的设计的理念并非能在所有品类中使用，即使是放到现在也是如此。

关于产品与人的适用性这点我想以蒸汽熨斗为例。蒸汽熨斗的设计需要用到整体设计的方法，没有人可以打破蒸汽熨斗的设计理念。熨衣服的时候，谁也不会只相信一块四四方方的铁疙瘩。通常情况下，我们在熨烫时总是希望加速这个过程，这就是为什么我们要让每一块铁疙瘩看起来都像一列高速列车，或是F1赛车。

如果我们设计的熨斗看上去和消费者的认知相差很大，那么我们面对消费者就将面临很多问题，事实上，熨斗是一款功能性产品，没有人会因为蒸汽熨斗的设计而去购买它，因此，我们必须要让消费者相信，我们设计的熨斗造型与铁疙瘩的结合能使这款产品更加高效。刷牙其实也是一样的，我们并不是因为喜欢才去做，因为这项活动每天都要剥夺我们两分钟的时间，最多的时候能有三次。每天早上、晚上，人们都需要刷牙，有些人在午饭后也会刷牙，这件事是我们每个人都必须要做的。但对于消费者而言，他们只想把刷牙的这个过程做得越快越好，而这就是为什么你需要为了加快这个过程所做一些设计的原因。此时，设计不是展示生活的一种形式，而是完成一个特定任务的工具。

Tang：

是的，你说得很对。在这里我有一个问题，在之前的谈话中，你只是讲你在研究这个产品，而且研究了很久，但并没有提到该产品的一些缺点，或者是研究过程中遇到的一些阻碍。我们可以在超市中观察到，很多同类产品都纷纷进入市场，你们的这款产品已逐渐被其他产品所替代。那么博朗作为第一个研究这款产品的公司，为什么没有对该产品采取一些保护措施？

Phong：

不，我们其实有保护，而且有很多保护措施。但我们从来不会去保护美学部分，因为我们认为这是纯粹的审美方面的问题，每个人都可以根据自己的理解来改变设计中的细枝末节，而如果你要对这方面进行保护，你需要投入资金和时间，这样一来它们才能切实地得到保护。所以最终，我们所做的主要是技术层面的保护。我们所做的多是保护知识产权和牙刷头可替换的特性，而这种特性使得替换头与牙刷手柄之间有着视觉上的一体性，包括替换头与手柄之间的连接，这其中的每一个细节我们都对它们做了保护措施，所以没有人可以抄袭欧乐B的设计。因为这几乎是不可能的，所以你只能自己设计替换头。现在，由于我们的专利只能够被保护25年，而它的第一个专利是在20世纪80年代发明的，所以在2007年这种保护效力已经消失了。现在我们又迎来了新一代的专利，现在的这个专利将会保护我们未来的25年。

Tang：

好的，我想我了解了。根据我的观察，我们的产品都变得越来越轻薄，越来越纤细，同时也更容易让人握持。而且牙刷的款式也越来越多，刷牙的方式也变得更加可行。

Phong：

正如你所说的，手柄应该设计得越来越细，越来越紧凑，因为它应该有着如同手动牙刷般的使用感，应该使人感觉这是一款可以轻松地用在手上的东西（图4–6）。这也要归功于电池技术的发展，因为过去的电池技术相对落后，因而一直是电池导致问题所在，而不是电机的问题。通常，我们的电机非常小，而电池却过大。

Tang：

你说的对。这正取决于动力技术的发展，尤其是电池动力技术的发展。

Phong：

当然，没错。

Tang：

我还有一个问题，这个问题是关于医生的：一开始医生是怎么评价你的产品的？刚才你说了一些关于医生的事情，但是我还是想知道，医生在产品研发过程中起到了怎样的帮助作用？还是说，医生只是给你一些好的建议，或者是一些关于产品改进的细节。

Phong：

在产品的研发过程中，我们都会咨询公司内部的牙医和其他医生。我们有一个牙科实验室，有训练有素的医

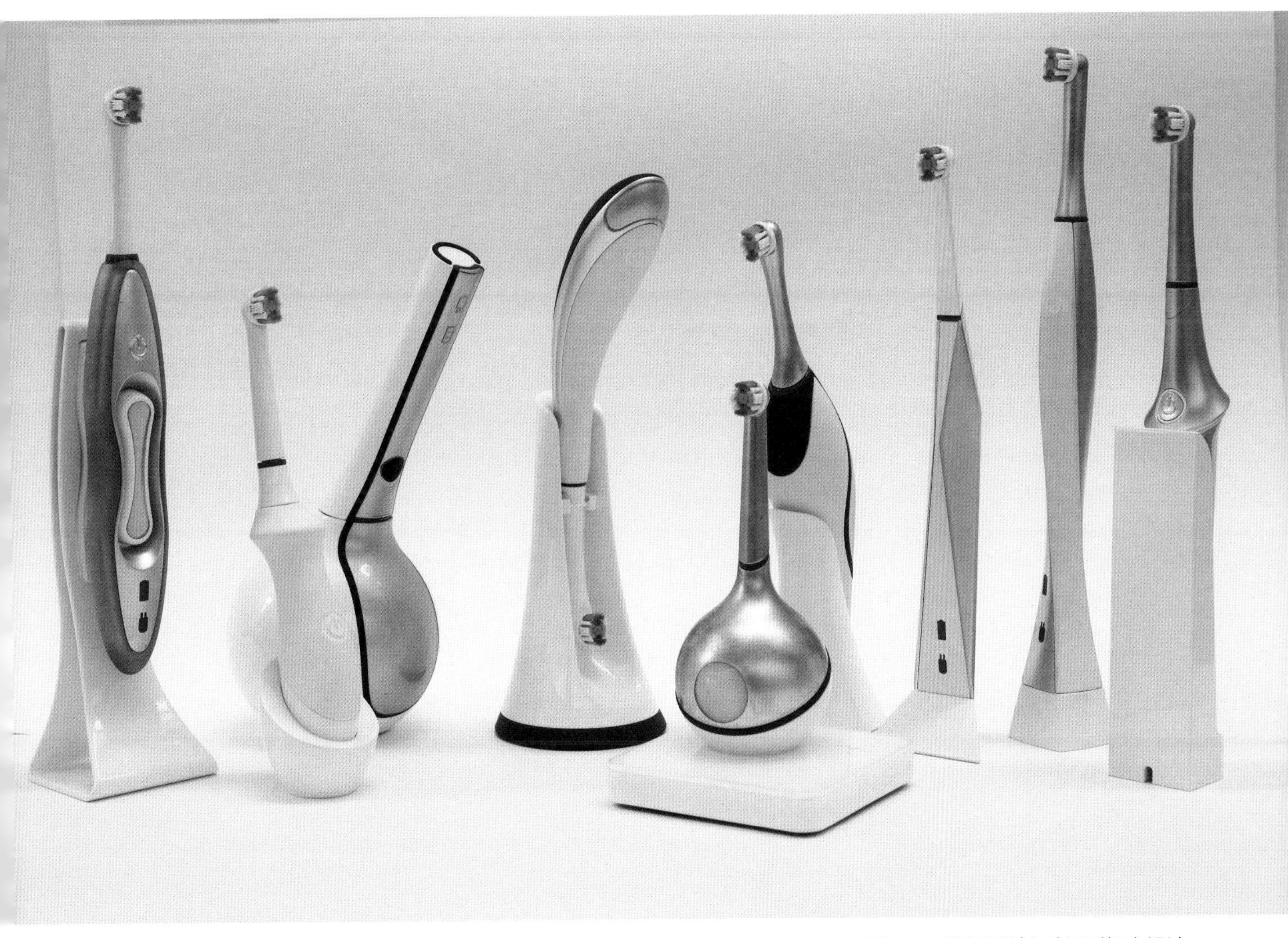

图4-6 博朗系列电动牙刷概念设计

生（包括牙医，下同）支持我们产品开发的整个过程。他们与我们合作，测试分析产品在开发过程中的清洁性能，并与那些使用过我们产品的患者进行访谈。一旦我们准备好进行测试与实验，我们就会请公司的医生（包括牙医）、患者们进入我们的牙医实验室进行产品测试。我们会观察他们刷牙的方式，而牙医则会观察口腔内的清洁效果。我们将其中的每一个步骤都记录了下来。我后来也被要求参与其中，使用电动牙刷进行牙齿清洁与测试。我们发现刷牙时要解决的最关键的部位是牙根，因为牙刷通常不会刷到那里。而那正是大部分细菌生长的区域。如果仅仅使用牙刷，我们并不能解决这个问题。因此，我们发明了另一种技术，即口腔淋浴，或者也可以叫淋浴牙刷、水牙线。就像欧乐B的产品一样，可以将水喷到你的嘴中。而有一些消费者，为达到完美的清洁效果，他们会在用普通的牙刷刷完牙之后，将水喷入口腔进行二次清洁。这也是由设计团队和工程师们所设计的。你只要把水放进容器里，在高压的作用下，水会被抽到手柄上，然后，当水流经过你的口腔时，它清洁的正是牙间隙区域。只有用水、用液体才能实现这样的可能。

Tang:

是的，我知道另一种清洁产品可以清洁牙间隙。目前有许多的新品牌、新产品，它们越来越相似，甚至一些中国本土品牌也被开发出来了，而且他们的价格非常便宜，你怎么看待这件事。

Phong:

当这门学问变得非常有利可图的时候，这种情况就发生了。先是博朗、欧乐B电动牙刷，进而其他公司紧随其后，众多的品牌都想分这块蛋糕。因为他们知道我们过去的模式是怎样的，所以他们模仿了我们的技术平台，模拟了同样的替换刷头。但是，它们的清洁性能依然达不到我们的标准，因为我们真正的创新在于电动牙刷本身。他们用来盈利的却仅仅只是一个替换刷头，而这其实对他们是一种束缚。我们最终要达到没有人可以模仿的地步，因为我们有我们的专利技术，我们有优越的清洁性能。在生产中，如果你使用的是这种非常锋利的刷毛，那么当你用它刷牙的时候，你就会开始出血，因为这种锋利的刷毛就像一把小刀，很容易就会割破你的皮肤。博朗牙刷不会发生这种情况，因为我们的刷头末端是圆的，是可以旋转的。这是属于博朗的技术，这是一个特殊的点，没有人可以模仿。你可以想象一下，其他牌子的刷毛就类似于砂纸的材料附在最上面，然后，刷头进入口腔中并进行移动。所以这也就是牙医推荐我们的牙刷的原因。因为我们的牙刷不会伤害到人，不会损伤口腔内的皮肤。这也就是他们的抄袭往往会失败的原因。尽管从视觉审美的角度而言，很多竞争对手都会模仿我们的造型特征，但是他们却无法复制我们的技术。

Tang:

当然，我相信博朗的产品会对消费者有更多的好处，但是中国消费者是第一次使用这样的产品，他们不知道产品的发展历史，也不知道怎样的使用感是最好的，也许他们从来没有用过。所以，就像某些品牌牙刷一样，他们可以通过手动刷牙的方式来保护口腔内的皮肤。如果像你说的那样，消费者或许可以选择用软刷子来保护口腔内的皮肤。但是在以后，他们会有什么样的动机去换欧乐B或者博朗的牙刷呢？因为这些电动牙刷比本地市场的品牌贵太多了，而你之前所强调的是美好的回味与体验，这些其实都是虚幻的，作为普通人的话，只用眼睛看是看不出来的，所以他们可能并不会去更换欧乐B的或者是博朗的牙刷。

Phong:

我不反对他们选择的是较为便宜的解决方案，还是我们的这种更贵的解决方案。但是最后的结果会取决于产品质量。如果人们只是根据自己钱包里的钱来作出判断，你便无法向人们解释质量问题。所以，我们不能够以很低的成本提供高质量的东西。每个公司都在寻找如何提高利润的方法，并且他们也需要确定他们能够获得这些利润。我相信其他品牌也不例外，他们要做生意，他们要有利润。那么，在这种情况下，他们应该怎么做呢？如果他们不能提供高质量的产品，那么他们就需要降低定价。他们根据消费者的平均收入水平，制定了人们能够负担得起的产品价格。这对我们来说其实是很好的一件事。我的意思是，我们在这个价位段不跟那些品牌竞争，因为这对我们来说几乎是不可能的。一旦你作为一个公司，作为一个品牌，你理应树立起自己的质量水平。你千万不能为了降低价格而降低质量，因为这会使消费者失去信任，这不是长久之策。我不清楚我们的投资需要30年、40年或者是多久，才能实现这种高水平的质量。这就像是，我们知道某些品牌常会进行折扣销售。它为什么会这样做？我的意思是，这是基于一些其他因素而言的。或者是例如宝格丽、普拉达等，它们永远不会进入低价销售的领域，因为这样会完全降低他们的品牌观念。所以这种情况是绝对不会发生的。如果你将自己定位成一个高端品牌，你的认知度已经很高，那么在这种情况下，为什么你不能再回去？因为你的利润、可靠性和可持续的业务都位于较高的阶段。作为一个折扣商，你可以到处去换颜色，而这只需要10美元。但同样的，同等质量的产品，我也可以购买别的品牌。

Tang:

是的，我同意你的观点。最近我买了一些不同品牌的电动牙刷，有飞利浦、欧乐B等，我在同时使用不同品牌的电动牙刷。在中国市场上有更多不同厂家的电动牙刷，并且他们有着非常相似的外观。我认为对于未来的发展而言，手动牙刷会有不同的外观，但电动刷却会只能有相似的外观，这是第一点。同时，我们把牙刷末端放入嘴中，牙刷的造型是不能拉长的。或许经过10年或20年的发展，它的造型看起来还和今天的一样，就是这样直的形状。也或许某个时候你可以改变产品的形状，让它有不同的可能性去尝试，它可能会让你的口腔清洁起来更容易，这是我的看法。

Phong:

是的，目前的现状是这样。我们其实都还没有意识到电动牙刷手柄的改良设计是如此重要。如果消费者总是每隔一年就换一个电动牙刷手柄，也许他会将旧的电动手柄一直保留着，可能有的已经被保留了10年了，其实这些手柄至今还能够使用。那为什么要更换呢？仅仅是因为造型不同吗？我不确定这是否真的说得通，我不确定消费者是不是真的想要改变这一点。因为电动牙刷的手柄不是人们用来玩的东西，它是一个承担了特定任务的工具。因此，我不相信消费者说自己需要每隔一年或者是每年都要更换一次电动牙刷手柄。电动手柄它不是一个季节性的产品，它也不是像智能手机这样的科技，每一年、每一次都会迎来科技发明的更新换代产品。电动牙刷的技术很简单，有马达，有电池，还有一个齿轮，其他的就没有了。这是一项非常简单的技术。关键是，要想达到寿命很长的质量，你需要把外壳做得非常坚固，而我赞同设计师的意见，如果我想做一个不同的手机产品，那么我需要不同的功能改变。从长远来看，你想要在牙刷电动手柄的外壳上套用这种概念是永远不会成功的，因为它永远不防水，那么这个想法一定是失败的。所以我相信，或许有一些本土品牌可以生产这种外壳，但是你使用他们的这种产品时间不会超过10年，可能两年之后你就会把它丢弃掉了。因为一旦水渗入里面之后，电池就会坏掉。

Tang:

但是，作为一个市场上品质顶尖的公司，你们或许有责任引领产品的发展。所以你们可以设计一些非常漂亮的造型或者结构，让消费者了解到未来的产品是怎样的。

Phong:

是的，我们一直在研究这些，或者说我们一直在研究这种生产方式。到目前为止，我们知道3D技术是一种新技术。3D打印有一个典型的技术核心，那就是打印之后的产品是防水的，同时3D打印机能够打印出我们所设计的特有的形状。3D打印技术在许多行业中已经应用，但是在这方面我们还没有领先。所以，尽管剃须刀的刀片是一个标准元件，而手柄却是单独的，这就意味着可以给每个消费者单独定做。如果我们的手柄是经3D打印制作而成的，那么这就是一个独特的商业模式。它并非是一个不同寻常的模式。现在，2亿消费者想拥有自己的电动牙刷手柄，这是有可能的。如果现在每个家庭都会有一台3D打印机，那么他们就可以生产自己的牙刷手柄，就像未来我们每个家庭所拥有的、所使用的一样。也许在未来，3D打印机会变得非常智能、非常便宜。那么或许在这样的未来里，我会转行去做3D打印业务。

Tang:

我不太同意你的观点，因为复合材料3D打印技术比较复杂，我想也许将来这项技术可以对你产生帮助，但就目前而言，要达到你上述的设想仍需要很长的时间。那么就电动牙刷产品的结构和造型而言，有什么可以和我们分享的吗？

Phong:

提到这个的话，你需要关注电动牙刷的底部，这里有一个无线充电站的设计，你可以用手将电动牙刷的底部旋转90°，这样就能够打开牙刷的底部区域。同时，你可以将牙刷手柄拆开，把里面的部件拿出来，接着把电池和机械马达分别拆开，最后你会发现这里的所有零部件都可以回收利用，所以在许多时候，这种基于环保、可循环的设计理念对一个设计师的设计素养是异常重要的，并且会对设计过程产生影响。我相信大多数的竞争对手是没有考虑到这一点的，他们没有考虑到如此深入的工程细节。如果你去模仿一些东西，有时候其实你并不知道为什么要模仿，不知道你模仿这部分内容的原理和细节。

Tang:

是的，但我还是觉得在市场的作用下，消费者首先关注的是造型是否美观，而并非结构。因为在看到产品第一眼的时候，他们就可以决定这个产品是否适合自己，所以公司可以为他们提供更多优美的造型。像你说的那样，产品在内部上考虑了更多细节，也提供了更优秀的设计理念，但消费者在第一眼也只能看到一个基础的产品形态。普通的消费者很难将关注重心由造型转移到结构中去，他们会更乐意谈论产品的外观是多么美妙，因为它可以让我们的情绪更加兴奋。

Phong:

今天的千禧一代不会买一个买来就扔掉的产品。我们做了很多研究来了解千禧一代。对他们来说，产品造型必须要美观，但更重要的是要具备可持续性因素。所以，如果他们想要买一个产品，一定要确保它确实是一种可持续发展的产品。我知道，人们看到的第一眼都是最突出的东西。但是当他们看第二眼的时候，他们就会质疑，虽然这个产品很美，但要考虑它是否具有可持续性。可持续性正逐渐变得比其他方面更重要，这也是未来发展的趋势。消费者希望一个造型优美的产品同时也是可持续的。他们需要深入到产品品质层面，包括从包装开始，从工厂生产开始，到怎么回收产品，怎么使用塑料等，所有的这些在未来会变得更加重要，而我们现在正在着力于解决这方面的问题。

Tang:

但是我仍然记得上次谈到的博朗剃须刀的造型。你们邀请了不同的中国知名艺人使用剃须刀，并拍摄了一些广告片。在广告片中你们并没有传递产品设计有多么优越，你们只是传达了一种产品的风格，以此让不同的明星进行展示。所以，我不确定你们是否改变了产品的理念。就像你说的，这是一个很好的使用标准，但它只是一种新的生活方式来让你变得与众不同。

Phong:

绝对是这样的。但问题是，这个品牌本身就以持久的品质著称，所以，如果你只看到博朗的标志，人们会认为它的品质很好，它是德国制造的。这就像是我们请到足球巨星做广告的重点是擦亮品牌，给消费者一种老字号的保证，向他们保证我们的产品是永恒的。所以，他们投资请知名艺人来拍摄广告。我们不难发现其实广告里总要有名人在，就像雀巢有乔治克鲁尼一样。我们引用了一个足球队的形象。这是一个德国的足球队，位于巴伐利亚的村庄。你可以看到在这个广告里有一个德国的品牌，有一个高素质的足球运动员，所以品牌的价值是与之相匹配的。如果你现在将切尔西用在博朗上，这并不适合，因为他是一个英国人。所以我觉得，选择德国足球队的这种做法是有意而为之的。这支世界上著名的唯一德国队对于博朗而言是最完美的搭配。

Tang:

在中国，那么这种搭配应该是乒乓球。

Phong:

是的，在中国可能就是乒乓球。但我们需要考虑到，在中国是否存在这么一个乒乓球品牌能够与博朗相匹配。我不知道你是否需要再去考量一下他们的历史，然后再去评估是否与博朗相匹配。

Tang:

所以，我觉得未来产品可能会融入越来越多的技术，产品的变化会比以往更快。比如说一些新材料、新动力等。也许下一次我们可以多聊一聊这些。

没有人喜欢熨烫！

通过产品将一项不受欢迎的工作变成一种挑战性的体验

Tang：

电熨斗也是博朗的一个产品类别（图4-7）。我想知道在熨斗的开发过程中有没有遇到什么具有挑战性的内容，在跻身这个市场的时候又有怎样的考量。同时，博朗的熨斗在功能上显得非常丰富，所以我也想了解你们是如何决定这些功能的需要与否，以及整个设计流程中又有什么值得分享的内容。

Phong：

熨斗是对工业设计师最具挑战性的产品之一。原因很明显：熨烫是一项不被人喜欢做的工作，熨烫毫无乐趣。熨烫的唯一好处就是最后得到的结果，即熨过的衣服看起来很平整，闻起来也很清爽。熨烫是一项没有时间限制的工作，就像烹饪或刷牙一样，熨烫这项任务一年365天都能进行。因此，很难形成与熨烫有关的积极情感关系。此

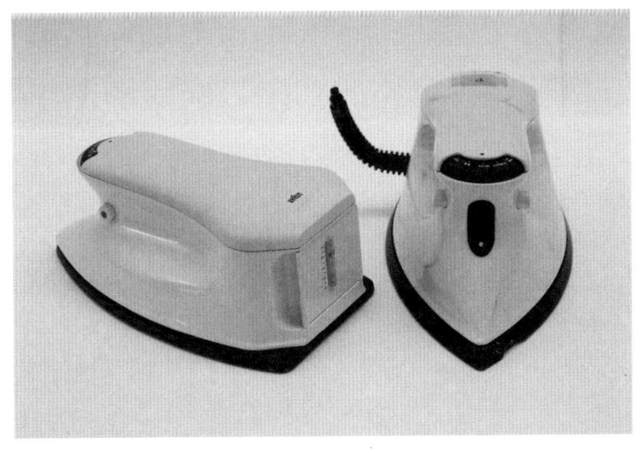

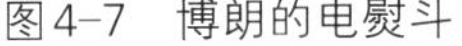

图4-7　博朗的电熨斗

外，熨衣服可以在家里的任何地方进行，可以在床上、桌子上及所有平的表面上进行，无需为它准备特别的地方。因此，熨烫只能在有限的范围内与固定的环境联系起来，需要熨烫的消费者能够感受到这一点，这也是对我们设计师的挑战。

当我们开始重新审视电熨斗这一类别并投资开发时，我们不得不面对消费者的所有负面情绪。熨烫是一项令人讨厌的事情，没有人喜欢熨衣服，但这又是必须要做的。所以我的想法是，我们如何才能对产品类别进行积极的宣传？我们怎样才能把熨烫变成一种生活方式？熨衣服能不能变得有趣？我们能不能成功地用我们的产品描绘出人们享受熨衣服的这一时刻？是的，我们可以！只有在人们并不讨厌熨烫的情况下，你才能做到这一点。但这样做的前提是你要确保对用户的足够了解，我们将重度用户定义为真正喜欢熨烫的人，他们确实可以连续两到三个小时不停地熨烫。等到篮子里装满了纺织品，他们就会开始熨烫，直到篮子里的纺织品被清空。虽然要连续熨烫两三个小时，但当他们拿起熨斗的这一刻，他们就已经做好了一些必要的准备。每个重度用户都有自己的仪式，他们也许会听音乐，会在夏天把烫衣板放在阳台上，或者在电视前熨烫。这就意味着，你需要给消费者创造这样一种和谐的氛围，你要把他们的注意力集中在积极的方面，也就是让你的用户群体去适合这样的环境。那么，我们作为设计师，作为博朗这个品牌，可能就有机会去凸显熨烫这项活动的积极方面。

与熨烫对应的三种产品类型

水熨烫设备分为两类：一种是常规熨烫设备，它由手柄与水箱构成集成系统；另一类则是蒸汽熨烫设备，即蒸汽熨斗，其中熨斗和蒸汽发生器是两个独立的单元，仅由电缆和软管连接。蒸汽熨斗更容易抬起来，它的独立水箱很大，所以不需要经常加水。如果做大量的熨烫工作，你可能会选择蒸汽熨斗而不是传统的集成系统。现在，蒸汽熨斗还有第三个子类别，即立式蒸汽直发器或蒸汽刷，把衬衫和其他服装挂在衣架上，就可用立式蒸汽刷熨烫。这是一个在亚洲市场上非常成熟的类别，现在也已到了欧洲，垂直蒸气既可以节省时间，对纺织品也很温和。熨烫时，衬衫挂在衣架上，人们只需要上上下下移动蒸汽刷即可完成熨烫。这种熨烫方式为人们增添了一点新鲜感。

所以，你可以看到，有三种不同的熨烫方式供不同的消费者满足其需求。其中有些人需要一种非常快速的熨烫设备，在早晨可以用来快速整理他们的衬衫；还有一些传统的熨烫者，他们想把衬衫的每一个角落都精确地熨平；最后还有花两三个小时为一个大家庭进行熨烫的重度用户。博朗设计认真研究了每个消费者的实际需求，积极探索出了他们的行为与环境，因为只有先了解消费者的需求之后，才能做出好的设计。

逐渐被淘汰的传统熨斗

让我们从常规的熨斗类别开始，它包括集成水箱和开放或封闭式的手柄。在这里，我们也可以区分两种不同的系统。如果手柄朝向消费者打开，设备更容易操作。如果手柄朝向消费者关闭，向房间开放，那么将其垂直放在熨衣板上会被认为更安全，这样的手柄也会使消费者在抓握上更为牢固。针对这些因素，我们设计出了一款具有典型博朗设计风格的熨斗：极简主义、几何化、图形化。我们在意大利、法国、德国、英国和瑞士的消费者那里进行了测试，通过广泛的用户研究，我们找出了用户对博朗设计的反馈。结论是，我们的产品被所有国家的消费者都拒绝了。我惊讶的是大家都知道这是博朗的产品，但没有人因为喜欢博朗的设计风格而选择博朗熨斗。过了一段时间，我才明白了其中的原因，我才理解为什么测试对象会如此意外地不屑一顾。在电熨斗这一产品类别中，我们面临着六七个竞争对手，所有竞争对手的共同点是：他们的设计都是非常灵活和动态的，他们的熨斗把手看起来都像是F1赛车上的手柄，他们的设计语言一贯是为速度而设计的。而且一致的是，所有的水箱都被设计成透明的蓝色。

在国际性的消费者测试中，发生在我们身上的事情是这样的，我们把打算购买熨斗的消费者带到我们的研究室。在那里，我们将自己与竞争对手的熨斗产品一字排开，就像在商店的货架上那样，消费者现在要做的是选择他们喜欢的熨斗。我能够通过窗户观察他们而不被发现。我观察到，测试对象都只关注熨斗的性能特征。对于设计，也就是形状而言，他们根本不感兴趣。颜色对于他们来说也不是重点，因为所有产品的颜色其实都差不多。他们所要寻找的是性能最好的熨斗，当然也会选择每个国家的领军品牌。我们意识到，市场上最引人注目的品牌都在遵循一致的设计语言。我们完全被淘汰了，因为典型的博朗设计并没有生产出看起来能够快速完成工作的熨斗，经典几何形状的博朗模型看起来就像舒适地坐在桌子上一动不动，而所有的竞争对手都把造型做成像一辆快速的火车或赛车，这让我们大开眼界。我们知道：好吧，原来我们不能把极简和静态的造型设计应用于传统的蒸汽熨烫设备，否则我们将需要有更多的理由来说服消费者。

灵感来自于滑雪运动的熨斗

我们已经认识到，在电熨斗的市场，我们并没有占据领导地位。现在我们的任务就是要总结竞争对手的设计语言，并从中学习，同时仍然能够与博朗一直以来的承诺保持一致。我们决定通过创新的技术特点和技术优势使自己与众不同。众所周知，博朗作为一个德国工业品品牌，得到了广大消费者的信任。熨烫过程中的底板显然是一个可以进行功能改进的地方。原因有三点：首先，熨斗的最重要功能是由底板所决定的。其次，消费者希望能够借此找到熨烫过程的形式语言。第三点，则是当他们在销售点上接触产品的时候，消费者会拿着蒸汽熨斗，并把熨斗翻起来，仔细观察它的底板。所以，我们还需要了解人们是如何根据熨斗底板来判断和选择产品的。我们现在想知道评估熨斗底板的标准是什么，以及我们必须如何改良熨斗底板，才能使消费者对我们的产品产生信任。这适用于所有的三类熨烫设备：立式蒸气熨烫、常规熨烫和蒸汽熨烫设备。

底板的技术改进应与在纺织品上的滑行有关。我们想知道底板上需要多少个孔才能达到理想的蒸汽喷出效果，以及多少个孔会影响对技术性能的感知。于是我们研究了底板的涂层，它对滑行非常重要。底板上有一块标准的不锈钢板，上面涂有特殊涂层，这样它就可以毫不费力地在纺织品表面上滑行，并且会产生一种冲击效果。

我们依靠功能性图形，来帮助消费者了解底板的不同区域。熨烫头，对于熨烫的精确性而言十分重要，它能够确保你在熨烫过程中进入困难的区域，比如口袋区域或衬衫领子下面。中间区域是一个较大的表面，这上面有很多蒸汽孔，蒸汽在这里被施加到纺织品上。最后是末端区域，位于底板的背面，这个部分在前后运动的过程中是相关联的。我们现在为末端区域发明了一个新的设计，我们把它向上弯曲，呈一道轻微的曲线。这个设计灵感来自于滑雪板，前后的弯曲产生了一个简单的物理效果，雪板可以在雪地上全方位滑行而没有摩擦损失。我们将这一见解应用于熨斗底板的设计，并在我们的技术实验室中对其效果和实用性进行了测试。这一创新性的底板设计最终为用户带来了切实有效的利益。

靠创新在竞争中得分

熨烫设备的另一个重要方面是手柄结构的设计。对于手柄结构的考量也是我们所关注的重点，因为来回熨烫时需要施加很大的压力，而且人们主要以站姿进行工作。因此，手和手臂之间的运动必须在人体工程学的基础上进行完美协调。我们的团队人员一起进行了符合人体工程学的可用性测试。我们咨询了一些专家，他们就手部与手柄的包裹角度以及消费者如何用食指和拇指操纵熨斗的问题向设计师提出了建议。食指和拇指是熨烫过程中最重要的两个手指，消费者希望仅仅靠这两个手指就可以触碰到手柄上的任何按钮。

使用熨斗的人总是会采取来回移动的动作进行熨烫，然后把熨斗抬起来，直立放在熨衣板的末端。这种运动必须事先进行模拟，以便使熨斗稳定地满足所有安全要求。高温底板放置时是直立的，没有任何保护，可能会发生不小心烫伤消费者的现象。因此，在电源关闭期间，我们必须始终保证消费者的绝对安全。因为关机是自动发生的，而且是在几毫秒内。我们必须很好地观察这一时刻，放置熨斗的一端必须要进行不易倾斜的设计。因此，我们的工程师需要准确计算出重量的平衡点，从而将这一考量融入到整个产品造型设计语言中。对于我们的工程师来说，真正的挑战在于内部组件的设计，要做到其重量在水平位置和垂直位置都能很好地达到平衡。

需要全力以赴为重度使用者进行设计

蒸汽熨斗的目的是为重度使用者服务。这类消费者正在寻找一种不需要经常加水、蒸汽输出量大的熨烫系统。蒸汽熨烫站由熨斗和蒸汽发生器组成，蒸汽发生器将水烧开，并将热蒸汽传送到熨斗上。所有技术部件都集成在站内。因此，蒸汽熨斗比传统的熨斗要轻50%左右，因为里面的组件更少，也更紧凑。现在的设计成就是将两个系统结合起来。

我们要将熨斗和底座合并成一个有机物，使他们看起来更为一体化。但博朗特意决定不考虑这方面的问题，因为我们想在竞争中脱颖而出。参考其他的市场领导品牌，他们的整个系统都具有统一的圆形设计，熨斗被整合为底座的一部分。我们采取了相反的方法。我们想表明，蒸汽熨斗包括两个独立的对象，熨斗和底座。这就是我们要以典型的博朗方式设计底座的原因。它的形状非常简单，带有一个手柄，整个设计非常简约。我们做了很多研究，了解到消费者喜欢买一些没有两极分化的东西。博朗的设计甚至被认为是首选，正是因为它独特的简约风格。对于这样一个大物件，我们也注意到了它的设计语言，这有助于人们更好地进行收纳。因为它是一个大电器，所以它的设计必须要十分紧凑。你必须能够把它放在某个地方收纳起来，因此我们在设计的时候要尽可能的紧凑，我们采用了集成水箱系统，水量从1.2升增加至2.5升。

以全新的面貌为市场带来惊喜

我们想通过蒸汽熨烫站，再次强调熨烫的情感功能和给人所带来的积极影响。我们试图通过设计语言来传达熨烫是一项有趣的任务。几年前，我们推出了CareStyle Compact蒸汽站系统，包括一个圆柱形透明的水箱，人们一看就能知晓水箱是否仍有水。就熨斗直接垂直放在圆柱体上这一问题，我们与工程师和质量保证部门进行了多次讨论。圆柱体类似于一个甜甜圈，中间的凹槽用于放置铁器。对工程师、质量团队和可用性团队来说，这是一个全新的设想，也是市场上前所未有的新产品。以前，每个独立的工位都被设计成块状，表面被切割成一定的角度，以便铁器可以放在上面，底板朝下。我们在设计时缩小了蒸汽熨烫站的尺寸，使其容易收纳。

现在，讨论开始。如果熨斗垂直放在站台上，底板打开，就会造成危险。我们反驳说，传统熨斗一直都是放在垂直的位置，为什么消费者就突然面临风险了呢?

新版本的蒸汽熨烫台与之前相比更为紧凑。我们对产品进行设计测试，并对消费者进行调查，他们立刻就爱上了这个产品。来自消费者的反馈认为：因为它是一款能够使人心情愉悦的新产品，并且不同于蒸汽系统的传统结构。有了这些积极反馈，我们便进入实施阶段。现在已经上市的这几款产品在所有国家都反响不错，并且还赢得了几项设计奖。

该系统还配有独特的技术，如弯曲的3D熨烫底板。我们希望在整个产品范围内实现期望与功能的一致性。在开始设计熨斗时，我就在想：人们不喜欢熨烫，认为这是一件苦差事。所以必然不会觉得这一过程有趣。后来我意识到，如果你能真正把这个类别变成消费者喜欢的东西，那么即使是熨衣服，也能成为一种感觉良好的体验。问题的关键在于如何发掘并抓住这种可能性。传统设计态度通常对现有的约束条件提出质疑，以便能够改变事物并赋予它们新的意义。

Tang：

我有一个问题。熨斗在市场上是一种高竞争力的产品，有很多品牌都在生产这种产品。那么博朗是因为什么选择进入市场，并且想要将这类产品越做越好的？你认为在市场中，博朗的产品需要具有怎样的特点，才能满足消费者的需求？

Phong：

熨斗自历史上便是博朗家电业务中最重要的类别之一，在20世纪80年代到90年代都做得非常成功。但在90年代末，当博朗被收购后，我们的业务重点完全改变了，家庭类产品不再是主要类别。所以我们继续开发现有产品，并没有考虑创新。被德龙集团收购后，我们成为了发展熨烫行业的关键公司之一。因此，管理层做出决定，让博朗重新进入熨烫业。同时，产品类别也在不断增多，我们重新设计了整个产品系列。今天，我们对传统蒸汽熨烫和蒸汽熨烫系统有了更多的了解。我们知道消费者在寻找什么功能。我们内部拥有专业的技术，并且它们正在这个类别中充分发挥着作用。我认为这一决定是正确的。

定价对品牌形象意味着什么

Tang：

我的第二个问题是关于熨斗的功能的。我们知道其实这个产品有很多功能，这是一个非常专业的产品，它可以用来熨衣服。但是这个产品价格很高，因为它包含了很多功能，那么你有没有想过这对一些群体来说价格过高？或者说你有没有想过如何降低产品的成本，来满足中端市场？

Phong：

作为一个高端品牌，我们总是以高价位进入某一类别的市场。自我们开始重组这个类别以来大约过去了10年。约3年后，我们开始研发中端价位产品。随着时间的推移，蒸汽熨斗应该满足从低到高的价格范围的需求。但我们永远不会进入折扣商的超低价格范围。这些折扣商会有一个完全不同的商业模式。他们没有内部开发部门，而是以百万单位的数量从供应商那里购买具有基本功能的产品。当这些产品售罄时，它们不会再生产这样的产品了，而是选择用其他供应商的产品取代。因此，这种商业模式就是大批量的购买和销售。我们不想进入这样的细分市场，也没有分销渠道或超市把产品直接卖给终端消费者。我们的产品范围是有限的，我们永远不会压低我们的最低入门价格，否则将赔本。即使进入新市场，我们也不希望给人留下博朗在入门级价格领域打拼的印象。诚然，我们为欧洲的入门价格段提供了精选的产品组合，但这一决定是由我们的股东和公司其他利益相关者作出的。他们决定我们是否也应该向新市场的终端消费者提供入门级价格段的产品，或者是否将博朗定位为中高价位的高端和豪华品牌。但是就像我说的，根据我所观察到的博朗在中国的走势，可能在未来的时间里，我们会一步步开始向中国市场提供入门价位的产品。这种做法有时也和一些中国品牌的做法类似。但只要你向全球看，你就会发现中国有些品牌的做法往往和世界主流的一些做法正好相反，它们总是从最低的切入价位开始，比如像小米这样的品牌就是这样操作的。然后，一旦你在入门价位上有了品牌知名度，那么它们就开始变得更加高端。但是博朗等外国品牌的做法恰恰相反。

Tang:

是的，我同意你的观点。我认为，对不同的市场而言，做出不同的商业决定是非常必要的。例如英国品牌戴森（dyson）的产品也非常依赖于高端市场，但我认为它在中国市场做得非常成功。我认为其中一个原因在于，他们的产品只是一件一件地推广，这样一来就让消费者有足够的时间来思考他们的产品。所以，戴森的每一种产品都能够引起人们的兴趣。同时我认为博朗的产品非常非常好，给我留下了非常深刻的印象。但可能有一点需要考虑，那就是对于大多数人来说，这是他们第一次接触到博朗的产品，而市场上已经有这么多的产品了，所以他们可能会说，你们的产品会跟其他产品混淆。而且你知道，虽然博朗的每个产品都有很多功能，而且每一种功能都非常非常好，但它并没有给消费者足够的时间去了解如何操作，所以我不确定你们有没有采取一些措施来解决这类问题。

Phong:

是的，我认为，当我们有很多很多的竞争对手时，我们应该采取措施。我们不应该忘记，博朗也处于有很多竞争者的冲突中。你刚刚提到了戴森。戴森是其中的一个。但如果你研究一下戴森，你就会知道在他们的技术平台上目前有多少竞争对手。我认为，在产品设计方面，有一些竞争对手可能比戴森强很多。但就技术复杂性而言，目前市场上没有人能和戴森竞争，因为戴森的核心竞争力就在技术创新上。詹姆斯·戴森父子以及他们的工程师们非常注重从技术的角度进行创新，这种情况在竞争环境中并不常见。所有这些类型的工业玩家都有相同的设计目标，他们力图平衡功能、技术组件和产品组合。如果你所有的竞争对手都有一个包含了入门价位、溢价价位的产品组合，拥有一个包含了好的、更好的和最好的产品组合，在好的部分，他们有四到五个不同的细分市场，甚至在最好的部分里也有细分市场。这也就意味着你需要有不同的价格细分，同时意味着你也需要有不同的功能细分，这就是博朗设计的一个典型方式。在博朗，商业组织和商业战略都被组织起来以满足不同的价格需求。就像我说的，特别是在熨斗方面，消费者对产品的了解越来越深，他们会熟悉产品的功能特点，通过熟悉的过程，他们就会有了更多对功能的认知。作为消费者，希望以更低的价格获得更多的产品利益，而正是这种希望促进了企业下一步的营销手段。

Tang:

是的。但是我有一个问题想和你谈谈。中国市场上的产品设计师已经不是以前那样纯粹的设计师了，因为我们看起来比以前有更多的工作要做。你知道，如果你想推广一种产品，你可能需要向公司老板做一个演示。这个演示就像是去介绍产品，让消费者相信它是一个好产品，或者相信它是一个可信的产品，或者相信也具备其他产品所具备的功能。所以，你要做的事情太多了，你要让产品的功能变得有趣，你要讲产品有故事。所以，我想听听看你是怎么认为的。

Phong:

我采访过曾经的博朗设计师，我确信设计师们都有着多层次的思维方式。当设计师与工程师交谈时，他们必须从工程师的角度出发考虑问题。当设计师与营销人员交谈时，他们也要从销售人员的角度出发考虑问题。在与消费者交谈时也是如此。设计师不一定要有专门的技能。他们不是工程专家、营销专家、质量保证专家或可用性专家。但设计师有能力了解开发过程中的每一步。设计师可以把它们结合起来进行总结。设计师与客户谈话时也是如此。要做到这一点，设计师需要分析客户，了解客户在寻找什么样的故事或信息。设计师需要知道问题是什么，设计师为什么要这么做，关键问题是什么，以及该如何解决这些问题。而在一开始，对于一个年轻的设计师来说，他们肯定没有经验。因此，他需要开始这个旅程，然后年复一年，体验一份又一份的工作，在这个过程中，设计师在学习，在适应这种多方面的环境。虽然不是技术或营销方面的专家，但作为设计师应该有能力理解开发过程中的每一个环境，并把它结合起来，真正地把各方面整合起来。然后人们就会说，这是在讲故事。是的，他们没有说错，你只会讲故事。作为一个设计师，你要理解各个单独的部分，然后拼凑在一起形成最终的故事。

关于消费者想要但不常使用的附加功能

Tang:

接下来，我想再来说说熨斗本身。博朗的熨斗有这么多新功能，而我不知道你对这么多功能有什么看法。很多功能在市场上可能都是第一次出现，那么你又是通过什么来决定这些功能确实是消费者所想要的功能的呢?

Phong:

熨斗的众多功能中，我认为最重要的是滑行，底板在滑行中要在纺织品上释放热量与蒸汽。滑行是熨斗的基本功能，在这一功能上我们必须要体现出最佳技术和最佳质量。其他功能都是附加的。家用熨斗的附加功能并不完全会被客户真正使用。至于造型怎么样，其实人们并不关心它。有些电熨斗有防水垢功能，但在使用中，从来没有人注意到它。在某些时候，警告灯会亮起，表明熨斗需要除垢，否则就不再正常工作，这时用户通常会立即给客服打电话，质问为何没有事先处理好水垢。客户知道有这个功能，但并不去使用。因此，我们的任务是让熨斗上的水垢变得容易清除，或是使警告灯变得多余。我们发明了一种底座，水垢不会黏在底座壁的外面，而是黏在一个块体上，因此，蒸汽站的去污速度更快，操作更容易。

Tang:

是的，电熨斗的一些新的部件和功能给我留下了深刻的印象。有很多按键的功能最开始只是猜想，但在使用的过程中，这些猜想被一一落实，并形成了一个产品功能的完整印象，这是一个很奇妙的产品使用经历。我不知道当你们第一次谈到这些创新功能的时候，工程部对它们有什么疑问，或者指出了什么缺点，又或者是一些实现上的困难，基于这些他们可能会阻止你，或者鼓励你去做。这些鼓励和阻力对产品的研发是否起到了正向作用?

Phong:

最重要的是博朗产品内部的所有功能都致力于理解终端用户。我们都有相同的愿景，那就是使终端用户的生活更美好。除垢问题由技术部门负责处理，为特定功能找到更好的技术解决方案是他们的愿景和使命。当我有一个技术方面的想法时，我会与工程师交流，你永远不知道最终创新点是由谁发明的，因为我们都是团队一起进行讨论的。交流想法的过程中，经常会有人突然说，“我试过这个和那个”。然后我们一起建立一个原型，交流反馈，有时会提出其他想法。这个过程有时需要几年的时间；创新是一个漫长的旅程，不会在一夜之间完成。一切都要经过反复的测试——完善——测试——完善——测试：这是我们通往最佳产品的必由之路。

欢迎来到“品质之家”

Tang:

是的，这个流程很有意思。但是，也许典型的受众来自市场，大家都知道产品有什么问题，但解决方式也是有区别的，也许有多种方案可以让我们解决这个问题。我的问题是，我们应该如何评价哪种解决困难的方式是最好的解决方式。也许在机械和工程中，有一个关于专业系统的软件，它可以最终选择相关的功能来解决问题。我不知道在博朗有没有类似这样的一些流程，或者设计师、工程师自身是否能够提供一些解决方式。

Phong:

我不认为你可以像机械工程那样使用软件来进行质量测试。你可以使用软件来协调或衡量想法与功能，但没有任何软件可以做出决定。前端创新从收集想法开始，然后我们就会从技术、营销、设计方面提出问题。我们所关注的重点是消费者，我们始终把消费者放在心里，然后来思考这些问题。我们使用了一个来自行业内的工具，即“质量之家”（客户意见网站）。我们的工程师会在“质量之家”收集所有关于客户愿望、客户要求或竞争对手分析的信息，并对这些信息进行加权或汇总。所有优势、功能及关于可用性或可制造性的反馈都被放入“质量之家”，营销、设计、研发和质量部门一起通过问卷调查，对所有的消极和积极方面进行排序。这让我们初步感受到了多样化的优先事项排序。我个人非常喜欢“质量之家”的做法。它从消费者的角度，以一种有条理的方式来审视所有的创新点，然后得出结论。我们需要依次确定我们必须执行的步骤，并从一个步骤努力执行到下一个步骤，这也使我们避免了个人评判。我不厌其烦地指出，任何以“我喜欢”或"我不喜欢"形式出现的反馈都已经是一种判断，这不是一种务实的评估方式。当一个人来对我说"我喜欢"或"我不喜欢"，他们是在对这个想法进行个人的情感联系并做出判断。我们都需要学习了解何时停止评判，以及何时不再有评判。

评判无法使人进步

Tang：

是的。因为我的困难在于当我设计一些产品的时候，有时候我不知道应该如何选择最好的结构来解决问题，我甚至觉得谈判或交谈并不是解决问题的最佳方式，我想依靠工程师，但有时候工程师还是没有足够的经验来解决每个结构问题，这个问题困惑了我很久，我不知道在解决一些特殊结构问题方面，你们是如何找到最佳解决方法的。

Phong：

如果你仔细聆听，你就能避免评判，并能在你所听到的基础上发展。这些包含“如果”的时刻非常重要。我们应该摒弃那些"我喜欢和不喜欢"的时刻。我们可以超越或否决工程师，因为这名工程师可能太年轻，缺乏经验。这意味着我所要做的是，给工程师时间来理解我的想法，就像我必须花时间来理解他的观点一样。所以我必须将我的要求放在与工程师相同的级别，我必须创建一个通用级别。在这个级别，我可以开始成长并激励工程师与我一起提出新的解决方案。但是，如果我总是从上面发号施令，那么工程师就永远不会明白这个疯狂的设计师在寻找什么。有时我真的会去模型店制作实物样品，向工程师解释我在寻找什么。我把这个想法交给工程师，他会立即理解并支持我的想法。我对营销也是如此。营销需要了解一般消费者的想法，然后我试着激励他们所有人。作为一名经验丰富的设计师，你不太有机会与经验丰富的经理和工程师一起工作，因为他们并非随处可在。你必须培养年轻人，你必须给予他们信任。他们不应该害怕，因为我们比他们更有经验。

Tang：

是的，我不知道你有没有一个可靠的合作伙伴来帮助你解决问题，我不知道你有多少独特的设计师或工程师，因为你知道，有时候形式功能只是一种不同的功能，有着不同的形式，我喜欢你的这些结构和功能。所以，凭借这些工程师就应该能够明白，你只是让你的功能有正确的形式和结构，让你的功能可以在系列产品中执行。那么，在这种情况下，你应该如何与工程师或其他设计师协商，从而让你的功能或风格与众不同？

Phong：

我希望我的团队能够在技术或营销方面停止评判。我想让他们明白，所有职能部门都是专家，你需要与他们合作，这样你的产品才会获得成功。设计师不是专家，你必须与其他专业人士进行合作，以便有一天能够让产品走向市场。设计师的职业愿景正是如此。如果我们期待在市场上看到某款产品，那你必须要有合作伙伴，你要懂得如何与公司内部的不同职能部门合作，包括供应商和外部设计机构，你必须将它们视为平等的合作伙伴。如果我想把别人看作是平等的伙伴，我就必须停止诸如我喜欢什么或者是不喜欢什么之类的评判，因为没有人关心我喜欢什么，在我们的案例中，我想设计一个新的熨斗，所以我必须了解市场想要什么，这一点很重要。

设计师们，你们是将这一切整合在一起的人。你在“理解”的基础上做一个设计简报。我为什么在这里，我的工作是什么，以及我如何执行？一个设计师在这些事情上越有经验，就越能成为其他部门的好伙伴，他们最终相信了设计师，这就是我们正在寻找的。我们需要信任，信任市场部会做他们的功课，信任工程师会做他们的功课，同时我必须相信我的团队会做他们的功课。我们只有靠团队的力量才能取得成功。当然，这也适用于我们的开发部门。如果我信任，那么我就会得到一个非常好的团队，他们完全了解工作的范畴，而无需自行判断。

设计师必须要学会做决定

Tang：

是的，我记得上次参观博物馆的模型室时，有些东西给我留下了深刻的印象。我不确定你们在模型制作中的哪个阶段来确认产品的最终功能，你能介绍一下相关内容吗，也就是让我们了解一下你们产品设计的全过程。

Phong：

早年，当我作为一名年轻的设计师加入博朗时，公司让我设计一个旋钮，那是我的第一个任务，这是一次证明我的专业技能的机会，我很高兴。在博朗，当你还是一名年轻设计师时，他们给你的时间是充足的，你有更多的时间去做设计，没有人会要求你必须在一两周内完成某项任务，因为这样的压力对工作没有任何帮助。接受了这个任务后，我开始绘制草图、制作模型。每天我的主管都会来找我，拍着我的肩膀说：“很好，继续。”或者他会问：“你为什么这样做？”我试着解释，解释，再解释。在这段为期三个月的历程中，我设计了100多个不同的旋钮。我把它们一一展示，这让我感觉到非常自豪。到了最后做决定的时候，我的主管说：“好吧，你有什么建议？”我不能给他推荐，因为我有100种解决方案，而每一种解决方案的背后都有其意义所在。然后他看着我说：“你看，最好的办法就是做出决定。你必须要有信心告诉我你的建议和你的决定，以及为什么这个或那个适合产品、适合体验或者是适合品牌。”

我花了三年时间才真正理解博朗设计。这些前辈当时给我留下了深刻的印象，因为他们能够根据他们的经验立即筛选出成功的想法，并及时作出决策，这是我所必须要学习的东西。在职业生涯的初期，年轻设计师提出了很多想法，但哪个是正确的，哪个是错误的？作为一个年轻的设计师，你必须要有足够的耐心来学习如何做决定。这意味着你在一开始就要构建很多原型。随着经验的积累，当你成为一名能够管理项目的产品设计师时，你可能只需构建一半的原型就够了。今天，我有了一个想法并画了一幅草图。但这背后往往蕴涵了20多年的职业经验。当然，在产品开发过程中，你要构建标准原型，即功能性技术原型。第一个原型用于CAD表面尺寸检验。最终，你要用CMF建立一个完美的设计模型。在正常的产品开发过程中，你可能会构建四到五个不同的原型。

这就是我职业生涯的开始。当时，我的脑海中没有太多的概念与想法，因此我没有足够的经验去决策。今天，我想提出以下建议：当设计师有一个任务时，当他们知道客户的目标时，他们应该有两到三个不同的概念想法，并且应该根据每个不同的想法讲述其背后不同的故事。设计师要学会帮助客户做出决定。

设计一开始，在定义阶段，不要只局限于一个设计方向上，有两到三个概念想法时，你就可以与市场部和工程师一起进行讨论了。如果我们有三个选择，那么肯定会有一个触及问题核心的概念。如果你只有两个选择，将会五五开。但是作为设计师，你应该对三个概念都感到满意。你可以把它们看作是你的三个孩子一样。作为设计师，你要有发明、有创意，然后在市场部和研发部面前展示。也许一个技术上复杂的想法由于成本和市场压力而无法实施，那就只剩下另外两个了。然后，我们会讨论生产复杂性和制造复杂性。最后，只有一个成功的概念脱颖而出。有时我知道这三个概念中的哪一个会获胜，但我必须要提供三个解决方案，其中两个通常可供市场部和研发部门选择。

当然，在迪特·拉姆斯时代，没有那么多竞争对手和多层次学科，当时只有一个概念。拉姆斯把它放在桌子上说：“这就是解决方案。”其他人都说：“是的，好的，我们开始吧。”但在今天，这种合作关系需要市场部和工程师的支持。更重要的是，你还需要得到消费者的认可。我告诉所有的设计师：“你们是选择这三个概念的人。你们是提供创意的人，你们应该对这三个创意感到满意。”如果设计师把某个敷衍的设计混入其中，那么或许这个坏点子最终会被选中。千万不要这样做，你应该对手中的所有想法都感到满意。

Lin：

是的，通常而言，设计师不能过早地展示太多想法，你应该自己选择设计，因为如果工程师和老板看你的草图本，他们会觉得这些东西都很好，他们无法选择，所以你必须要做选择，选出两三种你喜欢的不同的概念。如果你希望向他们展示你的设计并帮助他们选择，你应该准备好做演示，我认为这也非常重要。

通过建模来了解产品

Tang：

我喜欢这个话题。你知道，如何训练年轻的设计师是一个非常重要的话题。我相信这也是所有中国年轻设计师都关心的话题。下次，我们能专门探讨模型这个话题吗？上次我记得你对我说，苹果从博朗中学到了一些东西，你讲的第一件事就是，苹果设计工作室的隔壁就是一个模型工作室，那里有一个房间用来做设计，一个房间用来做模型，这对设计师的工作和训练是必要的环境。但在我们这里还没有条件来实现它们。你知道，在博朗国际工业设计大赛上，一些欧洲学生会提供一些模型，而中国学生更擅长用软件作图，因为他们实际上不习惯做出完美的模型来与别人竞争。因此，这是中国设计教育中要解决的一个关键问题。所以，我想在这个主题上多花一些时间，并希望你们能介绍更多关于模型制作的过程。因为在这5年里，越来越多中国的设计专业学生更加关注3D打印，他们非常依赖3D打印机，他们认为3D打印机可以为他们制造一切。但事实上，我认为3D打印机有很多限制，它不能做一些需要后期处理的产品案例，也许一些传统的模型方式更好。所以，我希望我们可以多谈谈这个问题。

Phong：

在设计学习的初期，设计师必须学习的最重要的技能之一就是理解3D表述。如果我了解关于形状和形式的基本原理，了解形状从一个方向到另一个方向的转变，了解从几何形状到3D自由形状的转变，我该如何动手构建？如果你从思维方式以及某种感觉上理解这一点的话，会产生很多不同的可能性。当然，使用3D打印机你可以更容易地实现构想。如果你在前两个学期已经亲自动手尝试过了模型制作，你在脑海中已理解了形状的变换，那么你就可以更容易地使用CAD软件。

自己动手是现在的一个大趋势。为什么现在人们都加入了DIY这个大潮流？因为一旦他们用自己的双手做成某件东西，就会产生一种成就感。有人在电脑上制作了一幅美丽的产品图，他或许知道产品的基本状况，但它追根究底仍然是美丽的图片，仅此而已。观众会说这是一幅美丽的画面，但人们无法感受到它的立体感。消费者如何购买产品？为什么我们的产品还会摆在商店的货架上？今天，我们可以在网上买到很多东西，但人们仍然认为感受产品必须要靠亲手触摸。这样，才能买到质量好的，或者适合自己的产品。这就是为什么我总是提醒人们要重视触觉体验的原因。触觉这个感官需要我们着重关注。在他们大学最开始，而不是快要结束时，我们需要给学生更多的时间来学习这方面的内容。

第五章　博朗的模型制作与测试

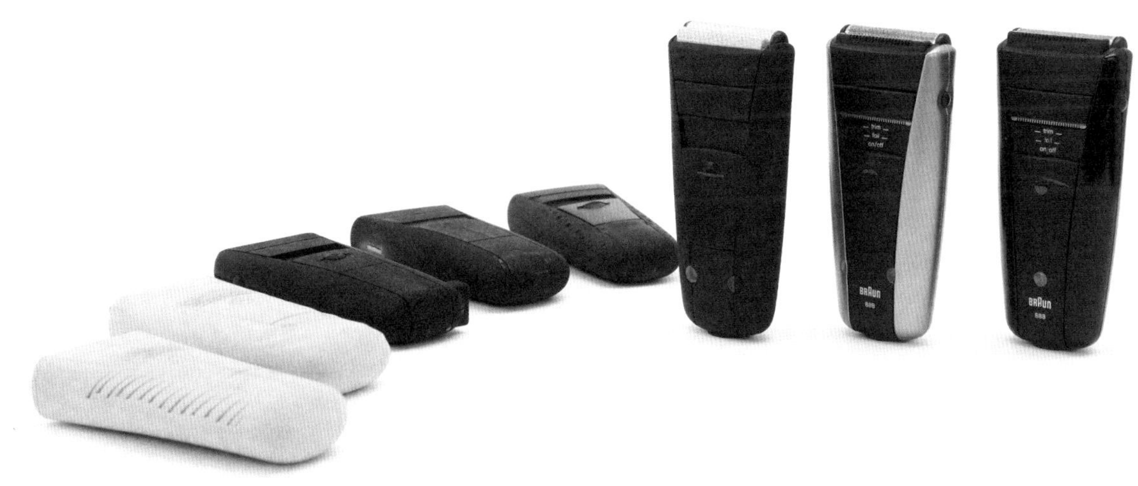

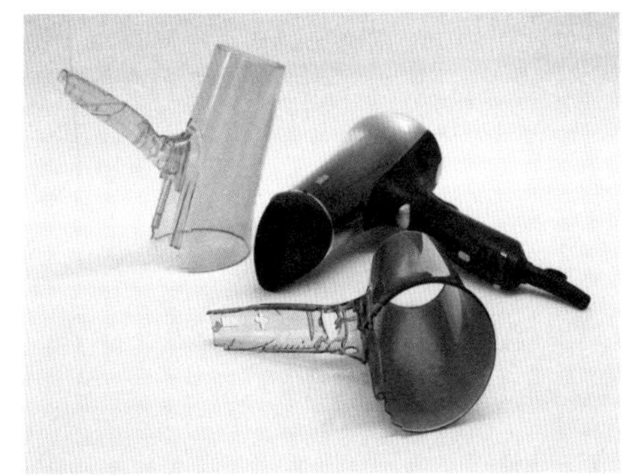

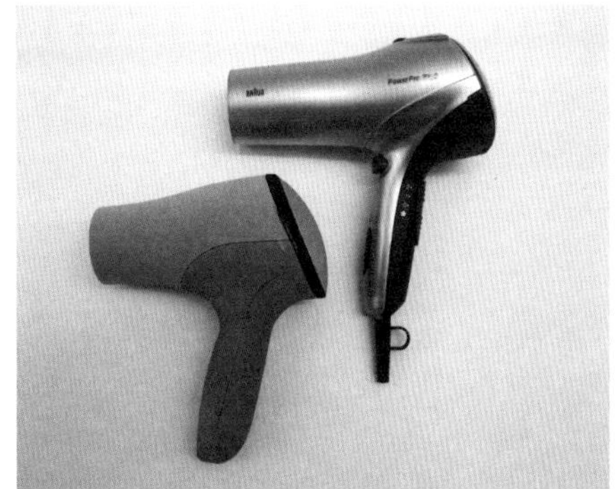

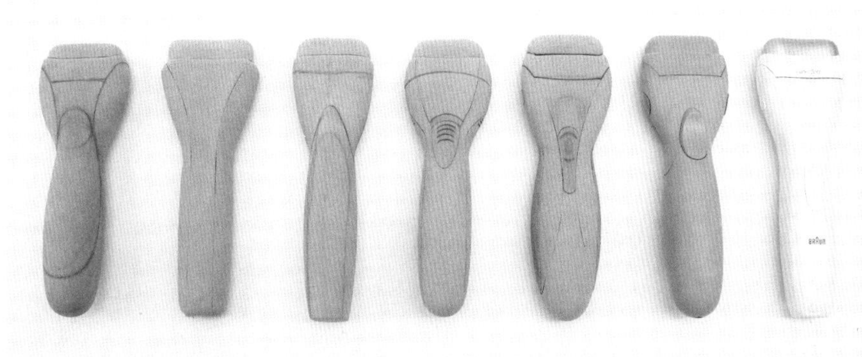

图5-1　博朗剃须刀、吹风机、脱毛仪模型制作

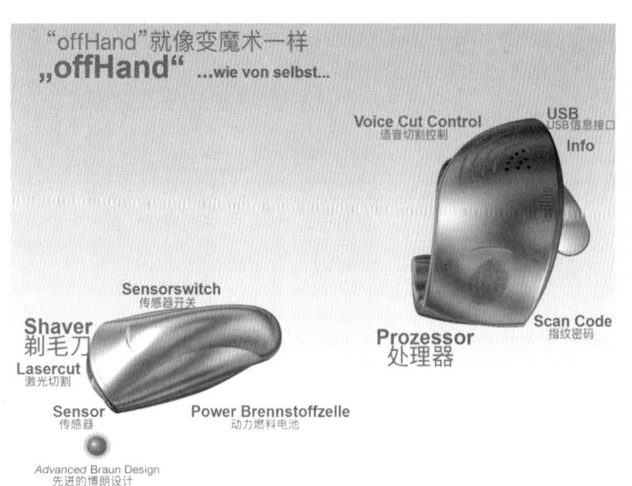

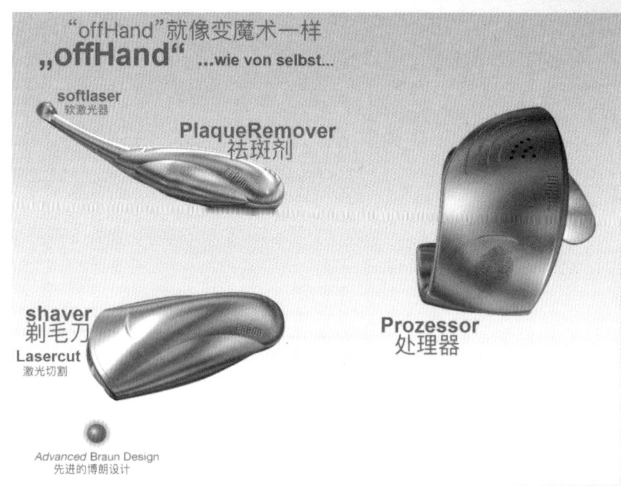

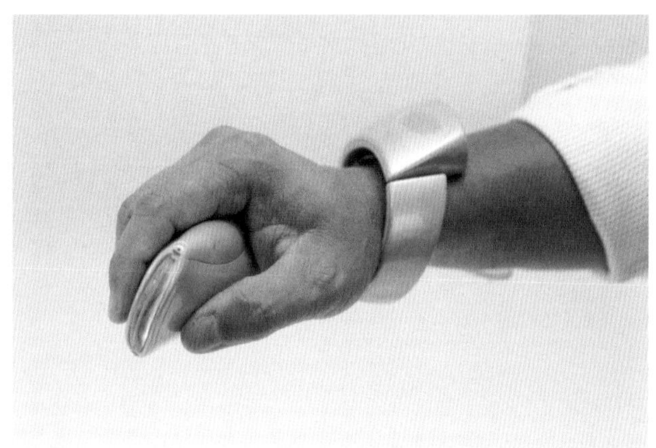

图 5–2 offHand 女性激光去毛产品概念模型的制作与测试

模型是工业设计中绕不开的一个重要话题，现在国内很多大学的工业设计专业都将制作出模型作为毕业设计的一个重要指标。就模型的意义而言，其价值是呈现产品的真实形态，但这只是其价值的一小部分。因为优秀的产品造型应该是由产品的内在结构和功能推演而出，表面的美化只是最后阶段的调整而已。但是多阶段的模型推演仍旧是国内工业设计中的一个软肋，主要原因是样机开发的成本较高，一般的大学很难及时地为全部学生提供模型制作服务，而造型中复杂曲线的生产工艺也缺乏专业人士的指导。

由于塑料模具产业在中国成形较晚，一般的综合性大学很少开设模具技术和材料成型工艺类专业，所以学生在从设计到产品的过程中常考虑不到如何巧妙地避开合模线等问题，其实这些知识很重要，能让我们在设计最初阶段就考虑到怎么合理地处理产品的造型问题。

产品的尺寸根据产品类别不同会有很大差异。东华大学机械学院工业设计专业是以纺织机械设计为特色的工业设计专业，我们所接触的设备高度超过3米的并不少见，设备很多都是串联安排的，长度通常由厂房的规模决定，工人在操作中都是同时要照顾多台设备，所以我们大型装备的样机试制都是在钣金厂完成，待部分结构出来后，就会现场安排人员测试，出现问题现场修改模型，其实很多问题都是在样机试制阶段被发现的。

小型产品特别是消费类电子产品，外观固然重要，但是毕竟最终产品是供人使用的，所以如何提高人的使用舒适性和提高产品的工作效率才是关键，这样设计出来的造型也更耐看和持久，博朗公司有着模型制作的优良传统，公司内部就有专门的模型制作师和模型制作室，phong在上大学前就是一名有经验的模型制作师，到博朗之后还担任了数年的内部模型制作师，所以他总是会从模型的角度和我们讨论产品的设计问题。他和我们讨论任何产品时从不夸夸其谈，都是直击产品要害。

我曾问过他，为什么博朗的产品发展过程越来越接近人体适形造型，例如电动剃须刀，20世纪80年代之前都是方方正正，而后来采用了更为复杂的曲面（图5-1）。他说这和开发时的视野和加工设备的进步有很大的关系，早期在博朗公司设计部有很多制图板，大家就是在这些白板上考虑设计产品，特别是不同视图下的二维图形，实际生产过程中也是用二轴机床进行加工，所以当时产品的形态自然都是方方正正，而20世纪80年代后期多轴机床的出现让复杂曲面产品的批量化生产成为可能，设计师的眼界自然就发生了变化，产品在和人体贴合度上也有了更多的考虑（图5-2），随着现在3D打印技术的发展，这种现象就越发明显了。

实际上建筑设计也在朝这一方向发展，生物形态的建筑方案也越来越多，要知道很多工业设计师最早都是建筑或景观设计出身的，国内这种情况也很常见，20世纪80年代，最早的一批工业设计专业开设的时候，哪里会有老师是从工业设计专业毕业的呢？未来随着生产工艺的进一步发展，不同材料的塑形也会越发容易，甚至玻璃、陶瓷、金属都可以批量化加工出来，现在我们和西方的模型在制作流程上已经没有什么差距，如何面对未来是我们需要共同考虑的问题。

这个章节我们和phong一起，就设计与模型的关系，以及模型的迭代过程进行了讨论，他也会和我们分享很多很有趣的知识和观点。

为什么设计离不开"触摸"和"尝试"

Phong：

这次我选择了博朗的手持搅拌器作为例子进行讨论，因为在这一品类中，能向大家展示较多的设计模型与产品原型。下面看到的是MQ 7手动搅拌器。我将会展示近两年它的设计模型与产品原型的开发过程，展示如何从第一个想法演变到最终的设计模型。我将在接下来的部分进行详细的解释。

Tang：

这个话题对工业设计者非常重要，我们需要详细地去谈论模型制作进程。我们对博朗的模型制作标准有浓厚的兴趣，希望您能在谈话中引入一些类似模型制作的原则和它如何反向作用于设计过程，以及模型该如何满足企业的加工工艺需求。

Phong：

我认为问题的本质与关键在于为什么我们需要这些设计模型原型。我们的优势在于我们有经验，我们知道一旦消费者接触到某样东西，那么他就会在某种程度上开始选择相信它的真实性。如果你只用眼睛看到一个物体，你可能会认出它是某种物体。当一个物体发出声音，你的耳朵听到了它，你可能会知道，或许有什么东西在或近或远的地方，因为你的耳朵能够识别声音。但是，当你去触摸物体，你才会相信它是真实的。所以我在一开始就说，对我们工业设计师来说，最重要的是要相信你现在正在做的东西，因为最终我们需要设计一个真实存在的物体。

现在，在网络数字化世界中，我们在与界面互动。当我们和物理键盘、智能手机或iPad产生互动时，人们就会开始相信这是真实存在的物体。在网络中，我们只有用眼睛、耳朵看到或听到事物。当然，如果你试着品尝物体，你的味觉也会发生作用。所以你只有在与物体产生实际触摸、感觉和感知时，你才会选择相信它，才会确切地知道这一切是真实的。

对于我们工业设计师来说，这个“触摸”和“把握”的时刻是产品开发过程中最重要的时刻。自从博朗存在以来，产品模型必须以物理维度存在。这样你就可以真真正正地去触摸它，在这之后再去讨论细节问题，也可以进一步讨论任何技术细节。我们今天要讨论的是我们为什么需要样本？我们为什么需要原型？我们为什么需要实物？回答出这些问题，就可以了解我们的想法了！

只是一个虚假的外观模型，还是已经具备使用功能了？

我将模型简单地分为两种：一种是功能原型，一种是非功能原型。功能原型能够从技术上开始工作。设计师制作的大部分模型都是外观模型，他们只看到了模型表面，并不知道里面有什么技术和元素。我们要了解什么时候我需要一个功能原型、什么时候我需要一个非功能原型。在产品开发过程中，会有不同类型的原型，它们有助于解释设计师、市场部或研发部的想法。想法或许来自于功能，每个参与产品开发过程的人都可以贡献自己的想法。所以当技术工程师在做一个不同的原型时，设计师、市场部、质检人员或者消费者都可以提出他们的想法，甚至消费者也可以尝试制作一个原型来解释这个想法。

所以，首要问题在于想法。一旦你对自己想要实现的目标有了想法，你知道你想做什么，你就会进入原型调整阶段。一旦你完成了草稿，定义了一个模型原型，我们就进入了我们最终想要引入的设计方向，然后你开始做许多不同的功能原型，以理解你一开始的设计概念在物理层面是否可以执行。在对最终版本进行原型设计后，生产样品出现，并开始预生产。

我在这里用最近推出的MQ7手动搅拌器为例（图5–3），使用中用户只需按一个按钮，通过不同的压力强度来调节速度。这个开发过程是由工程师的一个功能原型想法开启的。他告诉我：“在以前，手柄上会有两个按钮，一个用于高速，一个用于低速。但是消费者并不喜欢这种一键式操作，因为他们在整个过程中必须用拇指施加很大的压力。”他设想能否可以改变手动搅拌器的操作方式，使旋钮可以像手枪式握把一样用一个或两个手指（食指和中指）进行操作，这样用一个手指就可以选择速度了，这就是这位工程师的想法，这个想法最终被选中，然后，我们开始试着满足所有的要求，这些都是开发产品所需要的。

在开发手动搅拌器时，有大量的安全问题和安全法规需要考虑。就拿手持搅拌器举例，首先，我们需要进行按钮保护，让儿童不能轻易按下这个按钮。像这样的安全法规对设计有很大影响。因此，我们开始使用非功能性原型来测试所有可以将按钮放在电机外壳上的地方。前面有一个普通扳机，是用蓝色和棕色的塑料材料制成的，可见我们确确实实建立了一些原型，这些原型帮助我们解决了产品安全问题。

有一个典型的机械手指，它的半径是3厘米，你可以用这个手指按下按钮，一旦按钮开始受压，就会不符合技术规范。当工程师检查物理保护时，安全规范也生效了。一旦把不同的按钮放在不同的位置，手柄的形状和形式也需要重新进行调整。这里是我们把按钮放在顶部的例子。

在这个方案中，我们把按钮设置在手柄的底部，这样消费者就必须用拇指垂直地按下按钮。这就告诉我们需要在按钮周围设置框架来保护这个按钮，确保按钮不会被偶然碰到。如果在测试过程中，按钮未被其他东西启动那便是成功了。想象一下，如果将手动搅拌器放在一边，手柄撞到墙上，装置就可能自己开始运作了，那便是失败的设计。这就是为什么我们在按钮的上方设置了这种保护装置的原因，目的是保护按钮不会被意外开启。

另一个想法是，通过防护罩来保护前面的按钮，从而避免偶然错误按下这个按钮。每一个想法都会产生不同的设计语言，也都遵循工程原型的人因工程思想：尽量用食指或中指按压按钮。可见图5–3的第二个模型。

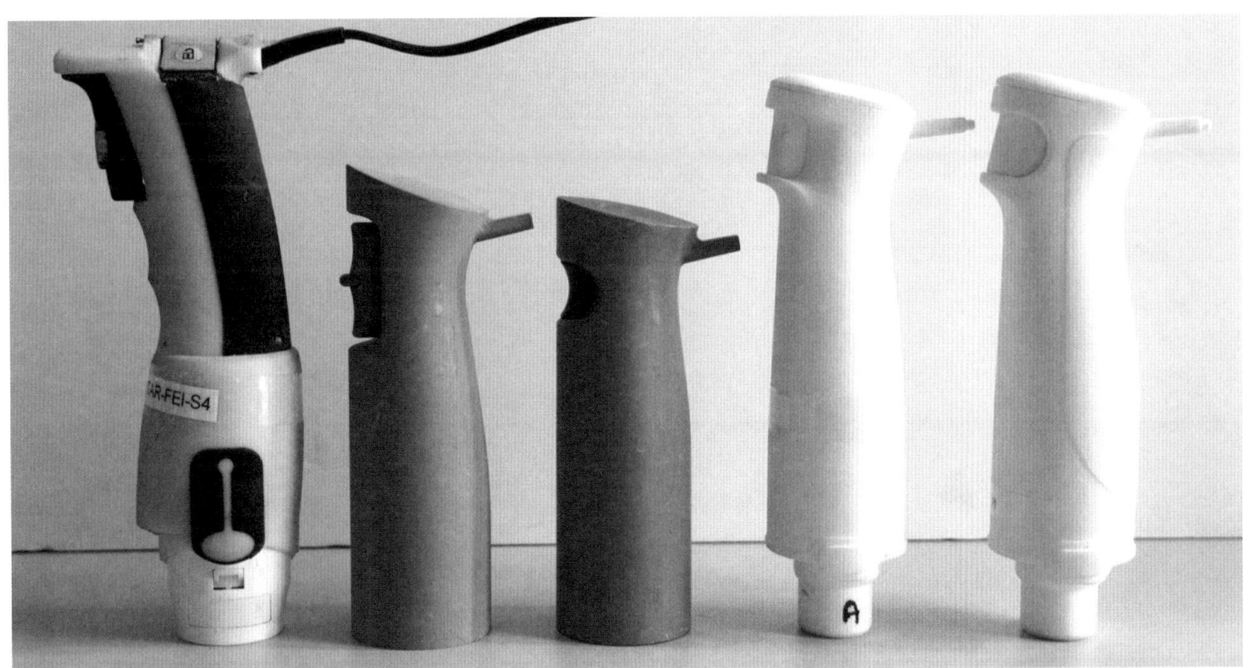

图5-3　MQ7手持搅拌器单指触发按钮模型的演变过程

重度用户的原型

Tang:

您的讲述很好的解释了应该如何定位按钮、把按钮放在什么恰当的位置，还有保护儿童的相关法规问题。另外，我认为可能还有一些可以让大家同样感兴趣的东西。第一个是关于材料，我在图片中看到，您使用了许多不同的材料来制作模型，有的像是油泥，有的是木材，我不知道你们在模型中使用了什么材料，我无法通过这些图片判断所使用的具体材料。另外我也想知道为什么您会在设计的不同步骤中使用不同的材料，您想证明的是什么？是通过用户体验来对结构舒适度进行反馈吗？

第二个问题关于实验。在图片中，你通过尝试不同的方式来定位按钮，我不确定您是基于实验，或者是基于一个设计原则。您所取得的阶段性成果是否会在后面的设计中持续下去？如果是通过实验，我想知道您是如何安排实验的？

Phong:

现在说说我们制作原型所使用的材料。你可以从图5-3中看到，工程师最初的技术功能原型是一个由软硬材料组成的3D打印产品。图片中黑色的材料是软橡胶，白色的材料是一种硬塑料。我们正越来越多地使用到3D打印机。因为设计师习惯于从草图开始，然后立即进入三维设计。之后我们将三维数据交给模型厂，模型厂有他们专业的资源和设备，他们有不同种类的3D打印机和数控铣床。

图5-3中的第二和第三个棕色模型是用数控铣床加工而成的。

数控铣床加工的模型材料是一种复合材料（图5-4），它有表面坚硬的材料特性。手柄的两个侧面是由复合材料铣成的，然后把它们从中间黏在一起，这样可以模拟出批量产品的合模线。这一切都基于设计师与模型厂的沟通，告诉他们主要的想法是什么，以及应该实现什么。

在原型设计的步骤中，设计师把关注的重点放在了按钮区域，他要求模型厂把这个按钮做成可移动的。当你实际按下它时，就能够获得真实的感受。你看到的这个按钮，在模型上就是能够实际操作的，其他的白色模型也是一样的。

第四个和第五个模型是纯粹用3D打印材料制作的原型，这是最快的方法。因为在初级阶段，你只需要感受到真实的尺寸，而不是最终的产品。有一些价格较贵的像第一个模型这样的产品，3D打印机可以做双组分3D打印。初级阶段，特别是在第一次测试的时候你可以用这种白色的单一材料打印。

图5-5是部分功能原型，它们的按钮都是可操作的。在第一次可用性测试中，我们向设计师和工程师展示所有的模型，讨论尺寸和外观。通过这一步，我们开始选择最终的概念方向。我们从众多想法中为搅拌棒选择了大约五个方向，随机命名SF、SC、TC、TF、CC。首先，我们把这些原型放在消费者手中，进行定性的应用测试。我们想了解消费者对开/关或速度按钮的不同位置有什么反映（图5-6）。这是非常重要的，因为它与操作有关，与使用场景有关。我们还在所有的原型中模拟最终产品的物理重量，包括马达外壳和刀片。从而在应用场景中，测试用户模仿不同类型的交互操作。这实际上是由模型车间完成的，由

图5-4　用于制作模型的塑料

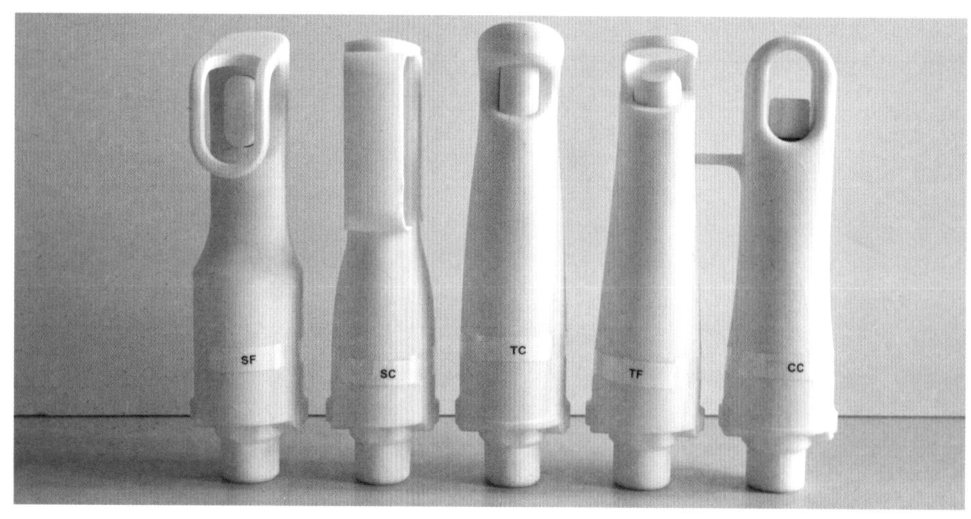

图5-5　部分功能原型已被修改，以便可用性测试部进行可用性测试，其中重量和按钮功能已被模拟为真实产品

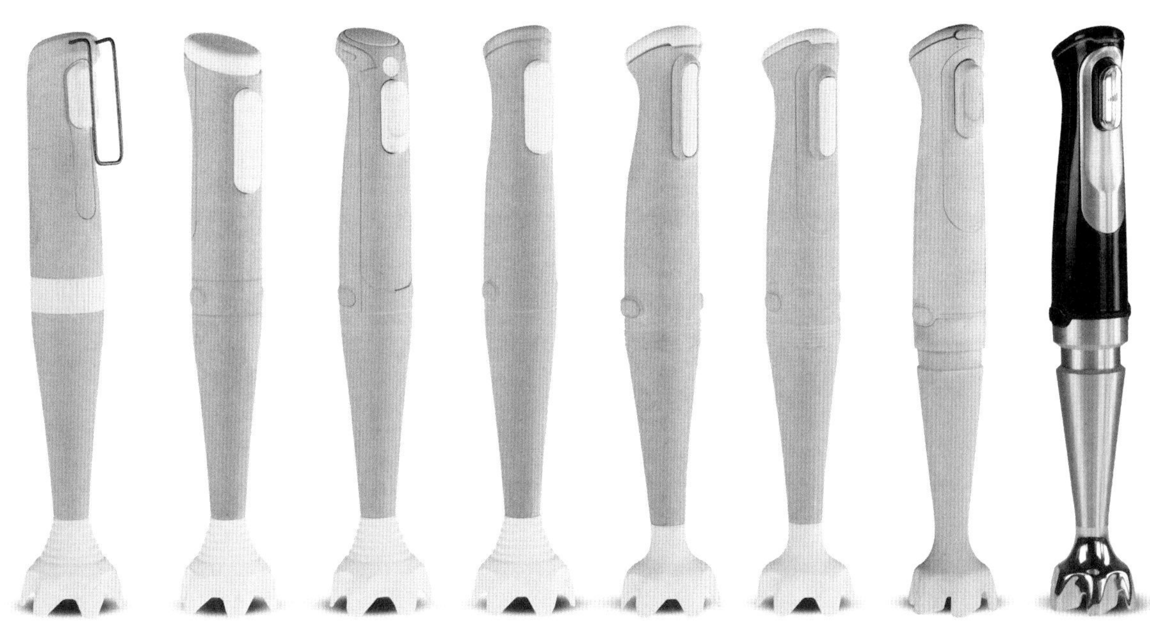

图5-6　MQ9手持搅拌器系列功能模型

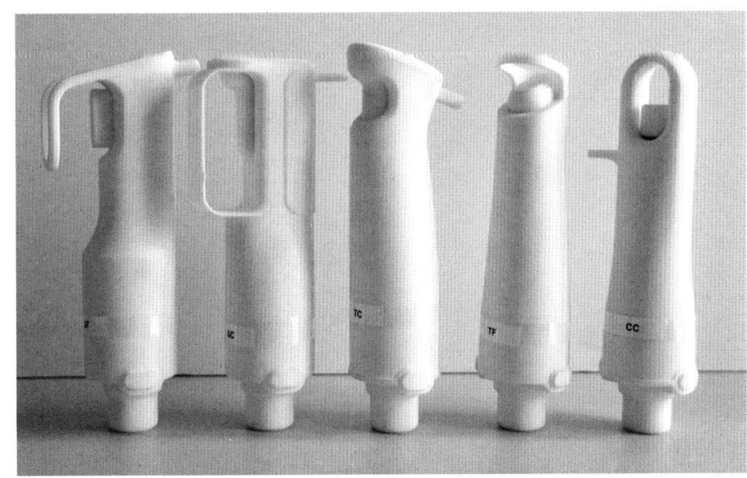

图5-7　不同的产品架构及按钮设计

我们的原型团队来建造这个特定重量的马达。我不记得它有多重了，但是它应该接近博朗的模型，大概是700~800克。

专家、使用、测试都由一个研发、团队来完成。他们测量并分析用户的互动行为。为此，他们选择了不同手型的消费者——包括小、中、大三种尺寸。无论是手大、手小，手指短或长的人都能够与产品外壳进行交互操作。专家、使用、测试团队对这些参数了如指掌，并清晰地知道如何选择合适的消费者。他们准备了调查问卷，基于这些问卷调查，以及在定性测试中从消费者处得到的反馈，该团队创建了一个矩阵，这为设计师提供了选择最佳概念及其进一步发展的基础。

在图5-7中，你可以从侧面看到不同的产品架构以及每个按钮是如何设计它的朝向的。

先微调，再渲染

图5-8是我们最终的概念设计。我们选择了其中的TC作为最终概念方案，并针对其设计细节做了进一步的评估与改进，从而得到了另外两个概念方案A和G。基于这项细致的工作，我们进行了一些细节改良：让手柄变长、变短或变宽。由此再次选择了最终方向，如此往复几个循环。当选择了一个概念方向后，两个或三个不同的概念会导致进一步的细化。从这些概念细节中，你将再次选择最终的方向，然后进行探索。只有在最后一个阶段，我们才开始应用颜色、材料和饰面（CMF）制作出生动的渲染图，从而观察产品的实际效果。

图5-9是最终基于人体工程学的尺寸模型。现在手柄的整体尺寸已经确定。在此之后，工程师们开始研究每一个单独的外壳部件，从而为大规模生产做准备。但还有以下问题：模型的造型应该是怎样的？壳体的表面处理又是怎的？内部结构应该如何处理？

如图5-10，在微调的帮助下，我们得到了概念G。然后我们确定了颜色、材料和饰面，实现了从概念G到最终美学设计和模型的呈现。通过这些模型，你可以观察到从功能模型到最终成品的细微变化，直到产品最终生产。

总而言之，这意味着在开发过程的任何阶段中都会涉及到各种各样的功能，我们总是要克服各种技术上的困难与挑战，包括注塑挑战、生产挑战、材料厚度确定的挑战等，以便得出最后的结果。

在图5-11的前视图中你可以看到，我们几乎保留了原有的外部线条。我们保持产品设计的流程架构不变。但在此之前，一定要先对前面需要注意的细节部分进行微调。如果你想看到不同金属材质的表达效果，你可以使用不同的颜色、材料和饰面。对于消费者来说，从正面角度理解产品的设计是非常重要的。

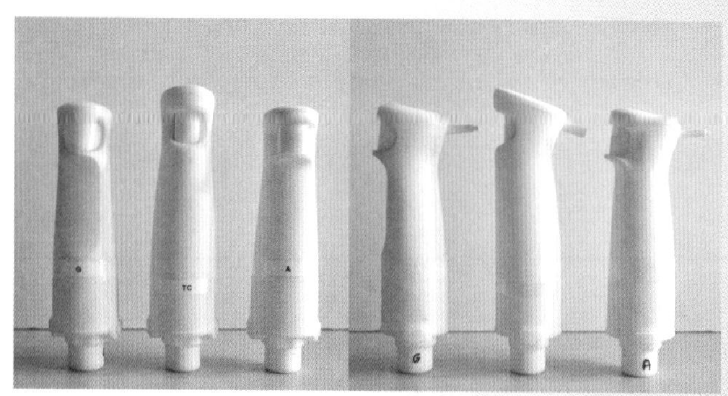

图5-8　以人机工程学为基础的模型

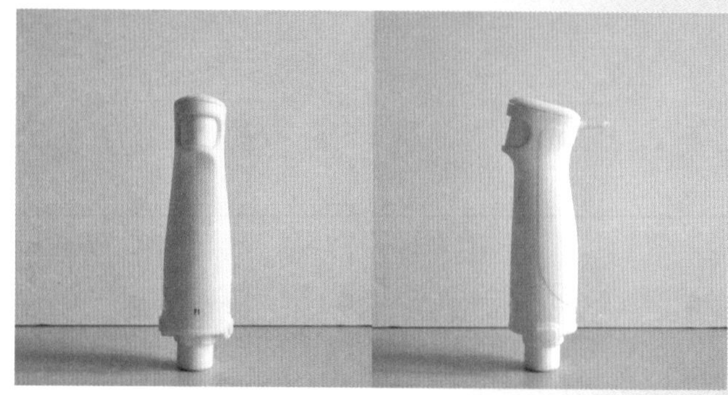
图5-9　最终基于人体工程学的尺寸模型

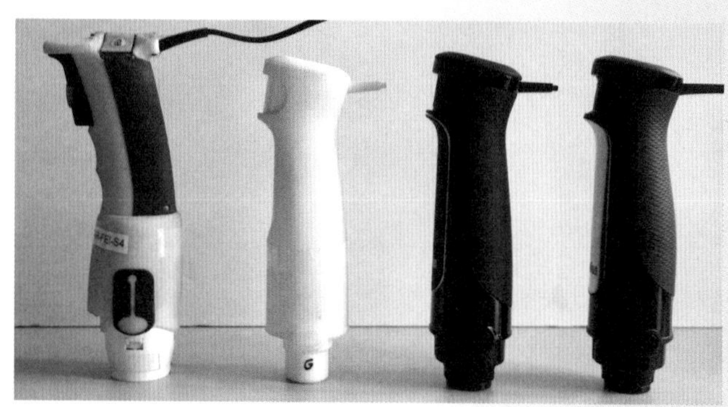

图5-10 从第一个功能原型到最终产品的演变

在图5-12中，你将看到模型是如何和轴结合在一起的。我们展示了关于轴部的不同组合。我们把左边和右边的细腿叫做“鸡腿”，它看起来像鸡腿，因此它的绰号就叫鸡腿。中间是我们的最新发明：可移动式的主动切割刀。你可以将组件并行上下移动。同时，我们也设计了一种不同的轴，轴的展示需要更多的照片，也需要描述关于轴向设计的更多的细节。

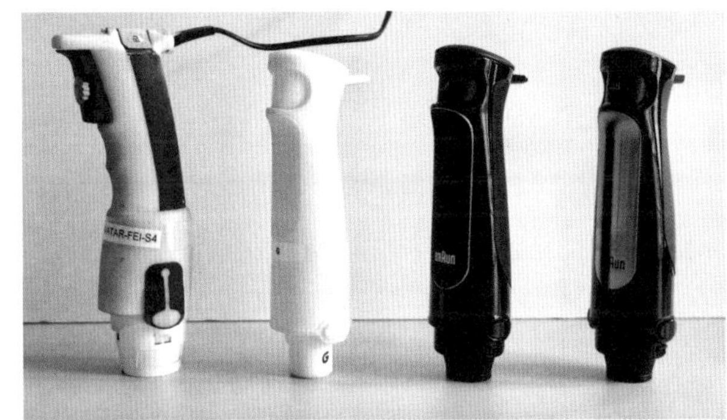

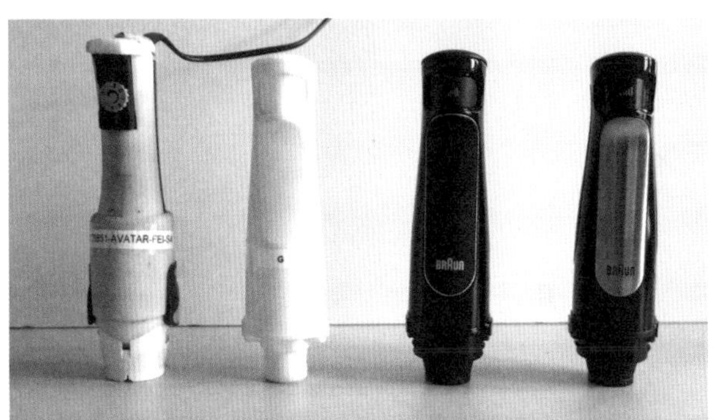

图5-11 MQ7手动搅拌器的“英雄之旅”

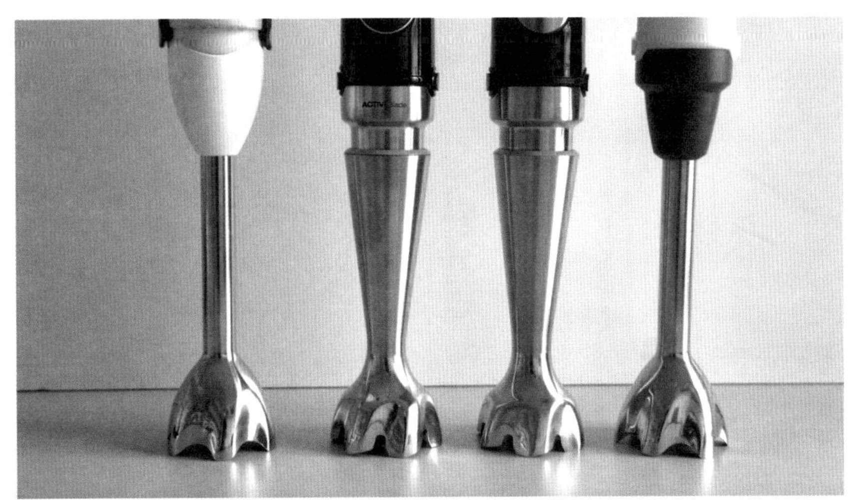

图5-12 不同轴部的组合

亲手打造模型

——年轻设计师的必修课

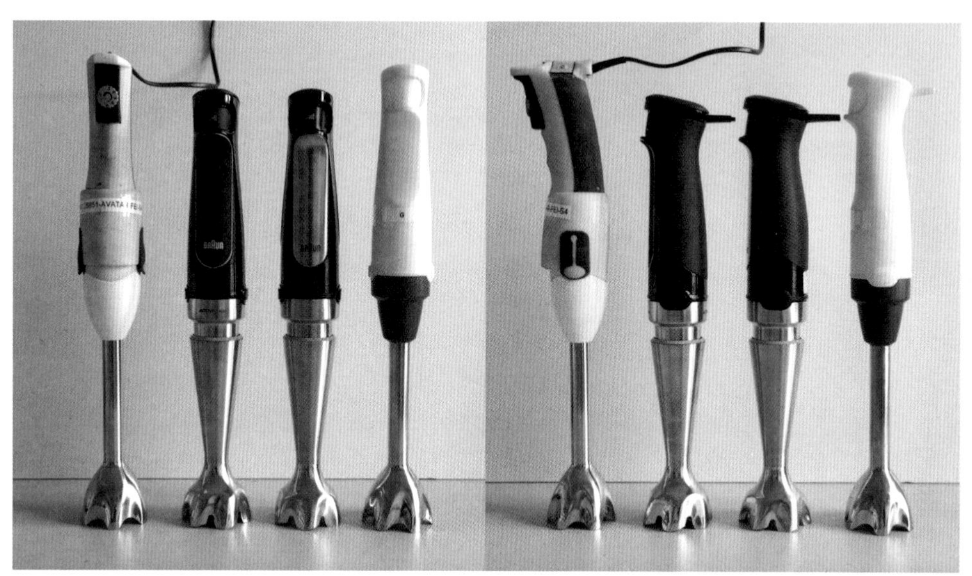

图5-13　用于测试的模型成品

Phong：

在图5-13中，你可以看到模型成品与实际产品完全一致。颜色、材料和饰面实际上是在很晚的阶段完成的。我们有一家配备了最新技术的模型店，模型制作材料的选择取决于我们模型店拥有的选项。当我还是一名学生时，就已经开始自己动手制作模型了，只要你知道如何切割复合材料块和发泡材料，那么你就可以制作自己的模型。你不需要数控铣床，这种塑料材料可以像木头一样来处理，它可以像实心木块一样切割、打磨、铣削或钻孔。

制作模型时，你可以先在图纸上画好顶视图、侧视图和正视图，再把它们印在模型材料上并切割下来。然后创建介于两者之间的区域，依此类推。在德国，设计专业的学生在第一学期需要学习如何将设计愿景从草图转移到实物，这些都可以通过普通的标准机器进行处理。在现代技术的支持下，学生们可以更轻松地在电脑上用CAD构建模型，然后按下按钮，3D打印机就能把设计概念呈现出来。无论是动手制作模型，还是3D打印模型，我们的最终目标只有一个：拥有一个可触摸、可感觉的实际物体。

设计师需要了解如何构建模型，但他们并不能够独自完成过程中的每一步，他们仍需要专业模型制作者的支持。设计师应该了解如何构思各种形状模型这个第一步工作，从而朝着可视化方向发展（图5-14）。通过这种方式，年轻设计师学会了评估比例和尺寸。这种能力必须要在学习阶段获得，在公司或机构的日常工作中根本来不及学。

图5-14　从构想到生产模型的车间

理想的消费者测试环境

Tang：

事实上，我还有一些关于产品特征的重要问题要问您。第一个是关于产品参数的问题。您知道，博朗的产品不是只针对德国销售，所以目标群体的选择是非常重要的，我不确定你们关于产品参数的确定针对的只是德国或欧洲的消费者，还是世界各地的消费者？因为亚洲市场和西方市场消费者的手部参数是大不相同的，消费者对产品重量的真实感受也是不一样的，你们是如何评估不同地域的模型参数的？

Phong：

在使用过程中，我们所选择参与测试的消费者并不是随机的，而是根据一些具体的标准来进行选择。比如说，亚洲女性的手确实比欧洲女性的手要小，这些都在我们的测试范围之内。那么我们的专家就会根据不同用户对产品的使用时间来定义怎样的人能够算是“重度使用者”。这些重度使用者通常拥有一个搅拌器，并且知道怎样去使用搅拌器，这一点非常重要，所以我们并不会从大街上随便喊一个人来进行使用测试，这种随机用户并不会对测试产生帮助。

测试对象需要想象这种非功能性原型在真实场景中是如何工作的，在这里我们有一群经常保持联系的优质测试对象，他们是在使用测试的整个过程中与我们一起工作、一同合作的人，他们并不一定是第一次和我们合作的新人。我们需要让我们的实验者在不对设计本身进行评判的情况下提供功能层面的反馈。我们之所以不对测试模型进行颜色、材料及饰面进行处理，就是为了让测试对象对设计保持中立。

为了避免对于设计的反馈，我们最终在配色上选择了全黑色，或者掺杂一部分的灰色。在展示的过程中，我们刻意隐去了标志、图案和分界线等带有品牌暗示的内容。我们所展出的样机应尽可能展现更多中立的内容，从而让测试者更加关注于使用手感的反馈。

当消费者面对产品商标，或是有各种图标辅以解释的时候，消费者对产品本身的反馈就会受到影响。因此，我们要保持原型的高度中立。我们只对产品本身进行测试与判断，除此以外没有别的因素了。

在一个新的手动搅拌器推出之前，它必须满足60个不同的质量要求，并通过100项质量测试（图5-15）。在博朗测试实验室中，每年都会对十多个产品类别进行一百八十多项产品验证测试。它们在专门创建的"德国制造"测试站上全天候连续运行。测试系统是内部开发的，测试内容远远超出了规范和监管要求。

Tang：

是的，这是你们选择消费者的阶段。我知道您为什么要选择不同的消费者，可能是新消费者，也可能是有经验的消费者，因为不同的消费者有不同的看法，他们可以从不同的角度来评价产品，这是非常好的，我相信他们可以帮助你建立实际模型。

但在这之后，我认为模型的开发是有一定难度的，因

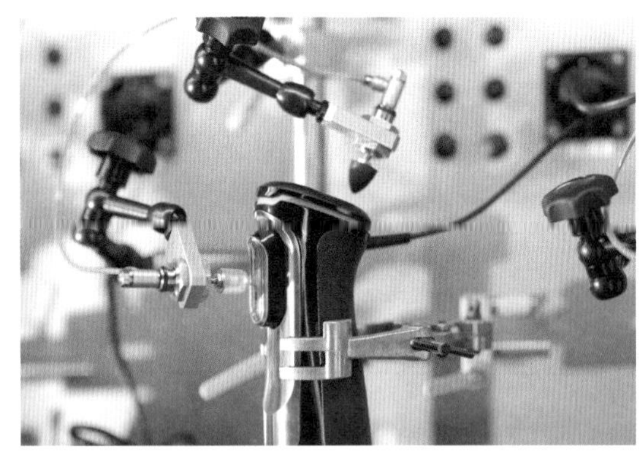

图5-15　MQ9触摸测试

为在您所展示的图片中，例如从前述的模型G到模型A，只是改变了一些细节，可能一些人的想法是：我认为这两种都很好，或者全部都很好，很难说哪一种更好。所以你们有没有一种后期评估方式，从而判断应该如何决定设计方向，或者决定最终生产的方向？

Phong：

美学设计层面的使用测试通常是关于消费者如何使用产品或是如何感知手部作用力的。你可以看到在图5-7中，我们在5个概念中选择了最终的设计方向：TC。在概念TC中，设计师通过从技术部门的第一次使用测试中得到的反馈，设计了一个更大面积的按钮得到了概念C。而概念A保留了简单的按钮，缩短了手柄，重新平衡了重量。因为消费者在概念TC的测试过程中给出了一些反馈，比如握持不便，或者是机身会向另一个方向移动等。他们的反馈告诉我们：要改变产品的整体比例以及手柄的尺寸。我们需要扩大操作区域，以便更好地实现控制。这些正是我们想要得到的产品良性反馈结果。

我们并不想得到类似"我喜欢这个形式"或是"我不喜欢这个形式"的反馈。因此设计师要做出审美选择。如果你再看图5-13，你可以看到模型的最终方案。第二个和第三个模型的不同之处在于盾形区域的大小以及边缘线的处理，其中的大小与图案是由设计师决定的，而不是消费者。

消费者会了解博朗品牌，但消费者无法理解品牌的价值。因此我认为大部分的决定需要由内部团队去做。这个团队包括设计团队、营销团队和研发团队，他们了解品牌的价值，他们需要保持与品牌价值的一致性。消费者永远不会说："我喜欢概念A或B是因为它更适合博朗。"然后我们就会思考："这两种设计语言的背后会有什么样的品牌呢？"但事实是，包装或品牌价值对于顾客来说并不会意味着什么。

当我说我要买保时捷的时候，每个顾客都知道那辆跑车的设计风格，但是没有任何一个专业设计师能向我们解释为什么他们的设计如此与众不同。而正因为设计师对品牌语言有决定性作用，所以所有的细节最终都是由设计师和内部团队决定，而不是由消费者来决定。

Tang：

我想知道在你们内部团队中，对于不同的模型是否会有不同的看法，还是设计师对于好的模型的看法是相似的？在实物模型中，正如图片所示，不同的线条能够很清楚地表明产品的部分功能。我们知道，博朗的工业设计是非常严谨的，你们过去喜欢使用矩形、直线，当然现在也包括一些非常有趣的曲面形状，这是我们对德国产品的固有印象。所以我想知道，在最终的产品中使用什么样的形状，是从一开始就决定的，还是随着模型的发展而逐渐决定的，这个过程是否会被你们的设计习惯所左右？

Phong：

是的，我们还需要明白，MQ 7是众多手持搅拌器的其中一款。品牌领导者会对设计团队说，你们在设计初始阶段提出了五个概念，包括五种不同的按钮配置，最终我们选择了这个方向。MQ 7是专门给大型家庭设计的搅拌器，因此它应当能够适应这样的环境，而我们的任务则是去改进用户友好性。

从可用性的角度来看，我们在寻找一些新的东西。这就是为什么我们在这个项目中针对按钮的位置进行了大量的设计工作。但如果你在这个过程中有别的想法，比如无中生有一个未来设计的代名词，那么这个代名词很可能只是一个你用来保护自己的“拳头”。这就像是你把它的把手设计成了一个麦克风的形状，因为这样它看起来就像是可以通过声音控制任何动作。从中你可以看出，设计是基于你想要做出什么样的创新而诞生的。

这个概念的创新之处在于一键式的操作，然后你开始与工程师讨论：我们可以把按钮放在最上面吗？我们可以把它放在背面吗？我们可以把它放大吗？在这个过程中，我们尝试使用一个可以单指操作的小手柄和一个可以用两根手指操作的大手柄，以便赋予消费者更多的灵活性。最后的结果始终是创造一个适合现有组合的设计。问题在于如何设计才能让它与现有的产品品类相符，答案是只有保持设计语言的一致性，才能使消费者和其对品牌的固有印象吻合。消费者就不会形成这样的两极分化：他们不喜欢这个概念，但他们确实喜欢这个品牌。

Tang:

是的，也许你们可以随时调整设计，在模型设计的过程中，这一步是非常必要的。从图5-10开始，在模型制作完成后，就可以直接进入到最终产品定型阶段。我想知道这个过程包括哪些步骤？虽然通过这种基本的模型，可以测试产品的使用情况，但最终的产品定型还需要经过很多严格的工程测试，这些也是我们非常感兴趣的。所以我想知道是你们内部团队还是外聘团队来帮你们完成最终的产品定型？从最终成品我们还是看出产品有一些改变，例如橡胶表面有不同的防滑纹样。

Phong:

产品的最终成型确实是非常困难的，因为设计语言、设计软件并不能做到完全精确无误。你始终需要考虑为产品设计师保留一定的发挥空间，这是我们设计手持搅拌器时的主要目标。你刚刚看到

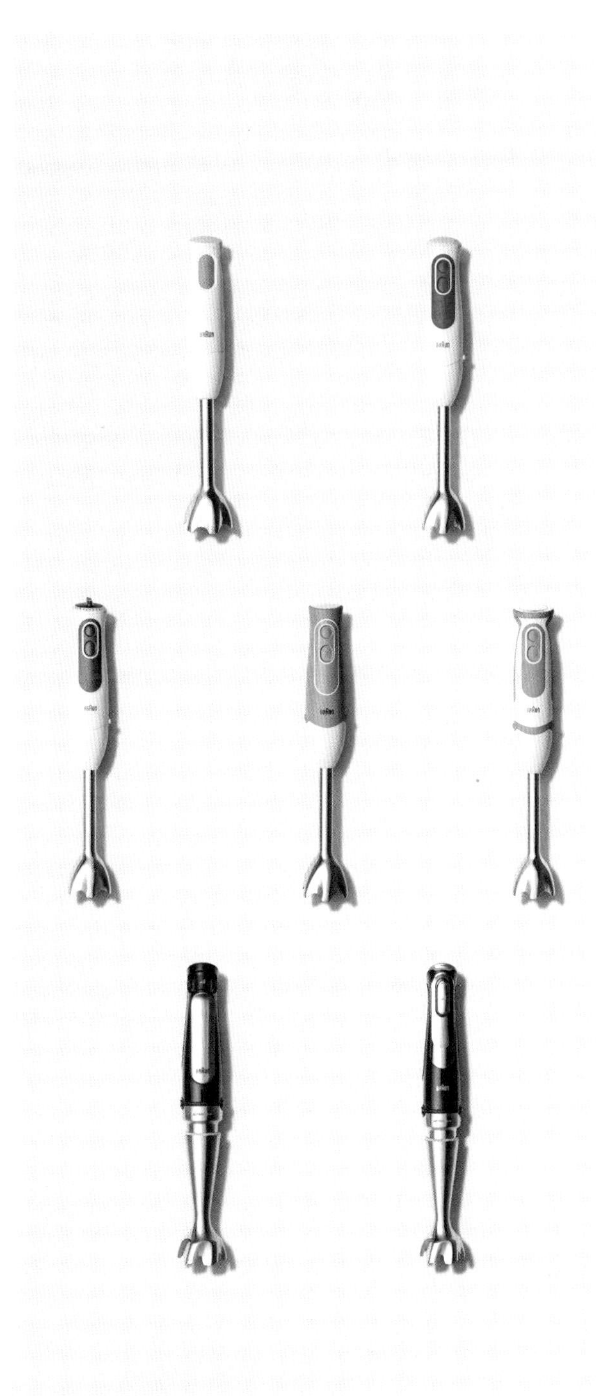

图5-16 博朗家用手持搅拌器（1）

的设计案例是MQ7手持搅拌器，但在设计的过程中，有许许多多不同的模型，从MQ 1到MQ 9，关键设计元素就是前视图中的几何线条轨迹，这是博朗手持搅拌器最重要的设计元素，也是设计师要保持博朗设计语言一致性的关键原则。

设计师可以自由地设计硬材料与软材料之间的分型线。柔软的橡胶材料也会产生一些不同的感觉，在这里我们让它变得更具有感情色彩。我们观察到这样一种现象：随着技术的发展，我们可以在橡胶表面设计出非常漂亮的形式，从而展现不同的情感色彩。我们相信它将有助于美化手持搅拌器。但我们设计的关键在于正视图中的标志元素，它传达的设计语言说明，这款手持搅拌器属于博朗家族，属于不同的手持搅拌器产品系列之一（图5-17）。

Tang：

我们看到的MQ 1到MQ 9的正面（图5-16），可能因为产品的价格不同，设计语言也稍有不同。MQ 9手持搅拌器（图5-18）看起来更有高级感，因为使用黑色和银色作为产品的表面色调，而最便宜的产品看起来像是塑料质感浓重，博朗的设计政策是否如此？

Phong：

这是肯定的。成本始终是工业设计师所关注的最重要的要素之一。所以，你需要考虑自己应该把钱花在哪里。成本上的花费越高，最终产品就越贵。我们在电机外壳上使用的橡胶面越多，生产价格就越高，因此销售价格也越高。同样，不同类型的产品电机有不同的功率，其附件与附属装置也决定了产品定价的高低。因此，价格是产品设计最重要的考虑因素之一。

Tang：

就像你所说的，搅拌器的造型看起来像鸡腿，这也是产品的昵称。实际上，从MQ 1到MQ 9，鸡腿的造型看起来非常相似，我相信这些不同产品的动态性能是一致的。所以我有个问题，不同产品之间的区别是否在于所使用的电机功率不同，系列产品之间的区别是否是由电机功率所决定？从工学角度来说，这些产品的性能区别仅仅在于不同系列中所使用的电机型号吗？

Phong：

是的，不同的电机决定了不同的设置、不同的模式，所以我们开发至第九代MQ9时，启动按钮有三个不同的模式启动震动电机进行工作，使用时可以选择低速或高速振动。当然，MQ 1只有一个速度，从MQ 3开始，你会看到这种非常明显的按钮，按下按钮会产生低速或高速振动，其中电机的功率肯定是不同的。你可以处理一些食材，比如坚果、花生、辣椒或其他材料。电机转速越大，功率越高。你可以自己操控，还会有很多不同的模式，比如揉面团需要更高的功率，电机也需要长时间运行。

Tang：

正如我们从图片中观察到的（图5-17），你们制作了许多MQ7和MQ9的模型来测试它们的使用性能。我不知道你是否对MQ 1或MQ 3做过同样的处理？

Phong：

不，在MQ 1、MQ 2、MQ 3甚至MQ 5中，我们还没有做那么多的可用性测试，因为其电机的配置是标准化的，我们有双按钮这种解决方案。所以，MQ7和MQ9确实是对现有产品的再设计。设计师们被允许在软硬材料组成上做一些改变，对我们来说，这是一个简单的再设计，没有很多技术层面的复杂性。

Tang：

你的意思是用一个简单的模型来测试它的外观，而不是在不同的阶段逐步测试它们的性能。

Phong：

是的。我们只是构建了一些非功能原型来证明整体尺寸，以及通过手柄在MQ 1至MQ 5中的大小来确定最终尺寸。

设计师是艺术家还是技术人员？

Tang：

谢谢您精彩的描述，博朗的设计团队与模型团队让我

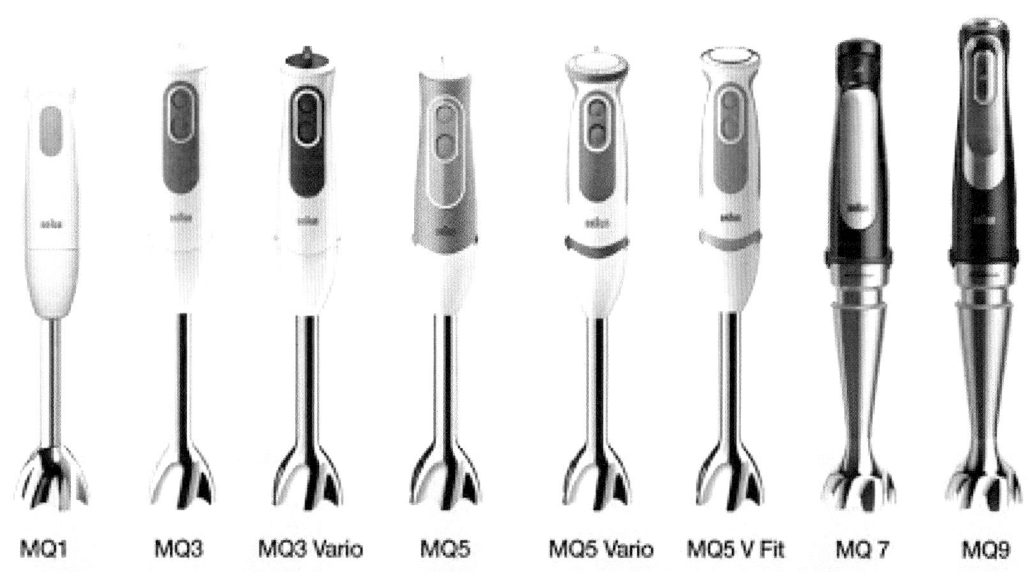

图5-16　博朗家用手持搅拌器（2）

图5-17　同型号博朗家用手持搅拌器系列组合

图5-18　MQ9手持搅拌器系列产品

想起了一个教育上的问题。上次我们去德国法兰克福应用技术大学，我们发现工业设计的学生分为两类：一类来自艺术学院，另一类来自工程学院。他们在设计方面有不同的能力。上次我们一起看了他们的期末项目展示，发现部分同学的模型能力和渲染能力还有进一步提高的空间，而另一部分同学在手绘和表现能力上有待提高。所以在你们内部的团队中，是否更偏爱这两类学生中的其中一种？如果这两类同学都有机会进入博朗，他们在你们团队会展示怎样不同的能力？

Phong：

在我任教过的所有国家，无论是米兰理工大学，还是上海的东华大学，或者是与我们合作的德国大学，这两种情况都很常见，设计学院的学生更关注艺术方面，而其他工程学院的学生则更关注技术应用。对于我来说，作为行业的代表，我更希望工业设计专业的学生能够将两者很好地结合在一起。我认为有抱负的设计师需要在技术应用方面掌握更完善的基本技能。如果没有这些，他们将很难成功地与工程师或技术研发组织讨论他们的想法。另一方面，他们也要接受美学方面的艺术要素培训，如果他们缺乏这些技能，他们将无法向营销人员讲述产品背后的故事。

市场营销就是在寻找情感故事，就是在寻找如何能够捕捉情感层面的事物。这也是包豪斯的哲学观点所在：你只有结合不同学科的技术能力才能获得成功。这意味着，艺术很重要，技术应用也很重要，两者与工作进程是并行的。但是当你开始从事这个行业的工作时，这些能力是通过实践来不断积累的，即“边做边学”。这是一项基本能力。大学为所有设计专业的学生灌输了足够的美学和艺术感知力以及技术应用方面的专业知识。在业界，年轻的设计师需要学习如何管理协调项目的整个流程。设计师需要明白自己的设计概念应该如何满足消费者的感知。因为有时候我们设计师认为自己总是在做正确的事情，但是当涉及实际情况时，消费者会告诉你完全不同的观点，因为你的想法可能并不适合消费者的观点。

现实是无情的，即使是手持搅拌器，我们也必须做好被严厉评判的准备。消费者或许会说：“这完全是胡说八道，反正我从不使用手持搅拌器。”或者：“我不知道设计师或工程师为什么要把按钮放在前面，因为我是用拇指来操作按钮的，而不是用食指。”因此，我们也要对消费者的反馈持开放态度，并将我们听到的内容纳入我们的日常工作中。如果设计师只专注于他自己的思维世界，那么他将无法取得长久的成功。

Tang：

德国的大学生在学校阶段如何培养模型制作的能力呢？在图片中，你展示了许多不同的模型测试技巧，你提到模型厂会帮助你制作一些模型。我想知道模型厂是否只是帮助你进行3D打印，还是说也会帮助你制作产品表面的涂装，或者你们需要专用的设备来测试产品的不同材料属性？那么在这一阶段，如何将自身的模型能力与外部企业的模型能力有效结合呢？

Phong：

从这个角度来看，设计师确实需要理解如何制作模型，但设计师不需要成为模型制作专业人员。一旦你进入这个行业，你就需要管理、协调这类项目。你肯定需要专业模型厂的支持。如果你没时间的话，专业的模型厂可以做得更快，但这里的重点在于，设计师首先需要提出完整的模型方案规划。

例如，设计师应该明白如何建立不同比例和尺寸的模型参考，在这些方面，要求设计师在一开始就要拥有丰富的经验。这些需要他们在学校里进行学习，而不是当他们进入公司之后。当你在一家公司或机构工作时，你是没有时间去学习如何制作模型的，因为这很浪费时间，这是设计师和学生在大学时就需要学习的东西，而不是工作以后才学习。

Lin：

也许这里我可以解释一下，2000年我在中国的华中科技大学机械学院工业设计系读书，后来，在德国我去了一所艺术与设计学院。在德国，即使是在艺术学校，我们也有一个非常大的工作坊。工作坊是一整栋建筑，包括许多不同的制作空间，有木工室、造型室、金属室、喷漆室等。里面有许多正在进行模型制作的学生，他们需要制作学期项目或期末项目的最终展示模型，可能是1:1的尺寸。同样，我们也要用许多不同的材料来进行项目展示。这里的师傅们都很友好。每个学期开始，学生们都会在工作坊进行各种各样的安全培训。所以我认为，能够让学生们知道如何制作实物模型而不仅仅是用电脑表达效果是非常重要的。

Phong：

我观察意大利和德国学生们的学习情况，也因为有这个原因的关系，现在学生们已经习惯在电脑上制作非常漂亮的渲染效果，但他们最终还是不知道自己的设计应该如何实现。

Tang：

您在博朗工作了二十多年之久。我想让您介绍一下博朗模型制作技术的发展。也许您可以介绍一下，从一开始你进入博朗到现在，您遇到过哪些模型制作新技术？您为什么选择使用不同的技术去制作新的模型？您认为哪些变化是好的？哪些方面将会变得越来越好？

Phong：

20年前，当我开始在博朗工作的时候，已经是一名有经验的模型制造者了。我的第一个方向就是工具制造。所以这对我在博朗的工作而言是有益的。现在，当我采访其他的博朗高级设计师时，我很惊讶，他们十分欢迎有技术背景的人。所以如果让我现在回答你之前的问题，艺术与技术两者谁更重要，我会说是技术。我们可以假设每个在博朗的设计师在他们加入博朗之前就已经掌握了这种复杂的技术，他或许是一名工程师，或许是一名技术能力较强的建筑师，即便是迪特·拉姆斯，他同样也是一名熟练的家具制造者，他们都有技术背景，他们都是技术出身，后来他们把设计当成了技术的一部分。

我的意思是，这些都应该被重新平衡，最重要的并非是制作精美的渲染图，而是要了解产品是如何制造、如何发展的，以及这些技术的应用过程是怎样的。如果你不了解产品的技术工艺，你就无法真正的改变它，因此，作为一名艺术家出身的设计师，不了解笔记本电脑是如何生产出来的，那么就不可能懂得对笔记本电脑有效配置并完成工业设计。如果你再问到关于技术背景的问题，我想我会回答：让我们先把精力集中于培养技术背景上，让他们先了解最基本的知识。比如，什么是注塑工艺，什么是铣削过程，什么是钻削过程，切割不同类型材料的机床参数该如何设置？还有一些最基本的，比如在不同的产品中应该使用哪些塑料材料，在一些特定的情况下也要考虑是否需要使用一些复合材料，你甚至可以用纸制作原型。在他们掌握了基本的技术能力之后，就要开始深化在美学和艺术方面的造诣。

技术如何影响设计开发

Tang：

是的，正是这些具有一定技术背景的人才创造了博朗的历史。我知道，1955年迪特·拉姆斯进入了博朗，在那个时候，他的第一个项目是室内设计，而不是产品设计。我想是否因为他的专业背景，所以他喜欢用一些几何元素来设计产品，他喜欢用矩形、圆形等几何元素来设计不同的产品。也许在20世纪90年代以后，你们把更多的注意力放在了与人体接触的舒适度层面。所以，就产品的形状而言，看起来更多的是通过使用不同的曲线来塑造产品，那么，您能给我们介绍一下博朗的变化吗？

Phong：

想象力的发展总会伴随新技术的出现，这也是我在博朗学到的。在迪特·拉姆斯的时代，他们只能通过二维表达，每个单独的产品图纸都是在一个大型绘图板上绘制的，在该绘图板上呈现出了典型的三个视图：前视图、俯视图和侧视图。技术图纸本身是二维的，所以当时制造行业专门关注二维制造工艺。

随着20世纪90年代的技术发展，计算机软件如Pro Engineer和汽车行业的其他软件得以建立。你也可以从汽车行业观察到，当时建模首先是从基础几何体开始的，这些基础几何体都可以通过样条曲线进行进一步的高阶设计，这些设计结果可以使汽车具有更小的风阻系数，所以你设计的东西需要完全符合空气动力学。这个软件也因此进入了博朗小型家电行业的视野中，这是我们第一次构建三维曲面。这也对设计师产生了影响，我们喜欢尝试这些新技术，我们喜欢尝试做一些不同的事情。

如今的设计师都是在三维空间进行设计创作的，但他们正在逐渐遗忘制造方法与制造过程。不知何故，如今的制造过程大多仍然在二维空间中运行，它不像3D软件那样复杂。3D打印是二维到三维的一种转变，这可能会对设计师产生一定影响。3D打印机能让他们帮助设计师实现他们对任何形状做出的自由发挥。

在迪特·拉姆斯时代，一切都集中在二维的表面上，所以这种“少即是多”的形式是非常好的。对于模型制作者而言，他们擅长转换不同的形式和手势，他们能够理解这种想象力，但是那时候没有软件，没有计算机，没有可以扩展想象力的新技术。作为设计师，我们总是要学会最先适应现有的新技术和新趋势。

Tang:

你是否还记得，在21世纪初，诺基亚说过，他们有着很严谨的设计流程，他们对于人的因素做出了很充分的考虑，由于他们能够把握住这一点，所以设计出来的产品是很舒适的。事实上，我们也知道诺基亚提供的产品非常有亲和力。苹果手机相对而言只是看起来很漂亮，但它的形状给人的手感并不是很好。你可以想象，把长方形握在手里是怎样的感觉，产品形状不是很适合人们的手型。在你看来，未来产品的造型与实用性相比哪一个更重要?

Phong:

我认为形状始终应该遵循适用性，但形状可能也会受到制造工艺的影响。目前，世界上先进的制造工艺并没有取得新的突破，这可能也是iPhone或其他智能手机的借口，它们的顶部是一个平面，其他所有的部件都被框起来了，这就是它的典型之处，即二维制造过程。因为电路板仍然是平面的，而不是其他更加灵活的形式，所以这方面不可能有其他更好的想法。如果技术在未来会发生变化的话，你就可以真正地去思考未来是否会采用三维制造过程。它可以使任何物体适应人类的风格。也许离你最近的东西就会成为你的智能对象，如果我能够在自己的手臂上、衣服上，或者是在我背部的某个地方实现智能手机操作，为什么我还需要智能手机的外壳呢?

是的，或许我们仍可以通过其他机会创造新的可能，但从整个行业层面来看，仍有许多问题亟待解决。我们没有新的材料，也没有成熟的工业化进程，然后，凭借这样的基础，我们就要开始进行超量生产。有一些来自不同纺织行业的原型，将新技术整合到服装中，但这仍然不是一个成熟的行业流程。所以我认为我们应该从行业创新开始，只有经得住时间的考验，才会真正变得成熟起来。

渲染与实体模型

Tang:

不知道你有没有考虑过这个问题，消费者很容易被外观所误导，他们或许并不是被产品性能所吸引，而是被图片或外观所吸引。也许测试者会在第一眼就爱上了它，他们对于如何使用它、如何让你的设备变得更好没有强烈的欲望，他们只是被产品外观所吸引。所以未来的工业设计是怎样的，也许就像你说的，在不同的学校、不同的专业有不同的侧重点。一些来自不同专业背景的学生，有的关注绘图，有的更关注技术，或许有些人认为模型是重要的，因为可以进行产品测试，还有些人认为好的渲染会更吸引消费者。在你看来，你是否想过如何去平衡这些?

Phong:

好的渲染能够产生美丽的图像，美丽的图像能够吸引消费者。但在现实中，如果你看到的产品与实际渲染效果不匹配的话，你的第一印象就会变得消极。在数字世界里，你可以制作漂亮的效果图，你可以修图。就比如，有时你在杂志上看到一张美女的照片，她看起来真的非常漂亮。但当你在现实中看到她的时候，或许并不完美，这是你无法改变的现实。你脑海中对于图片抱有美好的幻想，然后，你看到你面前的这个人与照片并不匹配。这里消费者会认为你撒谎了，你欺骗了他们。当消费者认为这是假的，那就会是假的，虽然产品是真实的。

如果产品是真实的，你需要真实地展示产品的美丽之处。我不喜欢过度渲染，因为它可以通过数字化编辑，使其看起来更加完美。如果用其他方式来处理效果图，如用不同的光线来刺激它们，用故事的形式进行讲述，那就不能告诉我们真实的效果，最终产品的图片就会与实物不相符。如果这样，那么产品与消费者间的联系就会开始中断，这就是现实。所以，我仍然认为高端原型才是更好的，而不是渲染图。

生产方式由谁来控制?

Tang:

你是否了解，在中国沿海城市有很多模型厂，一些企业会从他们那里购买服务。他们可以在模型制作方面提供很好的服务，他们的模型和3D打印出来的很不一样，他们可以制作出非常真实的模型，就像最终产品一样。很多时候能达到你在图片中所展示的效果，事实上，3D打印只是模型制作中一个非常基本的服务。我不确定你是否了解中国模型厂的服务价格和德国比可能会更便宜，也许花同样的钱，在中国你就可以买到最终制作的模型，而在德国只能买到最基本的模型服务。未来你们是否会考虑在中国购买模型服务?

Phong:

目前还不会，不可否认距离是一个非常重要的因素，此外还要考虑有关知识产权保护的问题。一个产品从设计构思和开发开始时，我们就在保护产品的知识产权了。如果我设计了一个新的产品并让它投入市场，我会考虑的因素有：它受不受保护，它的质量过不过关，它有没有所有权，它有没有自己的专利。在这时，如果我把模型制作的重任交由中国、俄罗斯，或者美国等，那我永远不会知道结果如何，所以我不信任第三方公司，我怕他们会用3D数据做其他事情。

至今博朗已面对过很多这样的问题，我们把我们的3D数据交给了土耳其、印度尼西亚等国的制造商，然后我们在其他地方就发现了我们产品的复制品，这意味着我们必须要学会保护自己的创意，让创意的所有权永远属于自己，任何第三方都不可靠。因此，在迪特·拉姆斯的时代我们就建立起了内部的模型工作室，我们需要一个有能力的人来承担这份需要保密的工作。如果现在有一个汽车品牌，比方说宝马，正在做一个新的概念设计，然后他们把订购模型的任务交给其它国家的制造商生产，这样任何东西可能都不会得到保护，你的竞争对手也可能在同一家供应商那里订购模型，然后你就会知道接下来发生什么了。你的秘密被泄露出去了，这就是为什么大公司都会有自己的模型工作室的原因。这样就能保护好自己公司产品的专利安全，将模型复制十次都没有问题。我们需要考虑第三方服务的速度、质量和价格，但如何保护好我们的专利才是一切问题的关键。

Tang:

我的最后一个问题与大规模生产相关。我想知道从产品模型到量产，你们的步骤是怎样的?哪些文件，或者哪些措施可以保证大规模量产百分之百与模型一致?

Phong:

大量生产的文档对于博朗来说非常特殊。设计团队负责外观和表面的设计。三维CAD数据，即最终CAD数据，由设计团队创建和管理。举个例子，我们的研发团队正在和西门子合作，在三维软件中建立产品模型，最终的产品造型是由西门子设计的，如果他们对可见零件进行更改，他们必须将三维数据返回给我们的设计师，然后我们对其进行更改。因此，对外表面的控制是设计团队的全部。一旦我们将此数据与所有分型线、材料强度一起做交接，我们还将附上一份颜色、材料及工艺（CMF）文件。

这个文档解释了我们想要在每一个视觉部分上应用什么样的颜色，我们想要使用什么样的材料，以及表面光泽度等，另外它还有抛光面、哑光面，有图案，有结构等。CMF文件能够解释产品的每一个细节。在最后的量产过程中，这个CMF文件会成为设计师所拥有的最重要的文件。一旦三个系列中的第一个原型到达，这就是检查点，我们将把工具中的原型与我们的CMF文档进行匹配。我们将告诉他们，我们希望在哪里进行调整和更改，然后在设计组织内部控制它。它不受研发和营销的控制，是设计师才能拥有这份文件。

第六章　Duy Phong Vu 的成长故事

在一个有着百年历史的公司里，“愿景”“创新”这些时髦词的重要性是什么？我们能以多快的速度大踏步走向未来？德龙集团的设计总监Duy Phong Vu教授（图6–1）明确表示，他并不认为创新或愿景是一种可以通过口头对话方式进行的设计战略：“创新是多样化的，是一个战略决策的集合体，而它往往是黑匣子中保持的更好的一个。”因此，他设计了一个多层次的思维框架，而在这个框架中，创新应该扮演主要的角色，且它有着不同的外表。

图6–1　德龙集团（De'Longhi）的设计总监Duy Phong Vu教授（中）

Duy Phong Vu（图6–1）1972年出生于越南。六岁时，他开始了他的第一次旅程，这次旅程持续了九个月。他曾在德国达姆施塔特应用科技大学学习工业设计。1998年，他的职业生涯拉开了帷幕。作为一个产品设计师，他得到了吉列博朗公司的赏识。他在几段职业生涯中获得了许多奖项，他将自己的知识传授给了德隆集团的后人和国际青年。作为一名教授，Phong在意大利的米兰理工大学和中国的东华大学国际时尚艺术学院担任教授，并培养未来的设计师。他从一开始就教导学生四个原则：教育来自于学习的勇气、灵感来自感知、真正的价值在于日常生活，以及幻象意味着打破常规。

Tang:

这几周我们整理了一些关于博朗公司的信息和资料，我们也看了你们发给我们的资料。我们对博朗、对迪特·拉姆斯，以及对你们的设计团队也有所了解。所以这一次，我们想了解一些与博朗公司和博朗设计历史相关的事情，尤其是关于你的情况。

这周刚开始的时候，我给Lin打了一个电话，我们沟通了一些事情，决定了这周讨论的主题。首先，我对一封来自迪特·拉姆斯的信很感兴趣。在上周我们看到了这封他写给埃尔文·博朗的信，信的主题是：我在博朗的第一年。在信中，他描述了他的工作情况、他的个人情况，以及他在博朗第一年所发生的一些事情。在我看来，光是他最初的设计动机就非常有意思，因为这对于一个设计师来说是非常重要的。

现在的你，在欧洲也是一名很成功的设计师。同时，你也管理着德国、意大利和英国的不同设计团队，所以我们也想了解关于你的一些事情。比如，为什么你之前会选择做一名设计师？又是什么让你成为了一名成功的设计师？我觉得这是非常重要的。我们注意到，你的成长时期和中国工业设计的快速发展阶段高度重合，所以我想中国的教育界和工业界的人们都会对你的成长经历感兴趣。

你知道，之前迪特·拉姆斯有他的设计原则，而这些原则一直到现在也对设计界有着深远的影响。我个人觉得，可能在未来，或许会有一些新的内容来补充这些设计原则。所以我们想知道，这25年来，你经历了些什么？

之前我跟博朗上海分公司的宗延平（Gilbert Zong）先生也通过电话，提前做了一点功课。他对我说，他可能是在同一年和你一起在博朗公司工作的，那大概是在1996年，但具体的时间他也记得不是很清楚了。我认为这对于博朗来说是一个非常关键的时期，因为你知道，迪特·拉姆斯在博朗工作了40年，1993年他退休离开了博朗，不过在那之后他仍然在设计界开展设计工作。我认为，正是在那之后，博朗进入了非常关键的时期，或许我们可以称它为新博朗时代，而你就是在这个时期来到了博朗。所以，我们希望你能描述一下博朗设计在这个阶段的发展，或者说，描述一下迪特·拉姆斯之后博朗的发展。

Phong:

我认识宗延平先生，我们确实是在同一时间在博朗工作的。在吉列和博朗的时候，我们几乎同时开启了我们的职业生涯。

从模型制作师到设计师的道路

迄今为止，我在博朗工作已经快25年了。我从1998年开始在博朗实习，那是我入职博朗的开始，也是我们这次交流的一个非常好的起点。最近我还拜访了所有前博朗高级设计师，他们在20世纪五六十年代几乎都在迪特·拉姆斯的团队内工作。我认为这次拜访对我回顾自己在博朗的成长而言，是非常重要的。

我在博朗的工作是从实习开始的。所以现在，我需要回想起自己在博朗刚刚起步的那会儿，那也是我刚从达姆施塔特应用科技大学获得工业设计专业学位的时候。我在上大学之前有过4年的工作经验，那时我在一家企业担任模型制作师，并学会了模型制作的手艺。这对我后来的工作影响很大，因为直到现在我都确确实实是在用我的双手做事情。

记得有一天，我和那家企业的老板有过一次谈话，期间我跟老板聊得很高兴。他对我说："Phong，当你完成职业培训以后，你就留在我们公司吧。"在当时，这对我来说是一个非常有趣的话题，因为我那时非常年轻，也没有什么远大的志向。所以当他第一次提出这个想法的时候，我不禁疑惑他为什么要说。于是我就问他："您为什么会这么说？我在这里已经学了四年多的技能，在我拿到模型师的证书后，我一定会为你们工作的。我很感谢您培养了我，所以为您工作也是我的荣幸。"然后他说："不，Phong，你要知道，在我们这里，曾经有过很多有理想的年轻人，他们所具备的能力都是我们培养的，但是后来他们大学毕业后都成为了设计师。"那时我只有22岁，而那是我第一次接触到设计这个词，它立刻引起了我的兴趣。这是一个我从来没有接触过的新词，所以我开始不断询问我父母的朋友、我自己的朋友：设计到底是什么？你可以想象，那是在1994年，是我真正完成大学学业的四年前。

第一个十字路口：工作还是学习？

正如你所说，20世纪90年代初，迪特·拉姆斯离开了博朗设计部并退休，而那时的我正在四处探寻设计是什么。

我了解过汽车设计、时装设计、平面设计，我发现我对这些并没有很大的兴趣。我最后选择学了工业设计。我在上大学时，达姆施塔特应用科技大学只有四个设计方向，四个设计方向其实并不算是很多。放在现在，我们有界面设计师、多媒体设计师，还有服务设计师等，也就是说，如今设计的概念要比以前大得多。

后来我参观了一些大学，我也和学校的一些硕士生进行了交流，同时我还在原来那家模型公司工作。但是最终，对设计的热情让我决定辞职专心学习。我对我的老板非常坦诚地说："你激发了我内心的某些东西，所以现在，我想离职专心学习。"他显得很不高兴，因为他激起了我的兴趣，但他的企业却因此失去了一个熟练的模型制作师。不过在最后，我还是成功辞去了我的工作，并且开启了我在达姆施塔特应用科技大学的生活。

我选择这所大学，是因为这里非常注重技术，而这种特点可以让我更加专注于研究技术、了解技术。同时，在研究技术、了解技术的过程中，也能让我知道我们为什么要去设计一些东西。大学最开始的那段时光是很轻松愉悦的，同时我也很幸运，当我开始在达姆施塔特应用科技大学学习的时候，我发现这里真的很有趣，因为在这所大学里有很多管理模型车间的师傅。在德国的大学，对于工业设计这门专业而言，他们会有一个专门的模型车间，而这个模型车间是由模型车间老师管理的。更加有趣的是，在大学期间，我和模型车间的老师Kissel先生有过多次交流，而在一次聊天过程中，他跟我说："Phong，我认识你很久了。"我问他为什么这么说。他说："你还记得五年前么，当你刚开始在模型公司上班的时候，我就是你的第一个客户。"

四年的学业结束后，我开始确定我的下一段旅程。在当时，除了设计师，我还有另一个方向可供选择，也就是成为一名烹饪厨师。烹饪厨师也是我生活的热情所在，并且在大学期间我也有在一家餐厅实习过。但是实习了三周以后，我便确信这不会成为我的职业。因为成为一名烹饪厨师也就意味着，你必须从非常非常低的起点开始，你需要真正地为人们服务。对我来说，烹饪以外的那些事情我都不感兴趣。所以我决定，只是把烹饪作为我的爱好。

最终，我的梦想还是要成为一名设计师。事实上，我的教育背景对我成为一名优秀的设计师有很大帮助，因为我有非常清晰的技术背景和制造业背景。正因为这些背景，我才知道什么是可行的，什么是不可行的，什么是梦想，而什么才是你真正可以实现的。也正是因为我的技术背景，我才能够在我25年的职业生涯中，每次都推动团队发挥不同的功能，无论是市场营销、研发还是设计，我们最终都会找到正确的发展方向。对我而言，作为一名设计师，最重要的事情就是要让想法成为现实。

所以无论我的梦想是什么，我最终都会希望我的产品能够被摆到货架上，并且人们都能买到它。同时，这也是每个设计师的梦想。不论你是一名时尚设计师、一名产品设计师，还是一名多媒体设计师，你做每一件事的时候都必须期待有人购买它，有人得到它，有人使用它。对一名设计师而言，这三件事非常重要。

第二个十字路口：情感还是传统？

在德国，学生要学习四年半的时间，也就是要学习八到九个学期，这是标准的学习时间。然后，在硕士的最后一学期，你需要申请为期6个月的实习。所以，在学业的最后一年，也就是1997年，在我拿到文凭之前，我必须申请并完成实习。当时我给位于埃因霍温的飞利浦写了一封信。飞利浦之所以是我的第一选择，是因为其知名度很高，几乎所有设计专业的大学生都认为飞利浦是一个充满灵感的品牌，我们认为这个品牌有着很多的产品和愿景。同时，飞利浦也举办了很多大奖赛，很多学生在大学期间参加这些大奖赛的热情很高。

大概是在20世纪90年代初的这段时间，追求幸福和健康的产品曾风靡一时，所以许多公司着眼于人类健康的方向。飞利浦也开设了一个品类，那就是飞利浦医疗保健。我对这个领域非常感兴趣，因此我申请在飞利浦总部埃因霍温实习6个月。当时的飞利浦公司有八种产品，包括个人护理、家庭护理和医疗护理等，具体的一些品类我有些记不太清了。同时，如果在飞利浦工作可以丰富我的作品集内的产品品类，这样当在后来介绍起自己的作品集时，就完全可以说这就是你大学时期的作品集。

我在大学里所开发的每一个概念背后都有技术论证做支撑，而这恰恰与飞利浦的设计相反。飞利浦的设计非常情感化，也非常注重人的因素，但他们并不太重视这样的技术论证。事实上，我认为形式应当追随功能，然而飞利浦的设计给人的感觉更像是形式追随情感，而这是一种完全不同的心态。但我觉得这非常有趣，因为在我看来，这就是新的事物。我以前从来没有从这一角度出发看待设计。所以我确信，这就是它们完美的原因，也就是为什么我想加入飞利浦的原因。我想多去学习如何才能根据人的情绪设计产品，而这也是我能真正从飞利浦中学到的东西。

我从埃因霍温面试回来，等待飞利浦公司的回信以及实习通知。等待之余，我的一个同学在聊天中提到了博朗，对当时的我而言，这是我第一次知道这家公司。你完全可以想象，当时我已经在达姆施塔特应用科技大学学习了7个学期，也就是三年半的时间，而在大学旁边有一座博朗博物馆，但我却从来没有接触过或者是听过这个品牌。

我的同学对我说："Phong，德国有一个著名的品牌叫博朗，就在法兰克福的北边。为什么你不去那里实习呢？"虽然他们这么跟我说，不过其实他们都知道，很少有人能够在博朗得到实习机会。在整个达姆施塔特应用科技大学，可能10年内也只有一个学生能够在那里实习。所以，我去查了学校的实习档案，发现有一个人曾经在博朗实习过，我于是去找这个人，他比我大一届，而那时他已经毕业了。后来，我找到他并跟他聊了一次。他详细地告诉了我他当时的一些情况。我说："啊，这也不错。"然后我记下了博朗的地址。

后来，我就真的把作品集寄给了博朗，就是当时我寄给飞利浦的作品集。同时我写了封申请实习机会的信。那是在1997年，当时迪特·拉姆斯已经退休了。我和博朗的彼得·施耐德取得了联系，而他的前负责人就是迪特·拉姆斯。当我把作品集寄出两周后，他的助手打电话给我说："Phong，我们收到你的申请了。但我们还想了解更多关于你的情况，我们希望邀请你去面试。"我说："很好，那就这么办吧。"因为法兰克福和达姆施塔特很近，所以我完全可以开车去那里。

一周后，在博朗设计部的办公室里，彼得·施耐德对我进行了面试。他跟我交流，指出在我的作品集里有哪些地方做得很好。有趣的是，他所提及的作品集中好的产品都是一些概念项目，是我在大学期间独立完成的。那时我参加了很多竞赛，其实参加竞赛是很有必要的，因为只有通过竞赛才能够让别人了解你的水平。

彼得很喜欢我的设计语言和结构。他说："Phong，我喜欢你的作品集，我也很喜欢你的个性，我们一起在公司转转吧。我来介绍一下我的设计团队，然后由你来决定是否要来我们这里实习。"

汲取年龄中的智慧

这个小型设计团队在克朗伯格的博朗总部，我来到博朗面试的时间与飞利浦实习确认时间几乎相同。一周后，飞利浦也给我发来确认函，确认了我可以在飞利浦实习半年。当时，我需要做出选择。我针对飞利浦和博朗的优势做了比较。对我而言，最关键的在于，作为一名年轻的设计师，在当时我肯定更想去学习一些东西，毕竟每一个从事专业的年轻设计师，都想要快速、高质量地学习。我确实也想在飞利浦成长为一名青年才俊，但当时飞利浦在埃因霍温的设计团队有250名设计师之多。所以我问自己，设计师越多，我能学到的东西就一定会越多吗？如果我成为第251名飞利浦的设计师，我能全方位从事设计工作吗？还是说选择加入博朗，与12名高级设计师一起工作？

真的，当我加入博朗的时候，那些高级设计师所在部门给我的感觉就像是一个养老中心。在博朗设计团队的所有员工当中，我是最年轻的一个。考虑到我的家庭背景和个人背景，我说，好吧，那我可以多去学习，这就是我们亚洲人的心态，也就是总是希望能够从老员工身上学到更多东西。所以最后我决定加入博朗，因为在这里我可以向很多人学习。而且这个小团队像一个家庭一样。不过，这里只有12名设计师，仅此而已。

在当时，博朗设计团队总共只有25人，整个团队中还包括了一些模型制作师和平面设计师。是的，跟飞利浦的250人相比，博朗只有25人。半年以后，我想说，我在博朗真的很开心。他们会直接给你设计概念，你做的都是真实的项目。我是当时唯一的一名实习生，他们邀请我一起加入一些具体的项目，然后我就能够和所有的设计师在他们的项目中共同创作。所以我在这里学习到的都是一些实际的东西，而并不是单单研究概念性的东西或是一些愿景。

我在当时会自己动手或者直接去制作一些东西，同时为我的作品集做准备。我的第一个设计类别是电动剃须刀，而这个设计也是面向中国市场的。那正是宗延平先生在中国负责博朗业务的时候我为他们设计的产品，当时我们还没有见过面，但他知道博朗现在有一位亚洲设计师，而这位设计师为中国市场设计了电动剃须刀。

在我加入德龙之后，我把这个故事告诉了宗延平先生。他说，我终于知道电动剃须刀的设计者长什么样了，因为我们之前都没有机会在视频会议中见面，我们一直以来都是通过邮件交流的。从今天开始，我们可以用微信视频通话，可以面对面交流，这些都很容易实现。那段时期，我在做剃须刀，做咖啡机，做一些家用产品。6个月后，我已经有了三四个项目在做。但我无法在实习期间内完成这些项目。

显然，我并不能去要求彼得·施耐德延长我的实习时间从而完成我的项目，因为实习周期是提前安排好的。不过幸运的是，那时因为我的大学还没有开学，所以在6个月后，我把实习时间延长到了9个月。最后，在9个月内，我为博朗设计团队完成了三四个项目。

然后彼得·施耐德问我："Phong，你有什么计划？你下一步要去做什么？"我回答说："现在我想先拿到文凭。"因为这是我大学的最后一年了。但是我能够肯定，我要留在这个行业工作。而且，相对于自由设计师而言，我更喜欢在公司内部的设计部门工作。即使是在大学期间，我也很少以自由设计师的身份为设计机构工作。在大学四年中，我曾在好几家设计机构工作过，但只是为了能够有一份收入，从而填补大学生涯中昂贵的开销，毕竟学设计并不便宜。

后来他说，如果你有兴趣在这个行业工作，我可以安排你在博朗设计部完成硕士论文。如果你愿意的话，我可以跟博朗设计部去协商这件事情。当时我迫切地需要一名导师，也需要一个能资助我事业的人，因为我的家庭并不富裕，在家里没有人会全资资助我。于是我答应了他。他说："好，那么你就在博朗设计团队开展硕士论文，而我每个月都会资助你。同时我也会去帮助你继续发展设计职业道路，这样一来你将会得到一份固定的收入，从而完成你在博朗的硕士论文。"

然后我说："好，成交。"当时情况其实有点奇怪，由于我要与博朗合作完成硕士论文、合作拿到毕业文凭，导致学校这边很不高兴。因为这样一来的话，在德国的毕业证书中，就会说明我与这个企业有合作关系。但是事实却是，这个企业当时并没有和学校有任何产学研合作。所以教授们很不高兴，他们说，Phong，这是你在大学的最后一个项目，你的选题可以任意自由选择。但为什么你偏偏要选择为这个企业设计产品呢。我当时就笑了，对教授们说，我得为我未来的工作考虑。如果是像博朗这样的公司给了我这个机会，而我不接受的话，我一定是疯了。

作为设计师，你需要有创造力，你需要有自由的思想。但最后，你需要一份工作。教授们真的不想让我通过这样的方式拿到文凭，所以我必须处理好大学和博朗之间的冲突，因为我还是在大学学习时期。如果大学不愿意和企业合作，就等于不给我们这些设计专业的学生一个能够向行业学习的机会。所以我当时就在想，未来如果有机会的话，我一定会推动高校与企业产学研的合作。

好在教授们最后妥协了。他们说，好吧，Phong，你去做吧。我们只是试图解放你的思想，如果你确实需要这个，那你也许是对的。然后我就和博朗设计部一起完成了我的硕士毕业论文。这个毕业论文的结果非常成功。跟飞利浦类似，博朗当时也拥有同样的一个产品类别，叫做个人诊断设备，这是一个关于体重秤、血压计之类的产品。我在博朗的硕士论文，就是与人类幸福因素相关产品的探讨。最后我完成了一篇很好的毕业论文，取得了硕士文凭。

当我完成之后，我就去博朗询问他们的设计部门能否给我一个职位，因为这样一来我就可以加入博朗设计团队。但很遗憾的是，彼得和我说："Phong，我们博朗设计部现在没有空缺职位。不过说实话，我们真的很乐意给你这个机会。但你也许可以和克劳斯谈谈。"

模型制作设计师

在当时，克劳斯是博朗设计部模型车间的经理。后来我跟他聊了一下，他说："Phong，我这里倒确实有一个空缺职位，但是这个职位只招模型师。"我一听就说："那不行，我在大学之前就是做模型制作的。我在大学里学设计并不是为了以后再次成为模型制作师。"他说："我能够理解你的想法。但是如果你确实想要加入博朗设计，那么我的建议就是，你得先进入博朗。你看，我们这里有很多老设计师，他们都是五十多岁的人了。所以毋庸置疑，我们的博朗设计团队非常需要年轻新鲜的血液。不过现在唯一空闲的职位就是博朗设计团队模型车间的模型制作师，所以你要先进来，然后再等加入博朗设计的机会。"

我最终被他说服了，于是我去申请了这个职位。

他后来跟我说："你这个选择是正确的。两年后，我就会把你推荐给他们，我一定会帮助你加入设计团队。"于是，我又回到了我的老本行，我在博朗设计团队进行模型制作的工作。克劳斯很聪明，他为我写了一份工作简介，把我称作模型车间设计师。也就是说，他发明了一个新的工作岗位。他把我描述成了有着模型制作师和设计师双重背景，并能够把这两种能力融合在一起的人。他说，Phong是模型车间里的设计师，也是模型车间里的制作师。他会为在博朗做设计的其他设计师提供支持与帮助，而这种表述听起来很完美。

从模型车间这段工作经历开始，我就很高兴地成为了博朗设计团队的一员。我有时也会从事平面设计之类的工作，但无论如何，那都是我在博朗的起点。那两年我也了解到了整个公司的内部组织是如何运作的，这对我帮助很大。因为我不是一名责任设计师，我总是在后台默默支持着设计师的概念开发。可以说，在这段经历里，我真的学到了很多东西。

两年过后，我问克劳斯："现在我看到有一些设计师已经退休了，而我们的设计团队也需要重建。那么现在，我是不是能换成设计师岗位？"他说："好吧，但是我们得先去跟彼得谈谈。"

然后我们就去找彼得，当时他已经是博朗的设计总监了。但是彼得却说："现在还是没有空缺的职位。但是Phong，我们很欣赏你作为模型车间设计师的所作所为。所以如果你能够留在这个职位上，我们会很高兴。"然后我告诉他，我说："彼得，这并不是我们两年前的约定。在两年前，你承诺过有一天能够让我加入设计团队，完完全全地成为一名设计师。"他承认了，他说："是啊，但是现在我们不能给你提供这个岗位。"

好吧，我同意了，然后我就回家了。我想了想当时的情况，然后决定跳槽。在那之后我就开始四处联系我的朋友，联系不同的公司。当时德国南部的万国公司为我提供了一份设计师的工作机会。那时我去意已决，因为我在博朗已经看不到任何进一步的职业机会。

机会终于来了：我成为了一名设计师！

有了这个工作机会，我又回到了博朗。我找到彼得和克劳斯，我对他们说："伙计们，我在这个行业里找了一圈。现在，找到了一份新工作，我需要在未来两周内给他们一个答复，告诉他们我是否选择加入他们。但在那之前，我想先给你们一个机会，让你们重新考虑一下，博朗设计团队是否希望我留下来。但是需要明确的是，如果我留下来，那么我只想成为一名设计师。"听罢，彼得和人力资源部门的人进行了沟通。最后，他们真的为我提供了一个设计师工作岗位。然后，在一周之内，我就加入了博朗的设计团队。所以找工作对我来说确实也是一种学习。因为一旦你有了抱负，一旦你有了愿景，那么你真的就需要主动去推动它。

我的职业生涯就是在那个时候开始的。每两三年，当我学到了新的东西，我就需要得到更高的职业岗位。在这一点上，彼得很理解我。于是每隔两三年，我们就会遇到这样的情况，我从初级设计师到中级设计师再到高级设计师，最后，我成为了某一品类的经理。六七年之后，我也开始管理团队了。我当时负责针对企业形象组织团队进行协调管理，然后它们最后就真的成为了关键的一环。

没过几年，所有迪特·拉姆斯时代的高级设计师都退休了。然后我就开始招聘新的设计师。同时我开始和大学合作，是的，就像我先前所想的那样，我真的开启了与大学之间的合作之门，让学生们有了很好的实习机会。通过实习，我们也可以切身观察到他们是否适合博朗设计部门。

然而，真正的一切是从2007年开始的。当时我已经是博朗宝洁公司的设计总监。2007年我作为设计部的临时负责人，需要负责整个设计团队的工作。直到2009年，当彼得·施耐德要退休的时候，他很坦诚地告诉我公司正在寻找一位外部人士担任设计部总监。在我看来，公司确实需要一些新鲜的血液，他们需要改变博朗的设计理念，而我是内部候选人。他们说："Phong（图6-2），请你先以临时设计负责人的身份管理博朗设计团队。但我们很坦白，也很诚实地告诉你，我们正在寻找一个外部候选人成为博朗的下一任设计总监。"于是我说："好吧，我没问题。"接着，我就开始学习如何管理整个团队。

在2002~2009年，我了解了公司的预算、人员管理、利益相关者管理这些方面的战略决策，我在博朗担任临时设计负责人的时间里，也学会了相关管理技能。2009年，奥利瓦（Oliver Grabes）作为外部人员加入了公司，他是

图6-2　博朗设计团队（左一：Phong）

从大学来的，是一位教授。之前设计团队已经在做转型，希望从一个遍布老年人的团队转变成为一个年轻人组成的设计团队。为了达成这个目的，我改变了工作方式，改变了等级制度，改变了团队配置。所以，在那两年里，博朗设计团队的改造和转型已经开始了。同时，我们也有了新的设计原则，比如说“纯粹的力量”（Pure Kraft），以及对于迪特·拉姆斯设计理念的应用，还包括如何真正成为博朗未来的基因。

这两年给了我一个非常好的成长机会。2009年奥利瓦加入后，公司仍任命我担任了设计部唯一的部门经理。我负责管理所有的工业设计师，同时也包括所有相关品类的开发。我们管理的是护理业务，或者说，宝洁公司内部的所有设计业务都将由博朗负责。

接下来的工作重点就在于，如何才能找到优秀的人才？由于博朗一直以博朗国际工业设计奖的形式对大学提供支持，所以我们同很多大学都有良好的合作关系。同时，我在博朗工作的这25年里，了解到大部分为博朗工作的设计人才其实都是来自于合作的大学。

一直以来，博朗设计部门同人才之间已经建立了非常紧密的关系。我们依然会跟在博朗成功完成实习的人才保持联系。他们工作之后，一旦博朗设计部有了职位，我们就会打电话给他们，然后他们又会回到博朗，而这也是所有博朗的设计师都会遇到的情况。在博朗工作的设计师彼此之间其实都是非常好的朋友，我们就像是一家人一样。我们不仅仅会一起在公司工作，私下里我们也会进行交流团建，比如说烧烤聚会、生日派对之类的。所以，我们在私下里也有非常密切的联系。博朗设计团队确实是在这样的理念下、这样的自信下，在团队知己知彼的情况下生存下去的。这也是我25年来最深的体会。

你的设计质量取决于你团队的质量，而这也就意味着，如果你没有一个完美的团队配置，那么你的设计质量肯定也是失败的。所以作为一个强大的团队，就需要有良好的交流能力，要有良好的冲突处理和合作能力。然后，毫无疑问，这样一来你就可以推动自己达到一个新的高度。但是如果一个团队不在一起工作，换言之，每个人都在一个孤岛上工作，那么你的设计价值肯定不能够充分体现。因为这样只能体现你的个人价值，整个设计就成了凭你自己的感觉设计，而不是为了自己的情感而设计。因此，最后你也就不会考虑到品牌价值和博朗的设计理念。

早上好，德龙

2013年，我职业生涯的下一个篇章开始了，我加入了德龙集团。德龙接手博朗家居之后，法比奥·德龙（Fabio DeLonghi）就问我是否可以考虑加入德龙家族，然后为德龙家族建立一个新的博朗设计团队。由于我在宝洁公司的最后几年也做过这样的工作，所以我很清楚如何建立这个团队，不过在宝洁时我是临时设计主管，所以我当时只是说，好吧。现在，我成为了一个正式的设计主管，所以我可以建立自己的团队。于是，我有了这样一个全新的开始，而这对我来说真的是一次开阔眼界的机会。

我当时就告诉他：“如果你能给我这个机会，那么我会非常乐意加入德龙。但是在那之前请允许我跟宝洁公司商量一下。”然后我想办法告别了我以前所在的宝洁团队，加入了一个新的公司。但我的任务还没有完成，因为我仍然在为博朗工作，为这个品牌工作，我们之间仍然保持着良好的联系。是的。回过头来看，现在的我们很容易实现工作中的交流。直到今天，我们仍保持着良好的合作。我们会定期开会，增进我们对博朗设计理念的理解，并交流意见。现在，我的博朗团队大约有六个人。这是一个非常好的团队，我们的团队里有大三学生，也有大学刚毕业的学生。

我完全应用了我之前所说的模式，也就是产业界和大学之间的紧密合作。所以，在上海，我担任了东华大学的校外导师。自2018年起，我兼任了米兰理工学院客座教授，我们团队的一位设计师就来自米兰理工学院。从2019年开始，我们开始与代尔夫特大学合作。有了这些基础之后，我们就开始为意大利德龙团队招聘设计师。所以据此我确信，如果产学研之间的合作强而有力，并具有良好的伙伴关系，那么你肯定能更好地为团队找到合适的人才。最后我想说，选择人才光凭短短六个月的实习是完全不够的，作为公司，我们还需要了解大学的背景和大学的理念，如果这些都符合你们公司的理念，那么，你就可以去尝试和这所大学合作。这是很重要的，这也是经历了25年的职业生涯之后，我所感悟到的。

博朗、迪特·拉姆斯和苹果

Tang：

是的，我很感激您分享了这么多。在这之后，我有一些问题想和您交流。

首先，据我所知，博朗设计团队的规模似乎一直都不是很大。通过一些资料可以了解到，这个团队一直都只有十几个人，这其中包括了工业设计师和一些技术人员。所以我认为，这不是一支人数众多的队伍。但据我了解，从20世纪50年代开始到90年代迪特·拉姆斯时期，这支设计团队总共设计了500多种产品。我想知道，像这种小规模的设计团队，是怎么能够在这个时期实现这么多的产品设计？这段时间里你又是怎么安排工作的？在迪特·拉姆斯退休后，你认为这种情况有所改变吗？还是说会像以前一样保持下去？

Phong：

我认为这种情况将会维持。其实在公开场合，我不能透露我与迪特·拉姆斯所讨论的内容。因为我需要尊重他的意愿，得到他的同意，我才能够在谈话中涉及我们之间的讨论内容。我需要经常和他通电话，询问他的意见才行。但是，我可以和你分享的是，他说，博朗的小规模设计团队有25个人，而在这25个人当中，有12名工业设计师。他说这就是博朗的成功之处。

因为在这样的一个团队里，你不需要和太多的创意人员结盟，他个人推崇保持这样的团队规模，他不希望将队伍发展得越来越大。我们知道三星、飞利浦、LG这些公司都已经开始走向世界。现在几乎每一个有设计师意识的组织，都有大约500名设计师，其中包括了设计经理、设计执行、设计支持等，每一个团队里都有许多的设计师。

博朗设计团队成员规模小的好处是，你通常需要两三年的时间去了解博朗设计理念背后的东西，但是一旦你理解了它，你就能看到真正的大局。然后你就会成为博朗设计中的一名设计师，你的行为或多或少会像一名建筑师一样，去协调每一个细节。支撑你这样做的根本原因就在于你有这样的大局观。

这也是博朗与其他公司最大的不同，一些大公司拥有太多的创意人员，庞大的设计师队伍。那么，公司如何去协调这支设计师队伍，如何让他们以同样的理念、同样的质量进行工作？这也就是为什么迪特·拉姆斯说，要让你的团队小而紧凑，小而高效。这确实是很重要的。

迪特·拉姆斯此前受苹果设计公司的邀请，参观了位于加州的苹果工作室，他回来之后，在博朗奖的会议上聊起过这次参观。迪特跟我说，Phong，他们并没有什么魔法，苹果的工作室看起来和博朗的工作室一模一样。他们有一个工业设计团队，还有一个模型车间设计团队。是的，模型车间设计团队，这是最为重要的。你需要有模型车间，需要有模型制作团队，这样一来，你就能够把你的想法变为现实，你就能触摸到它。

然后，你需要有工业设计团队。这个团队擅长3D、图形、可视化、执行，从而他们能够让想法变得有形，苹果工作团队和博朗设计团队的规模是一样的。而且苹果也并不是500名设计师的这种大规模，他们的一个团队大概有10名设计师。他认为这也是苹果成功的要素之一，也就是，他们的团队规模并不是那么大，他们可以公开讨论，这也是他们能够保持设计语言一致的原因。

所以，如果一个品牌需要通过设计语言来传达信息，而你又在努力保持一致性，那么你需要意识到，250名或500名设计师的团队规模是绝对无法做到这一点的。博朗的团队总是非常小而紧凑，而这也是博朗设计中一个非常独特的元素。

Tang：

确实如此。我记得上次有一名博朗设计师提到，在设计一个产品的时候可能需要三年或更长的时间。我认为这段时间很重要，但是也许，你们只是在同一时间考虑一个目标。也就是说，在这段时间里你不单单只设计一种产品，可能在这个时间内，你们会同时设计好几种产品。对此，我不太确定我的理解是否正确，所以我想向你求证一下。

Phong：

你的理解是正确的。这一点也是基于我对在迪特・拉姆斯时期高级设计师的采访。我觉得在这个过程中非常重要的一点在于，当迪特管理他的团队时，他其实并没有进行专门的分工。在他的管理中，没有一个团队专门为家庭产品服务，没有一个团队专门为剃须刀服务，没有一个团队专门为女性剃须产品服务，没有一个团队专门为眉部剃须服务，没有一个团队专门为任何湿式剃须刀服务。他们仅仅是有了一个新的目标，一个新的产品，一个新的设计简报。然后在团队内部，他们讨论这个新的项目机会。继而在团队中，就会有人举手说，我想管理这个项目。迪特并不会说，你做这个，或者是你做那个。相反，他们只是像一个团队那样去讨论，谁应该做什么。最终，每个人都明白他们目前的资源是怎样的，以及他们是否有足够的时间真正专注于这个问题。在迪特・拉姆斯那个时期，没有什么时间上的压力。那个时候的博朗设计团队总是能够从容地思考正确的解决方案。

他们的思考方式看起来是在早期阶段就进入了设计过程，但实际上我们应该在更早的阶段就进入设计活动中。当市场部问及关于一个新概念的解决方案时，已经太晚了。这是通过学习来实现的。所以，设计团队需要明白，要想在最早的阶段预知概念，应该从概念的设计理念上去下功夫。对他们来说，当市场部提出要求的时候，你就应该已经有了解决方案，而你只是需要给他们一个故事，给他们一个命题，让他们能够真正地把营销故事和最终产品结合起来。

设计需要更多的远见

设计需要更多的远见，我就是这样想的。这就是我在每一个独立品牌身上所学习到的东西，而这也是我在德龙和凯伍德所做出的改变。现在我在集团担任首席设计师已经两年了，除了博朗，同时我也管理着德龙和凯伍德。我发现在这几个设计机构中，所有的事务都在并排前进，所以你没有时间为了某一件产品去驻足思考，因此我做的更多的事情是从整体上对产品进行规划。设计风格是设计规划中的一个重要内容，如果你不去花时间思考最初的设计风格，那么在这个时候，设计就变成了一种单纯的美化。但是事实上，设计意味着要去重新思考用户的行为，它意味着要重新思考交互应该如何改进，它意味着我们要从消费者的角度来看待问题，这些才是设计的关键点。

所以，如果你在最开始就仅仅是去执行，那么你就变成了一个美化部门。过去几年，德龙和凯伍德的情况正是如此，而我，完全改变了这种结构。如今他们真正实现了共同创造，我推动他们从一开始就重新思考产品的一切。没有人告诉你，你需要做什么。但是你要主动去说，哦，这件事情要来了，新的咖啡机可能四五个月就要出货，我们开始讨论下一个问题吧。作为一名设计师，你不需要去做销售简报，因为你拥有很多调查的渠道。你可以上网搜索，你可以做研究，你可以去星巴克、去咖啡角寻找新的设计灵感。你可以采访我的朋友，你可以采访我的家人，而这些，就是心态上的的变化。

因此，我认为在两年后的今天，我们的团队将会变得更好。我们有着先进的设计理念，一旦市场部提出要求，我们就能够说出我们的建议。同时，我们也会告诉你我们这样建议的原因。但如果市场部要求你在明年推出产品，而这之间，你只有一年的时间，那这是不可能完成的，因为产品设计的时间被压缩了。然后你就开始对现有的技术、现有的平台进行重新设计，这样一来，你就会变成一个产品的美化部门了。我认为工业设计不是一个产品美化部门，工业设计是在为产品品质做贡献，我们要关注消费者的需求并理解它背后的含义，这才是最重要的。

我对我的团队说，你们要把自己的办公桌腾出来做造型练习，我们坐在一起讨论一下，好好交流。因为所有的执行任务你都可以交给设计机构。对于设计机构来说，如果我们有时间上的压力，那么你可以去寻求外部的支持，包括在计算机辅助设计方面，在施工方面，在涂装方面，在模型车间方面……这一切你都可以寻求外部的支持。但最重要的是要保证对于内容、意义的前期讨论时间。我们要有一个清晰的画面，我们要用一个声音说话。是的。所以我们才会说，我们的价值观都是完全一样的。在这个过程中，一切都改变了，而且改变了很多。

Tang：

是的，你说得对。

我有另外一个问题。我们不难发现，其实你要面对很多复杂的情况，那么你是怎么把压力转移到年轻设计师身上呢？因为你知道，设计师一般不喜欢面对压力，尤其是那些迫在眉睫的任务，你是如何去说服他们在对任务进行重新思考的同时，去完成眼前的任务呢？

Phong：

我只能把压力留给那些更有经验的设计师，也就是我的设计总监们，比如博朗家居设计总监、德龙设计总监、凯伍德设计总监，我会让他们一起来管理团队，而不是一对一地施压。我不会去找负责项目的设计师，告诉他，你明天就得交付。我总是会说，我能够理解你的情况，但同时我也会问你在团队里讨论过这个问题吗？也就是说，我要逼着他们进行团队讨论。

这也是我的设计总监们正在做的事情。他们需要让多名设计师参与讨论，并发表自己的意见。我说，我不喜欢某些人坐在那里一言不发，沉默不语，从来不表达自己的想法。因为如果发生这种情况，那么你就永远不知道这个人是否对团队的解决方案感到满意。他们也需要学习如何对话，他们也需要学习如何与对方交谈。我们是一个小团队，所以你也应该积极参与这种开放性的讨论。这种讨论可以使我们知道目前的设计方案适不适合德龙、适不适合博朗、适不适合凯伍德。

所以，我从不给我的团队这样的压力。更通常的情况下，我会说，让我们慢慢来。如果利益相关者，如果首席营销官，或者如果德龙要求我们交付，那么我们会更加严格地管理设计时间，同时也会严格执行和外部合作伙伴之间的工作协议。我们有预算，我们可以花这些钱去做这些事情，但是，我需要你们所有人都坚信自己的想法。迪特说过，如果你不自信的话，这样很容易让团队认为：啊，Phong喜欢它，所以我们就这样展示吧。但我会对这种情况说不。因为这不是关于我的问题，因为我现在要问的，是你是否支持你自己的想法。

如果团队不团结，那么我的意见就没有任何意义了。每次当我批准一件事的时候，我都会先问，我们团队的意见是什么？同时，这样一来他们也就知道团队意见的重要性。当然，我也能够看出来他们回答得诚实与否。如果他们说，团队的意见完全一致，那么接下来我就会再次给每个团队成员打电话，和他们确认。如果他们有不同的意见，那么我就会打电话给我的设计总监。我会告诉他们说，你们的团队意见并不一致，你们需要回去再讨论一下。

这就是为什么更多时候，我更像是一个导师，一个主持人，一个帮助团队进行良好的对话与沟通的角色。如果一个团队真的擅长交流，你完全不需要观察执行情况、设计形式等，因为这些都不是最重要的。讨论的质量将会在最后传达出产品方案的质量时表现出来。当团队有了属于自己的结论的时候，我就从来没有再看到过有什么不对劲的地方。

Tang：

我想我明白了。那么接着我们来谈谈下一个问题吧。

我们知道，博朗在历史上被收购过几次。第一次是在1967年，博朗被吉列收购了，当时吉列也是一家剃须刀的生产商。在收购后，吉列从博朗身上吸取了很多的东西，尤其是在剃须刀技术方面。

抛开这段历史本身，我还有几个疑问。第一个问题是，其实那时博朗的情况还不算太糟，我想知道为什么博朗兄弟要把博朗卖给像吉列这样的竞争对手。

第二个问题则是，当把博朗卖给了吉列之后，我发现博朗并没有变得更弱，甚至还变强了。就像我们看到的很多刚刚进入市场的博朗新产品，不但在欧洲市场，甚至开始参与到了国际竞争中，比如后来博朗进入日本市场及北美市场。所以在收购之后的敏感时期，我想知道博朗的设计团队在这种背景下做出了怎样的改变。

大概在21世纪后，博朗又被卖给了宝洁和德龙。在这个时期，你需要加入不同的公司，与不同的设计团队合作。那么第三个问题就是，你是如何把他们结合在一起工作的？你又是如何调整设计原则的？

Phong：

好问题。我想，你想问的是博朗设计是如何在所有这些收购中生存下来的，对吗？博朗第一次是被吉列收购的，那是1967年的事情了。我认为，正是因为博朗的成功才引起了这次收购，而这就是博朗被收购并继续发展的原因。另外，在那时博朗兄弟不再觉得他们可以管理博朗这个大公司了。我可以再给你发一篇介绍博朗的文章，它解释了博朗创始人两个儿子的背景，以及他们为什么这样做。事实上，他们一个更像工程师，另一个更像梦想家。

如果仅仅只是拥有艺术背景，那么博朗兄弟是很难真正地管理和协调这家大公司。他们在1955年宣布了新的设计理念、新的设计语言，但是经过了这一段非常关键的时期，博朗并没有取得成功。一直到他们真正有了新的设计方向，这之间他们花了四五年的时间。而且，在此期间，他们把所有的钱都用来投资了。你可以想象，那时候吉列公司的埃尔文、阿图尔花了他们所有的私人资金来重新定位、重新设计这家新公司。然后，突然之间，第一款剃须刀成功进入市场了。他们在赚钱之后再用这笔钱投资到其他类别中，比如说音响、高保真、摄像系统、手电筒等。

所以可以肯定的是，如果你看到的是当时的博朗，那么毫无疑问，你会觉得博朗就像是一个超级魔术公司，拥有着所有的一切。而在15年前，苹果公司推出了一款享誉全球的iPhone，所以我无法想象同样的情况曾经发生在博朗身上，博朗完全颠覆了20世纪50年代的设计理念。像吉列这样的大公司，在那时作为湿式剃须市场的领导者已经有几年的时间了。吉列是金·吉列（King Gillette）先生在1906年创立的，到20世纪50年代已有50年的历史了。他们希望像博朗一样成功，于是他们决定把这个机会寄托在埃尔文、阿图尔身上，然后就有了现在这家具有设计头脑的新公司。

我认为，伴随着艺术思维去思考，才是让博朗成为全球品牌的最好方法。这就是为什么他们在1967年把博朗卖给了吉列公司。博朗设计之所以能够在收购后的很长一段时间内保持发展，是因为新东家吉列并没有干涉、阻止博朗设计团队去做一些不同的事情。是的，尽管吉列是新东家，但他们并没有改变管理模式，也没有改变博朗的基础设施。所有的这些在20世纪90年代末才发生了改变。

在1989~1999年间，他们改变了博朗的基础设施。在那之后，这确实对博朗的业务产生了影响，因为他们对产品品类和投资组合进行了探索。那时吉列开始重视产品利润，吉列说，我们做的高保真音频播放器已经不会产生利润了，所以我们需要停产这个类别。但是在那个时候，我想应该是在1989年，博朗做了最后一个高保真限量版音频播放器并在意大利销售，而这，是吉列的决定。

2005年，博朗被吉列宝洁收购。

在可以想像，博朗在这段时期是多么孤立啊！这时的博朗仍然有能力探索自己的设计理念。想象一下，如果在20世纪五六十年代，在吉列收购博朗品牌后，吉列就已经对博朗进行了干预和变动，那么我相信博朗不会成为我们今天所看到的品牌。因为吉列可能有着不同的想法，比如你要成为一个大众市场品牌，比如你需要改变你的设计，又或者比如，你需要像飞利浦一样有着更加感性的外观。所以，如果这些在20世纪60年代就已经发生了，我相信博朗不会像今天这样成功。

最终，迪特·拉姆斯和他的团队花了很长时间来调整他们的理念和产品组合，这对一个德国品牌来说是非常真实的，而这也是他们将品牌发扬光大的大好机会。在被宝洁收购后，迪特·拉姆斯还有一段退休前的时光。后来当彼得·施耐德负责设计部的时候，你可以看到，1993~2007年这15年，博朗设计或多或少都是带有一些实验性质的。这15年间，整个团队没有一致性，也没有清晰的设计愿景。你可以想象一下如果这在20世纪60年代就已经发生了会是什么样。我完全可以说，是吉列影响了博朗公司。因为如果这些发生在20世纪60年代，我们就会毁掉博朗形成的品牌。因为彼得在这15年里做了很多实验性的事情，这些事情有着更情绪化、更时尚、更过时又或者是更短暂的趋势导向。

这些导致的结果是多方面的，的确，它做得很成功。如果我们去查一下数据，查一下利润，在彼得·施耐德的这段时期，博朗公司的营业额是最高的。所以，在这段时间，博朗收获颇丰。但也就是从那时起，吉列开始介入并干预博朗设计。同时，吉列也开始考虑消费者测试。他们认为，无论你的设计团队做什么，你都需要做设计测试。相信我，设计测试有时是有用的，但如果你用错误的方式进行设计测试，那么最终的结果可能是让消费者对品牌形象留有不好的印象。品牌标志会影响决策。所以最后我们需要做的是一个没有品牌、没有标志的设计测试。如果你测试一个类似苹果的产品，但是去掉苹果的标志，每个人都会说，啊，我不喜欢尖锐的边缘，我不喜欢这个或那个。市场测试的结果肯定会回到苹果设计团队中，然后你就会知道，你需要圆滑的边缘，因为消费者认为这太过于尖锐了。但如果，你把苹果的标志放在产品上，他们会说，因为这是苹果，所以他们这样做肯定会有很明确的目的。所以，当你看到产品的品牌，你就会发现它的价值所在。

吉列采用的就是典型的美国人测试设计的一种方式。他们仅仅只是把商标取下来，所以作为消费者，你只能比较产品的形式。测试时飞利浦剃须刀、博朗剃须刀、松下剃须刀，这些都没有附加上品牌标志，当你问消费者他们喜欢什么的时候，显然，消费者会喜欢最时尚、最经济的那个款式。但是，如果博朗剃须刀不打商标的话，那是不会有吸引力的。因此，这就是彼得负责博朗设计部时，我们所要关注的事情。但是我不得不说，作为一名设计师，当你看到品牌语言没有充分体现产品真正的内在质量时，这也是一种耻辱。

2005年博朗被宝洁公司收购之后，这种情况发生了转变。当宝洁公司在做品牌研究时，他们说，我们需要更多地去强调品牌的强大之处。所以，对于博朗这样的大品牌，我们需要在设计执行上更多地去保持一致性，就像20世纪60~80年代我们所做的一样。是的，于是在这里，我们开启了飞速前进的新旅程。这也就意味着，你需要把你的基因、把你之前留下的那些东西带到未来，而所有的这些，将是最完美的匹配。这也是我真正感谢宝洁公司的地方。

正如你们所了解到的那样，宝洁公司是一个真正能够把品牌做大的公司。他们真正懂得如何创建一个大品牌，他们在化妆品行业拥有各种各样的奢侈品牌，然后真正地去推动品牌语言的一致性。他们对我们在20世纪90年代和2000年初所做的事情提出了疑问，针对这些疑问，他们问了设计团队。当我参与到改造博朗设计语言中去的时候，那是在2009年，当时我还是博朗设计总监，我们又回归到了原迪特·拉姆斯团队的设计理念中。

"往事如烟"

Tang：

是的，但是你知道，就像苹果一样，我认为这个品牌其实非常有益于推广各类产品。我们研究了很长一段时间博朗推出的不同产品，顾客也确实接受了这种新的变化。我们也很高兴能够看到博朗设计的回归。

现在中国有很多以产品为导向的新公司，看起来他们可以设计任何东西，但实际上，他们所设计的东西基本上是市场上已经存在的产品。他们通过重新包装，然后在他们的网站、商城发布。虽然这个过程中，他们并没有太多的品牌优势，但是利用低成本的优势，他们看起来也很成功。所以，将这两种不同的设计政策或产品政策做比较的话，你认为，在未来你是否也会考虑将它们结合在一起发展呢？

Phong：

我想，如果我们回顾过去苹果或者博朗的成功，我学到的是：作为一名设计师，如果要去设计一些东西，你就应该问自己一个关键的问题，那就是什么才是真正重要的？我们需要在设计的时候去掉那些不必要的元素，这是真正重要的事情。那么什么是没有必要的？举个例子，如果你设计一个杯子，那么什么才是真正重要的？作为一个杯子，所有时尚元素、所有不持久的元素，我们都应该避免。因为对于这个杯子来说，这些都是不必要的元素。

如果你能创造一种新元素、一种新姿态，并且能够在其他所有类别中保持非常一致的使用，那么最终，它就传达了一个品牌的价值。我们注意到，小米正在尝试这样做，他们简化了很多，这是一件好事。但对于任何一个想要长期知名的设计品牌来说，这都是需要时间的，你需要很长很长的时间，最终才有可能做成。

在这件事上，博朗花了至少20年的时间才成为设计领域非常知名的品牌。如果你回顾一下苹果的产品，那么你就不难发现，苹果公司也不总是成功的。苹果公司有时也会做一些花里胡哨的东西，比如说彩色透明的塑料外壳。其实，每个公司都会经历这样的起起伏伏，所以这更像是一种实验性的商业模式。如果恰巧你有了一项新技术，你将这项新技术仓促地与潜在的产品机会相匹配，那么毫无疑问，这次创新是不可能成功的，长此以往这个品牌也不可能成功。因此，我们一直在寻找技术创新与固有产品架构相结合的机会，而这种机会，也意味着通过有限设计给新产品带来了生机，品牌也可以通过这种方式得到良性成长。

现在，我们正考虑的是声控技术如何影响我们与产品的交互方式，这对公司来说可能是一个巨大的改变。显然，这需要依靠技术。如果没有技术，那么都将只是愿景，都将只是梦想。我现在只是和我弟弟讨论这些，他说他正在读埃隆·马斯克（Elon Musk）的书。他是一名软件开发者。在当今时代，进行硬件设计的首要前提是成为一名软件开发人员，因为软件给了我们创新的新机会。

埃隆·马斯克的愿景并不是特斯拉电动自行车或电动汽车，也不是美国太空探索技术公司（SpaceX）飞向月球计划，而是希望他自己的公司能够在全球范围内建立数据转换网。所以他经历了这些所有的步骤，包括特斯拉汽车、电动汽车、航天飞机，从而实现他建立全球网络的愿景。

但如果你知道他是一名软件开发人员，那么你就能理解他所做的事情了。因为他能够很清楚地知道如何将不同的信息组合在一起，从而真正实现自己的愿景。现在有很多你可以真正思考的技术，而这些技术可能会改变未来。基于这些技术，加上你在硬件方面的能力、你在处理事情方面的能力，那么对于任何一种品牌而言，所有的这些都会在未来成为品牌优化的机会。

说实话，因为我们是博朗，所以我们关注的核心仍然是人们的日常使用。我们需要适应这些技术，并思考它如何改变消费者的思维方式，如何改变用户与未来机器设备间的互动。也许咖啡机会有所不同，也许厨房里的烘焙机器会有所不同，也许烹饪方式会有所不同，但如果是这样的话，那么我们就需要调整我们的设备来适应这些新的需求，这就是你一直需要的灵感。这就是为什么我非常愿意在团队内部进行各种形式的对话，并且进一步探讨未来的情景，我认为这些都很重要。

Tang：

是的，你说的情况可能出现在很多领域，甚至包括电子烟领域。有一些将新技术和产品构架结合的公司已经在美国上市，并且其股票还有着很高的估值，同时在未来甚至会有更多的消费者。所以，如果你看到一些未来的机会，你会建议博朗马上生产或者设计这类产品吗？

Phong：

你说的对，开发新产品是很复杂的。如果我们谈到博朗，博朗的设计理念来自埃尔文·博朗和阿图尔·博朗，他们想为人类健康做一些事情，他们真正关注的是人类的幸福。在这种情况下，如果我们开发一项技术，比如说是电子烟技术，那么博朗就会说，不，这不是博朗这个品牌该做的事情，因为它并没有为人类幸福做贡献。或许这是有利可图的，但它并不适合博朗这样的品牌。假如是其他公司，因为它们有不同的技术、不同的品类，所以它们或许会适合这样的产品。

但是在博朗理念的引导下，我们所做的事情都是长久的、健康的、对人有帮助的。我们不提倡酗酒、抽烟，所以我们没有电子烟这个品类，而这些都是博朗永远都不会去触碰的范畴，因为它对人类来说不是可持续的。所以，就像我刚开始在博朗工作时提到的，任何一种关注人类健康或个人诊断的品类，它都属于博朗。那些专注于人类健康，而不是为人类制造痛苦的品类，可能会在以后的博朗生活用品中逐渐出现。其实我们都知道吸烟的秘密，所以即使是电子烟，也可能会对你的身体健康产生不好的影响。

Tang：

刚才你也介绍到了，博朗设计团队可以服务于不同的公司。我不知道这个系统是如何实施的。是你们接受那些公司的委托，然后为他们设计产品，还是说只是单纯地与他们合作？我想知道你们是如何实施这样的委托的？

Phong：

在博朗设计历史上，我们有很多跟其他公司的合作。比如说我们与赛诺菲（Sanofi）公司的合作。这是一家医疗胰岛素供应商，它离法兰克福很近。合作之前他们询问了每一家曾经与博朗合作过的公司，我们就像是一个设计供应商。合作开始的时候，每个公司肯定都会问，作为博朗设计，你们如何用不同的方式诠释我们的产品？所以，我们会以一种适合博朗的方式去设计它，它应该传达出博朗的设计理念。

这个产品最初的功能就像一支注射笔，用于给糖尿病患者注射胰岛素。在确定初步产品功能后，我们就以病患为中心，与病人进行谈话。我们仔细观察糖尿病消费者的使用行为以及潜在的问题，由此我们在这种胰岛素注射笔上设计了一个非常实用的部件。当时还是在20世纪80年代，这款产品的设计师是彼得·哈特林（Peter Hartwein）。直到今天，赛诺菲仍然会与我们探讨对于产品设计的见解。我认为，博朗的竞争力在于它的工业化。我们有智能化解决方案，也有简单的解决方案。因为我们一直在思考如何将生产与实际开发相结合，我们同时也在思考大规模生产时产品的成本效率。

还有一个例子，比如我们曾与非常有名的航空公司德国汉莎航空公司合作。我们的设计团队需要为他们的商务舱提供一些设计服务，比如说是桌面设计、储藏空间设计等，这是我所知道的其中一部分。在一些其他的行业中，他们会要求设计团队只做设计相关的工作。有时候，一些公司甚至会说："我们不希望联合其他品牌"，所以他们不会标明设计方，例如"由博朗设计"。

我们有时确实只是作为一个设计供应商来为他们提供支持，但更多的是提供一些不同领域的支持。所以，合作不应该在同一个行业发生。设计师有时会请一名外部顾问，从而帮助他们以不同专业的视角重新审视他们的模式。在部分行业，有些合作伙伴，比如说Festo，Prieta，或者是机械行业，他们有时候会问我一些专业知识，并对他们的一些作品进行评论，例如，他们应该怎么做才会与众不同？

Tang：

事实上，在中国市场，有四家公司对博朗的五种产品类别感兴趣，包括医疗保健、家用电器，还有一些其他品类，而这四家公司是独立负责销售的。我不知道你们为什么会这么做，是把博朗产品按不同的类别区分吗？也许他们认为这些类别与众不同，不可能划归为一家独立的公司。又或许独立运营，可以帮助他们在市场上寻找一些新的机会，有了市场的反馈之后，这些意见又会回归到设计部门，从而帮助你们做一些新的事情。就比如，在医疗保健类市场上，其实很少会有功能、品质完全一样的产品，这个市场在未来有着无限的可能。我不知道，他们是否从这种各自为政的公司运营中获得收益？

Phong：

我认为如果我们研究一下细分市场是如何建立起来的，我们就会发现每个市场都不一样。如我们现在谈到的中国，我认为中国有很多的细分产品与细分市场。如果博朗从事的是医疗保健领域，那么这些产品就会在相应经销这类产品的商店里出售。如果是家用电器领域，那也需要在相应合适的商店里销售，所以，不同的细分产品所面对的消费群体是不一样的，而这也是有时候我们需要对不同的细分市场进行划分的原因。

当然，我认为我们一直在不同的品类、不同的细分市场中寻找开发新产品的机会。但可以肯定的是，它应该属于小型家用电器的范畴。那些提供给用户在家中使用的产品，被称为小型家用电器。我们不会涉足那些大型白色家用电器，比如功能烤箱或者内置烤箱。这些大型家用电器不是博朗、德龙、宝洁感兴趣的类别。我们更关注小型家用电器，包括个人护理用品以及一些其他的产品。

但我真的百分之百了解这些吗？我也不知道。也许，在未来，一切产品都将与数字化、智能化相关。也许在那时博朗需要重新思考，让数字化、智能化成为这场“关键比赛”的一部分。甚至这也与我自己的职业道路类似。我相信有一部分公司，总想在超越自己能力的基础上有所建树，但当我们想进入的是一个全新的领域，或是一个我们没有涉足的新产业，这会对我们的发展带来巨大的危机。如果我们没有将职业生涯建立在所学知识上，那么我们一定不会成功。对于公司来说也是一样，你需要有自己的专业知识和能力作为基础，然后，你再去考虑那些与个人能力相匹配的新类别。

你应该真正地去一步一步建立你的大金字塔，而不是跳入一个全新的类别。所以，这些情况是不会发生的。如果这种情况发生，那么或多或少，我们需要收购另一家具备这种能力的公司。如果博朗想要在世界上成立一家全新的智能手机公司，那么我们现在将由具备这种能力的人来买单，并让他们成为公司的一部分。因为这种能力并不是一天就能培养起来的，所以你需要保持长远的目光，这在行业中是很常见的。如果你没有这种能力，你就要去花钱买。现在，大多数中国公司都在这么做。如果你没有这项能力，那就四处看看，进行一些收购，因为到最后，你并不是要花钱买产品，而是要花钱买知识。

Phong 教授谈他的设计与未来

Tang：

对你来说未来意味着什么？

Phong：

如果我真的想塑造未来，那么我就需要知道我的根是什么。俗话说："未来有源头。"这不是没有道理的。博朗设计公司为此提出了"向前看的过去"这一口号。如果我把目光僵硬地盯着前方，并把这当作对未来的工作，这显然是行不通的。为什么我不能这样做呢？首先，我不能否认家庭、教养、教育对我性格的塑造，以及在工作中我的雇主对我人生态度所产生的影响。其次，我们的设计师受过专业训练，可以在放大镜下从许多不同的角度来观察事物，一心一意的远见最终都会产生同样的结果。因此，如果我既不知道我从哪里来，也不知道沿途的可能性，我就无法成功地进行真正的更新。实际上，每条路都有十字路口和岔路，路的左右两侧是什么？我怎么会不好奇呢？

Tang：

如果我在前进的过程中左顾右盼，是否有可能直接导致自己陷入深渊？

Phong：

不管是往左、往右还是直行，这其实都无所谓，因为一条路总会通向某个地方。但一旦，出于对决定的恐惧，我没有勇气离开我前进的道路，或者一旦我认定新的道路是错误的，我的视野将会不断缩小。无论怎样，我总是要做出决定。最好是学会接受自己的选择。如果我选择了这个分支而不是那个分支，那么我永远也不会知道这件事情会发生多大的改变，而这恰恰是决定的魅力所在。我所走的路通往何处？在我打开的门后面隐藏着什么？我又是如何应对这些问题的呢？一旦我学会了决定和接受，我就会接近创新。而创新，总是指向第一个想法。

现在确实有一些趋势会决定我的发展，或至少会影响我的发展。那么在这其中，我又会有多少发言权？

我所做的每一个决定最终都会被自己打破。我曾经收集并检查过这些想法的适用性，而我发现，只有未经过滤的想法才会误入歧途。因此，我必须寻找到相应的标准来帮助自己理清思路，从而指明前进的方向。例如，我们的家居用品，声称是持久的。因此，我甚至不需要考虑短期消费和时代潮流作为过滤标准，它们没有意义，也不符合企业品牌。博朗的过滤标准是与我们相关的大趋势。我们仔细考虑现在有哪些大趋势，从而最终确定自己的方向。

据未来研究所称，大趋势的半衰期约为50年，它们将影响生活的各个领域，并应用于全球。因此，我们要从长计议，而不是仅仅局限于短期以内。

哪些大趋势对博朗家用电器的未来发展至关重要？

城市化、新生态和个性化的大趋势都是重要的路标。让我们从各个角度来看待城市化的趋势。城市化意味着人们越来越被城市所吸引，在那里，生活空间正变得越来越少。因此，面对这样的生活状态，我们的产品必须要通过相应的解决方案，使得小城市公寓生活变得更加美好。现在，我们可以制定出一个设计方向或愿景来解决这种情况，或者你也可以称之为“灯塔”。每个设计师都应该有一个基本的想法。而在这里，我们再次思考未来。船只并不直奔灯塔而去，而是在那里停泊。灯塔是为了给船只提供方向，并帮助其安全通过。

博朗一直渴望创造出高实用价值的耐用型产品，那么在未来将面临什么样的挑战？

过去的承诺必须是可信的。与此同时，我们需要用可持续的设计和技术使城市生活更美好。也许有一天，我们的设备将不得不支持家庭或物联网的自动化，这就是我们所面临的现实。幸运的是，我们不是一家初创公司，也不是一家”瞪羚“公司。我们必须要通过诚实的解决方案向目标客户证明我们未来的能力，但并非以一种头破血流的方式。传统和情感增强了我们的后劲。

当代年轻设计师如何应对传统的需求？他们又是如何做到不固步自封的呢？

迪特·拉姆斯从博朗的设计态度出发，在其职业生涯中制定了“设计十大准则”。它们是企业态度的表达和指南。作为一个人、作为一名设计师，我也有一种态度，这种态度是由我的成长经历和教育塑造的。这两种态度是一致的，所以我们自然而然地走到了一起，一起发展，一起生活。设计准则不是教条，设计师可以从中提取适合自己的东西，并不断创造新的东西。作为一名设计总监，我不会向任何人发号施令。我不希望设计是为适应我的喜好，而希望它能够与品牌发展息息相关。工作中我看到了不足，我会提出我的疑惑，然后由团队进行讨论和最后做出决定。这就是博朗的特殊之处。所有前几代设计师都是在具有强大团队文化的可管理、一致的团队中工作的。对于我们的许多前辈来说，博朗设计师是一个终身职业，今天仍然如此。就连阿图尔·布劳恩和埃尔文·布劳恩都非常清楚，人是成功的核心因素。他的座右铭是：“你只有在你的团队工作时才能做到最好。”

博朗设计团队是如何工作的？

对话是我们企业文化不可分割的一部分。我们倾听、提问、渴望他人的意见，也包括来自其他学科的意见，这所有的一切都有助于形成良好的团队合作。当我开始在彼得·施耐德手下工作时，我知道我在这里遇到了让我学习和合作的导师。现在我将我的知识传授给下一代，并把自己看作是这份职业的传承人。我希望我做得很好，但我也知道，年轻一代没有我们那么愿意传承。如何留住人才也是我们未来必须面对的一项新挑战。年轻人希望自己的工作是远程的、有流动性的。然而，设计团队只通过线下运作，例如在讨论模型时依赖触觉元素。那么，我们如何让年轻人和我们一起围坐在桌子旁呢？

创新是解决燃眉之急的办法吗？创新现在会投资于运作良好的团队文化吗？

当然。创新意味着在正确的时间做正确的事情。创新是一个永无止境的过程。我们的团队成员应该好奇，知道他们要去哪里。他们应该让别人理解他们的想法，把他们的模型摆在桌面上，展开讨论。创新团队受益于其文化多样性，他们需要多样化，并理解全球化的大趋势。设计师为全球用户设计，因此他们依赖于文化体验。他们应该用令人惊讶和激发辩论的思想和观点进行创新。我们被训练来使事物产生，并使它们可以生产。我绝不会辜负前辈们的期待。我的任务是为人类创造有用的产品，尊重过去，尊重我自己的态度和对未来的好奇心。然后，我了解创新，并能遵循我的愿景。

第七章　迪特·拉姆斯和他的伙伴

关于设计师的成长其实是一个很容易落入俗套的问题，很早的时候互联网上就有很多“工业设计师应具备的十项技能”等文章，大家总是在不停地讨论各种细节，似乎总觉得设计师的成败就是靠细节决定的，其实工业设计师的个人发展最关键的是设计师个人成就与公司发展的融合性问题。

从设计师的角度来看，设计师由于具有艺术家的某些属性，自然会有功成名就的愿望，想通过自己数十年成功的作品奠定自己在设计界的地位。但是纵观全世界设计行业，设计师的成长问题一直充满了矛盾。前面我曾介绍过日本的山砥克己先生，他是索尼的设计师，他所设计的随身听（Walkman）名扬天下，但是其实他的名气和他的作品并不成正比，在国内外如果不先提到他的作品，一般的学生或设计师恐怕也并不太清楚他本人。

这个道理其实并不复杂，通常工业设计师的成长需要依靠大量作品进行历练，从底层设计师成长为设计总监或更高的职务需要漫长的时间。除非是一些初创企业，等个人成长到一定的阶段，市场上也开始认可企业的产品，但这个时间却很少见到企业会花精力去塑造一个明星设计师。相反，企业的明星工程师在行业中却比比皆是。因为工程师通常被认为是企业的技术灵魂，随着企业的成长，顶级的工程师往往可以进入企业高层，自然也掌握了相当的话语权，可以对自己进行包装，但是很少看到设计师会进入领导层，相反，企业也不太愿意将产品的发展依托于某个设计师，这样的话，如果设计师离职，对整个企业都将是巨大的损失。

即使是在很多发达国家也很少见到哪家重要的跨国企业会刻意地包装哪位设计师，但是有一个例外，就是自由设计师。中国设计界很熟悉的日本设计师深泽直人先生是一位自由设计师，在这几年的研究生面试中，不管哪个学校只要问被面试者最喜欢的设计师，答案大概率都是深泽直人，当然还包括《设计中的设计》的作者原研哉先生。他们可以被人熟知的主要原因就是他们较为自由的身份，不会被企业严格管理。

所以这几年博朗公司的前设计师迪特·拉姆斯先生在国内逐渐被重视起来让我非常高兴，因为这是国人知道的为数不多的以公司为背景的设计师。但是从目前的资料来看，拉姆斯先生似乎并不愿意与老东家博朗公司形成一种强关系，这里的问题其实在前面关于博朗公司的历史中已经交代得较为清楚。20世纪90年代后公司因为各种原因被数次收购，虽然原来的博朗领导层对迪特·拉姆斯一贯十分支持，但是新的大股东进来后，很多原来的设计政策也发生了一些改变，所以迪特后来的离开也大概发生在这个时间。

同时，迪特·拉姆斯一直就是一个颇具争议的人物，2018年BBC的纪录片RAMS由著名纪录片导演Gary Hustwit制作，Gary之前就拍过很多耳熟能详的设计纪录片，如Objectified、Helvetica、Urbanized等。纪录片介绍了迪特·拉姆斯的时代背景，以及在博朗和维索（Vitsoe）公司的故事。值得注意的一点是导演并没有将他作为博朗的专属设计师进行介绍，因为准确来说，迪特·拉姆斯现在是博朗公司的荣誉首席设计师。但是可能也正是这层关系，反而让迪特有了将自己作为设计界的一个传奇展现到世人面前的机会。

迪特·拉姆斯来到博朗

迪特·拉姆斯其实在欧美成名已久，20世纪70年代末他就是新文化运动的代表人物，关于他的个人传记和采访都不少，我们也试图为大家真实地还原一下这位伟大的设计师，众所周知，他在博朗公司的大量卓绝的工作是他后来赢得广泛赞誉的基石，但也因为迪特·拉姆斯的离去，后来的博朗内部刊物并没有重点表述他。对博朗产品和迪特·拉姆斯研究最透彻的作家应该是德国的乔·克拉特（Jo Klatt），在中国出版的《博朗设计》一书则是伯恩德·波尔斯特（Bernd Polster）作品的译本。博朗的官方内部刊物《博朗90年》也是我们参考的重要资料来源，这是由本书的作者之一Phong提供的。Phong也是目前德龙集团的设计总监，之前是博朗公司的设计总监，目前博朗家电隶属于德龙集团。

迪特·拉姆斯先生的设计生涯非常精彩，就客观和他个人表述来看，以下几点应该是最值得被人称道的地方：

① 主持设计了博朗公司一系列富有创新力的产品，特别是表现出了极强的设计风格并首创性地将大量新材料和新工艺应用于产品之中。

② 总结并提出了设计十准则。

③ 设立了博朗国际工业设计大赛，目前为世界四大工业设计赛事之一。

设计十准则在设计界有着很强的影响力，迪特·拉姆斯本人对其也做过较为翔实的解释。

迪特·拉姆斯先生的事业起步无疑是从博朗开始的，他1979年给埃尔文·博朗写了一封公开信，其中详细介绍了他在博朗的第一年。埃尔文·博朗和他的哥哥阿图尔·博朗在1951年至1967年之间是公司的联席总裁。1989年，迪特·拉姆斯的信发表在'*Johannes Pontente, Brakel, Design of the 1950s*'上。

亲爱的博朗先生，

这是我对我在博朗的职业生涯的记述，比预期的要晚一些。

为了让你更好地了解我的个人发展，我不得不写得更详细。

最初，我的想法和性格确实受我祖父影响。在12或13岁的时候，我是他的工作室的常客。我的祖父那里没有机器，也拒绝使用它们，他用自己的双手。他永远认为他的学徒们不够好。 他擅长对产品进行表面处理，例如，他曾向我展示如何通过逐层添加的方式进行简单的抛光和覆盖。

他时常打造一些小件家具，每一件都是独一无二的。他的项目用的木材是从木材商人的手中精心挑选，再进行切割和手工刨制的。自然简单的东西应运而生，而不是“ Gelsenkirchen Baroque”风格。我祖父的设计就像他的朴素的工作作风一样，纯手工制作。

当然，这些在当时都是不为人知的。但是我吸收了这一切，在以后的几年中我也从未放弃过祖父的理想。我一直对那些简单而清晰的事物很感兴趣，我想要的是能够让我回想起来的事物。我深刻地记得，在我祖父的工作室里，经常能找到Deutschen Werkstatten（德国车间）的小册子。

因此，我毫不犹豫地参加了与设计相关的专业的培训。 1947年，我进入威斯巴登的Handwerker Kunstgewerbe Schule主修室内设计，它是战后才重新开放的。仅仅两个学期，我就停止了在joiner's shop为期三年的实践课程，这是一家工业化程度相当高的公司。

如果我想亲自动手做，那我就一定会做到，并且，在这里我可以用到从祖父那里学到的东西。 这能够帮助我的作品获得一个合理的价格。 当我再次继续我的学业时，我和学校都经历了进一步的重整。我再次回到威斯巴登的时候，索德（Soder）博士在那里教学。索德博士对我来说是一个十分重要的人，他是德国艺术学院体系的创始人之一。如果索德的想法得到正确的反馈，那么乌尔姆将会更早的出现。在索德的想法无法实施的时候，他就离开了学校。我仍然记得当年的学生游行，我们组织起来反对地方和联邦的银行家，这在当时是很少见的。

在那段时间，我对建筑产生了最初的兴趣，因为索德是一位执着的建筑师。他既是室内设计系主任，又是建筑系主任，因此他对这两者的关联特别感兴趣。

雨果·库克豪斯（Hugo Kuckelhaus）和哈芬里赫特（Haffenrichter）教授是客座讲师。他们的许多课程都给我留下了深刻的印象。总的来说，这是一段非常富有成果的时期。因为战争，我的同学的年龄大多数都比我大，我也很高兴能成为班里最年轻的学生。

我以优异的成绩从室内设计专业毕业。然后，我第一次失业了并且无家可归，从这个词最真实的意义上说就是这样。1953年是经济衰退时期，建筑行业的人几乎都找不到工作。在建筑繁荣期未到来的时候，我想要寻找的建筑师们会在哪里出现呢？我很快就离开了我的第一份临时工作。我决定从事建筑工作，而不是室内设计。

如果有半点机会，我可能会回到艺术学校，因为我对公共建筑领域产生了新的兴趣，或者用今天的说法叫做环境建设。但是我需要钱，因为我必须自己承担学习费用。在无数次书面申请了各种建筑事务所的工作之后，我拿出了我的文件夹，里面有我在学校做的最好的设计作品，然后我拜访了法兰克福及其周边地区的所有建筑师。终于遇到了奥托·阿佩尔（Otto Apel），他曾在Tessenow接受过培训。我当时缺乏自信，这在今天看来也是十分令人吃惊的。阿佩尔快速地看了我的文件夹，问我："你是谁？你做了什么？你父亲在做什么？"嘿，他当场雇佣了我。我经常回想起我在阿佩尔办公室工作的那两年，这段时光对我至关重要，我可以按照自己的想法工作，并且可以在大型建筑物施工中获得更多经验。我一定要提及的是，在我进入阿佩尔办公室后不久就开始参与阿佩尔与Skidmore, Owings 和Merrill的合作。我相信在这段特别的合作时间内，我学到的知识为进入博朗设计部门后的成功奠定了坚实的基础。Skidmore团队教给我们阿佩尔的每一个普通员工的知识，都是工业建筑的基本要素。我仍然记得美国领事馆的原型是按1∶1的比例建造的，这样可以研究细节，确实也彻底地解决了许多问题，在我的记忆中，美国领事馆是我参与过的最复杂的项目了。

我是如何进博朗的？起初纯粹是巧合，我的一位建筑师同事偶然在法兰克福评论报上发现了一个广告，这个广告中Radio Braun（博朗的前身）正在寻找一位建筑师。

我对博朗一点都不了解。我们打赌：谁的申请将得到答复？我的？我的朋友的？一段时间过去了，我几乎忘记了该件事。当时我突然被请去罗塞尔海默街（Russelheimer Strass）向格罗曼（Grohmann）小姐汇报。如果我没记错的话，我就是在前厅遇到埃尔文·博朗先生的。起初，我不知道和我说话的那个友好的年轻人就是公司的负责人。后来，在对话的过程中，我才知道了您的身份。我想您大概简单看过我个人面试的时候带来的东西。然后您告诉我，除了我以外，还有其他求职者，你也会给他们每一个人机会。我们所有人的任务都是为公司客户设计使用的房间，我觉得这真的很有趣。当您开始跟我讨论您的想法和计划时，我觉得更有趣了，您还向我展示了一些自己的作品，它一定是1955年无线电展上使用的第一台收音机的原型或模型。事实上，和其他建筑师一样，我也对古格洛特的作品感到惊讶。

然而，当时我还没有紧密地接触设计。我的任务是和一个忘了名字的博朗内部的建筑师照看建筑事业。因此，我开始做必须做的任务，并把它发送给博朗。虽然过了段时间才收到答复，但这并没有令我烦恼。总而言之，我很开心，并对自己在阿佩尔的职位感到满意。在1955年7月，我又被叫去参加了一场面试，然后你就给了我那个职位。

一定是我的实验模型让您决定支持我。后来汉斯·古格洛特告诉我，在表决时他投了我的票。

我必须承认，我不知道博朗这样的公司是如何运作的。最初，我和负责设计小册子和广告的平面设计师（他们后来是这样叫的）在同一个房间。他们在精神上享有一定程度的自由（并且这些自由被他们敏锐地加以利用），这让我觉得他们并没有发挥真正的作用。

这种情况很快就改变了。我是支持摄影师的，对于摄影师来说，他们的任务是在一个合适的环境下拍摄新产品的照片。也许你还记得当时必须解决的问题。当时，我很高兴和同学建立了联系，他刚刚开了一个名为诺尔（knoll）的公司。但我对于要担任什么职务、完成什么任务，还不是很清楚。不过，您让我做了另一个有趣的项目，是医疗部门的新展览厅。我记得的另一个项目是你在柯尼希施泰因的房子，它后来由汉斯·古格洛特接管。我的画还在，几天前我把它们拿出来再看了一遍。我必须得说，它们真的很漂亮！

《明镜》杂志曾写道，在我第一次去博朗时，我被公司安排去摆放桌子，就我的个人能力而言，这绝对是大材小用了。当然，那时候有很多没什么设计价值，但是在时间上却很急迫的建筑任务。我结识了很多人。我开始渐渐地了解博朗的文化。通过你和汉斯·古格洛特、赫伯特·希尔切（Herbert Hirche）、弗里茨·艾希勒等人之间的谈话，我知道了博朗是什么样子的。

我在和您的交谈中才知道您由此产生的想法和热情，也了解到您宏伟的远见和计划。

它们不仅与产品设计有关，还包括医疗、食品，包括工作车间的设计、整个生活区的设计。它们是你的想法、你的态度，同时也是一个可行的、一个可以在你的概念中实现的想法。

那时候我还没有开展具体的外部联系工作，当然，我被派往乌尔姆，但和乌尔姆的教授们还没有展开沟通。我确实知道艾希勒博士，但在我工作的头几个月里，我对他的认识仅限于几次擦肩而过。

我在产品设计方面最早的活动，就是让我以前的一个设计系同学为博朗工作。也就是在那时我认识了你哥哥，他问我是否认识一个精通石膏制作技艺的人。博朗当时正在重新设计一台厨房机器。曾经负责这项事情的人（原型制造商）刚刚离开博朗。

1955年12月，格尔德·阿尔弗雷德·穆勒（Gerd Alfred Müller）是我推荐的第一个加入博朗的人。格尔德·阿尔弗雷德·穆勒和一些技术人员立即开始工作。大约在同一时间，你让我设计一个新的设备，作为古格洛特设计的一套设备的替代品，这套设备与诺尔（Knoll）家具很相配。除此之外，我还负责计划中的收音机唱机柜的改造。

在这里，我发现自己面对的是我最初使用的材料木材。可是现在我一点也不喜欢它了。我认为木头不是做收音机外壳的合适材料。我依稀记得，当时开始试验用金属材料来制作无线电底盘，开始在无线电机架的金属外壳上进行实验，那时金属几乎用于所有设备中。这件事后来不了了之了，对无线电唱机组合的改动也没有多少意义，但是必须要提到后来的无线电柜式唱机这个作品，尽管后来也销声匿迹，但至少当时投入了生产制造。

在最初的几个月中，我协助进行了SK 1和SK 2收音机的色彩实验以及“出口产品出口商”的变更——或者像今天人们所说的“重新设计”。

同时，我有很多事情要做，公司也给我配了助手。1956年3月，罗兰·魏根德（Roland Weigend）加入了我们。如今，他仍是原型车间的负责人，该车间已合并到产品设计部门。与此同时，我还与技术人员建立了更密切的联系——我突然得到了一间属于自己的房间。此后不久，格尔德·阿尔弗雷德·穆勒加入到了我们中来，我们三人获得了一个更大的新房间，我们可以在那里安装我们的第一个装置原型。但这个空间仍然略显局促，在这里除并排摆放着刨床、绘图桌和车床外，再也放不下别的工具了，当然，除了上文提到的石膏，我们常说的“成形设计”诞生了。

在这种环境下，模型得以开发。我第一次从头到尾地参与了SK 4收音机–留声机组合（图7–

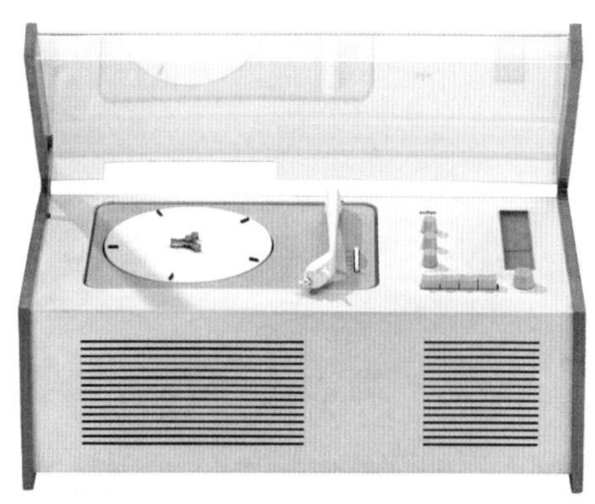

图7-1　SK4收音机-留声机组合（1956年）

1）（或者称作白雪公主的水晶棺）的设计开发。这也是我第一次能够与汉斯・古格洛特和乌尔姆合作。

之后在顶部的操作位置（已经在20世纪30年代制造的博朗收音机-留声机组合中找到）被修改为透明盖，这是一项创新。正是由于这个外观，这个系统被昵称为白雪公主的水晶棺。

弗里茨・艾希勒曾经这样说："拉姆斯被卡住了。"那时，我还太年轻，无法察觉到'卡住'的情况，我也很抗拒这一点。我们确实没能把自己的想法用正确的方式表达出来。在那个特定的时间，我们有很多东西需要学。汉斯・古格洛特和他的团队以及博朗内部的设计师团队，这两大优秀团队之间的合作对我产生了巨大影响。在最终模型制作完成时，我感到非常高兴（最终的设计成品，它装有一个有机玻璃盖，并因此获得了白雪公主水晶棺的绰号），同时，这件作品中金属外壳和专门开发的底盘分离，也引出了一个全新的设计概念，这个概念将影响整个新一代的唱机。那时，各大媒体的宣传中总是提到设计师的名字。你还特地叮咛要确保提到我的名字，这份心意我会永远铭记。

受益于在博朗外的一些建筑任务中获得的经验，我建立了一系列良好的联系。在博朗产品设计的最初阶段，人们意识到技术细节的重要性时，我意识到了自己的优势（尽管我的收入微薄，但我还是偶尔购买一瓶葡萄酒来改善技术人员和我之间的关系）。值得一提的是，把握好度，要给我们的技术人员留下这样的印象，即我们没有拿走他们的工作，而是需要他们的支持，这一点非常重要。我有很多东西要向他们学习，由于我对技术和构造的了解，我并不是一个完全的门外汉。

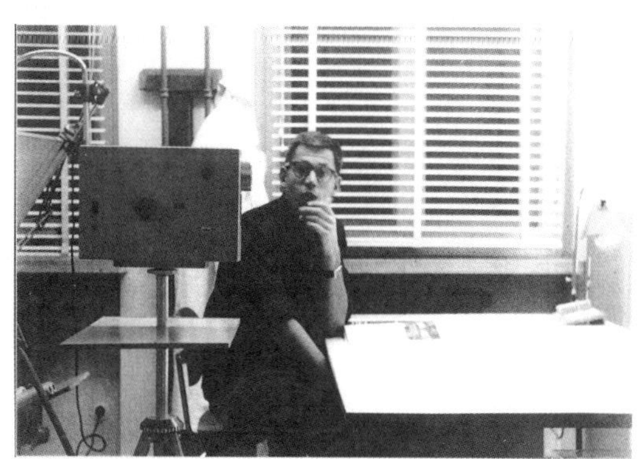

图7-2　150投影仪（1959年）

当然，每当我们的技术人员遇到问题时，我随时准备填补空缺。我可以马上加入他们之中，据我所知，这样问题就比现在任何一个外部设计师都能更好、更快、更有效地解决。

这种合作形式很大程度上取决于个人关系。艾希勒博士一直强调，只有当你对其他人的任务非常熟悉时，你才有可能做到这一点。同时你必须尊重他人的能力，并对他们的工作表现出兴趣。当时我与许多技术人员建立了密切的个人关系，在许多情况下还建立了友好关系。我想说的是，博朗现在仍然受益于这种个人风格。没有它你就不能创造出好的设计。没有什么可以取代它——甚至巧妙的营销也不行。

在我们年轻的部门里，职责没有明确的定义。一个偶然的机会，格尔德·阿尔弗雷德·穆勒负责包括剃须刀在内的家庭用具，而我则专注于手电筒、新投影仪（图7-2）和收音机。罗兰·魏根德是“万事通”，他成功地设计了我们部门的第一个产品原型，是一个天平。

在1960年之前的头几年里，我们所研究的新模型如下所示。

在研制晶体管的时候，赫伯特·希尔切第一次听说了我的名字，后来他说，他认为这个设计做得很好。但是，我不知道他为什么会认为我是艾希勒博士的助手，后来这个角色由汉斯·G·康拉德（Hans G. Conrad）担任，我再也没有担任过。但在当时，我发现自己是一个慢慢成长的产品设计师群体的发言人，而这实际上发生在很久以后。

之后如果让我做一份简历，我肯定不会认为自己是博朗的创造者，当然也不是抄袭者，也许我在博朗的求职完全就是一个巧合。但我想，我被录取并在这里待了这么长时间，绝非巧合。

在早期，有一种东西吸引了我，那是一种具有感染性的热情。在我还不了解博朗的时候，我能让自己参与其中的原因是我一直在做“博朗设计”。

如果你现在问我，我有没有意识到我当时所做的工作会成为10年、20年后的文化先锋作品，那我必须说:完全没有。

当你处于一个积极的过程中时，你不能从外部正确地看待你自己。当然，我觉得这里有一些特别的东西即将开始。我们一直打算以一个不同的方式来做这件事，想以一种具有感染力的精神去开始新的工作。我们制定了计划和愿景，这些计划和愿景比我们在现实中成功创造的要高远得多。把计划和愿景称为先驱者的工作也许太过风向标，但它肯定可以被称为一项必须受到尊重的成就。

到此为止，你们肯定会有一些问题，我都会试着回答的。

祝你万事如意。

真诚的

迪特·拉姆斯

1955年毫无疑问是迪特·拉姆斯就职于博朗公司的第一年，他在信中客观地表述了自己当时入职和工作的情况。和现在一些成功者的成长历程差不多，迪特·拉姆斯的兴趣爱好本不在工业设计，他是陪着好朋友去公司面试，实在无聊便也参加了面试，但是面试官却发现了这颗未来设计界的好苗子，结果迪特·拉姆斯误打误撞地进入了这家企业。

迪特·拉姆斯在信中清楚地介绍了他第一个经典作品SK4收音机—留声机组合的诞生过程，但是也能看出他的些许无奈，他并不甘心作为弗里茨·艾希勒的助手形象出现，也不愿意作为设计团队的一员参与设计，他更希望埃尔文·博朗理解博朗的设计团队是在他的领导下创建和发展的。

1984年，克劳斯·鲁道夫（Klaus Rudolph）和其他博朗爱好者创办了杂志*Der Braun-Sammle*，从1989年开始，杂志由Jo Klatt继续出版，直到Design+Design'95/96发行。在第一篇文章中，阿图尔·博朗描述了产品的开发过程，对博朗设计演化不同阶段的先决条件做出了定义。他强调了他的兄弟埃尔文·博朗如何引导博朗公司进行重新定位，坚持不懈地培育博朗公司。在他身边的是艺术史学家兼戏剧导演弗里茨·艾希勒博士，他将其他观点和沟通方式带入了公司。对阿图尔·博朗来说，博朗的设计只能依靠团队的力量来发展，需要公司每位员工的密切合作，这是决定性因素。

1939年，埃尔文在德国魏玛的军队里认识了弗里茨·艾希勒。弗里茨随身带着一些关于现代艺术的书，这些书在当时被认为是“堕落的”。他比埃尔文大十岁，学过艺术史，写了一篇关于手木偶和弦乐木偶的论文。他会和埃尔文谈论现代艺术，特别谈到了诞生在魏玛的包豪斯，因此他们成为了朋友。

弗里茨·艾希勒在一篇写给乌尔姆设计学院教授古奇（Gutsch）的信中也说道：“我还记得SK4收音机一留声机组合的诞生，这个设备也许是博朗设计的最具代表性的产品。它的诞生是艰难的，拉姆斯先生和我意见并不相同。留声机和控制元件的顶部布置很清楚，看起来它今天仍然如此。但我们当时并没有达成共识——您认为外壳的结构是产品的决定性部分。由于当时我们没法取得任何进展，于是开始尝试使用不同版本的木制外壳。当我们去乌尔姆拜访您时，您表现出心事重重的样子并且答应考虑一下。之后几天您收到了产品的完整模型：一个白色的U形金属板外壳，夹在两个木制侧板之间——这种解决方案看起来简单至极。当时，还没有人敢用金属板建造一个无线电箱。工程师抱怨这完全没有必要。后来添加了有机玻璃盖后，一个美丽的白雪公主的水晶棺便诞生了。”

从现有的资料来看，博朗的设计活动开始于20世纪50年代初期，但是最初确实没有明确工业设计这个部门，也没有建立设计团队的计划，公司的规划主要是在以博朗兄弟为主的公司高层之间进行讨论，无论是弗里茨·艾希勒还是迪特·拉姆斯都不是以设计师的身份进入公司，他们的成长正是公司向产品导向型企业发展中的必然结果。

但是从个人发展来说，迪特·拉姆斯更为成功，因为除了公司的事务，他还更加积极地参与了广泛的社会活动。20世纪80年代初，柏林IDZ举办了一个名为“Design: Dieter Rams &”的大型展览，展出了拉姆斯的作品。名称中最后一个符号“&”指的是拉姆斯的所有同事——不仅包括博朗公司设计部的设计师，还包括雇主、技术人员和市场营销人员，他们在产品设计中表现出了极佳的主动性，并鼓励、设定了一系列目标，同时提出了批评建议。

到了1993年，迪特·拉姆斯在博朗的设计团队有6名核心工业设计师，分别为彼得·哈特韦恩（Peter Hartwein）、路德维希·利特曼（Ludwig Littmann）、迪特里希·卢普斯（Dietrich Lubs）、罗伯特·奥伯海姆（Robert Oberheim）、设计副总监彼得·施耐德（Peter Scheni der）以及罗兰·乌尔曼（Roland Ullmann）。除此之外，还有秘书兼助手罗丝·安妮·伊萨贝尔（Rose-Anne lsebaert），产品平面设计师华特劳德·米勒（Waltraud Miuller）、盖比·登费尔（Gaby Denfel），计算机辅助设计助理以及初级设计助理比约恩·克林（Björn Kling）和科内利亚·塞弗特（Cornelia Seifert）。在克劳斯·齐默尔曼（Klaus Zimmermann）的带领下，有7名模具制作商，分别为乌多·巴迪（Udo Bady）、赫尔穆特·哈克尔（Helmut Hakel）、罗伯特·坎普（Robert Kemper）、克里斯托夫·马里亚纳克（Christoph Marianek）、奥利弗·米歇尔（Oliver MichI）、罗兰·魏根德（Rot and Weii gand）以及卡尔·海因茨·沃特格（Karl-Heinz Wuttge）。尤尔根·格鲁贝（Jürgen Greubel）长期作为博朗的团队成员，后来成为一名自由工作者，他的存在使团队更加完美。博朗的工业设计一直强调团队合作。然而，如果某一个人可以主导这个设计过程，并对该产品的设计做出决策，那么我们就可以称这个人为该产品的设计者。迪特·拉姆斯无疑通过40年在博朗公司的深耕成为了设计团队中的灵魂人物。

迪特·拉姆斯本人在汉堡美术大学任教多年。由于在校时间有限，作为补偿，他为学生提供了博朗设计部长达五个月的工作机会。*Less, but Better*这本书出版于1993年，当时迪特·拉姆斯仍是博朗设计部的负责人。那时他已经63岁了，并且把管理设计部的职责交给了他的继任者彼得·施耐德。1995年5月，管理委员会授予了拉姆斯一个新的职位，以表彰他之前取得的成就。他那时是企业法人事务执行董事，这个职位可以直接对接主席阿奇博尔德·李维斯（Archibald Levis）。

从1995年5月起，彼得·施耐德成为了博朗设计部的主管，四名产品线的设计师组成了团队的核心，他们分别是彼得·哈特韦恩、路德维希·利特曼和作为第二位资深设计师的迪特里希·卢普斯以及罗兰·乌尔曼。除此以外，还有助理兼秘书罗丝·安妮·伊萨贝尔，产品平面设计师华特劳德·米勒、盖比·登费尔，CAD助理、初级设计师比约恩·克林和科内利亚·塞弗特。

多年来迪特·拉姆斯和他的团队一直以一种相同的形式在工作。1956年，迪特·拉姆斯第一次被委托到产品设计部去工作，带领这支团队开始了新的工作。后来，模型制造商罗兰·魏根德和罗伯特·坎普也加入了他的团队。

这一长期的团队合作对博朗的产品设计部门产生了特殊的影响，博朗的产品设计部门位于起初成立博朗总部的法兰克福附近的克朗伯格。

与大量的任务相比，设计团队规模显得相对较小，但它负责了博朗所有产品的设计工作。在早期，博朗会聘请乌尔姆设计学院的汉斯·古格洛特、威廉·华根菲尔德和赫伯特·希尔切作为外部设计师来为自己工作，而现在的团队已经不需要继续外聘设计师了。另外，博朗的团队经常会接受一些如欧乐B和Jafra公司的订单。

从1956年的T 1便携式收音机到1994年的混音多米斯三重奏（Mixer MultiMix trio），在近四十年的时间里，博朗的设计部门总共设计了超过500种独立产品，同时我们绝不能忘记他们对这些产品再次进行了大量的修改和改良。

总设计师监督部门工作，同时也参与了每个项目，他了解时事，会给设计师建议，会测试他们的初步图纸，也负责向公司管理层汇报情况。但与此同时，团队也有着极大的独立性。

他们负责设计的产品是他们自己努力的成果，公司管理层以及公众会知道他们是“他们的”产品的设计师。

迪特·拉姆斯与博朗的 40 年

起初

在威斯巴登的应用艺术学院（Werkkunstschule）学习建筑和室内设计之后，迪特·拉姆斯（图7-3）在奥托·阿佩尔的法兰克福事务所担任了两年的建筑师。在此期间，该事务所与美国建筑公司 Skidmore、Owings 和 Merrill 合作，而后者又深受路德维希·密斯·范德博赫 (Ludwig Mies van der Bohe) 作品的强烈影响。

1955 年7月，迪特·拉姆斯最早被博朗聘为室内设计师，最初的任务是室内及家具设计（图7-4）。1956 年起，他开始承担一部分产品设计的工作，他的第一个项目是 PA 1 投影仪和SK 4收音机-留声机组合。当时博朗正与乌尔姆设计学院合作，对其电视和无线电设备进行彻底的重新设计。这种开拓精神非常适合23岁的拉姆斯。他已经有了自己的设计方法，并且与乌尔姆设计学院的合作有了进一步发展，拉姆斯被任命为博朗的首席室内设计师。

图7-3　迪特·拉姆斯在他位于法兰克福的一间公寓里（约1956年）

图7-4　迪特·拉姆斯所绘制的展厅设计画稿

图7-5　1958年布鲁塞尔世界博览会上，参观者在 PA 1 投影仪前进行参观

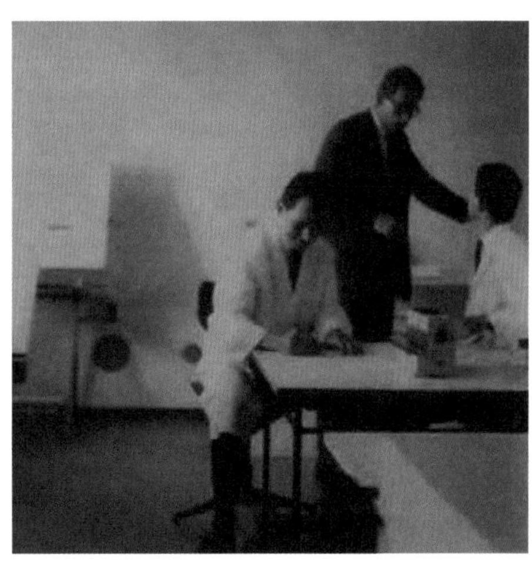

图7-6　迪特·拉姆斯（中）与产品设计师罗伯特·奥伯海姆（左）和迪特里希·卢普斯（右）在法兰克福博朗设计工作室（1965年）

作为一名室内建筑师，迪特·拉姆斯在博朗的第一个任务就是设计展厅。这个展厅配备了汉斯·古格洛特设计的PK-G收音机-唱片机控制台，以及诺尔国际家具公司的产品。背景中清晰可见的是由棚架结构设计而成的系统，类似于后来拉姆斯为维索家具公司（Vitsoe）设计的椅子（RZ 60）。

1958年世博会

PA 1 投影仪是第一款完全由拉姆斯为博朗设计的产品，并在1958年布鲁塞尔世界博览会上展出（图7-5）。在接下来的几十年里，博朗的产品设计赢得了无数奖项。从1958 年的纽约现代艺术博物馆展到 2008 年的大阪三得利博物馆展，博朗的产品在世界各地展出。

博朗设计工作室

1967年至1995年期间，博朗设计工作室和模型车间位于克朗伯格（图7-6）。

工业设计师不会自己设计东西——甚至迪特·拉姆斯也不行。他不断强调团队合作在设计过程中的重要性。良好的工作氛围和眼界交流能够确保设计方法的有效性。设计师、技术人员、营销专家，尤其是管理层必须共同努力，制定统一的方法，以便能够创造出一致的产品。

迪特·拉姆斯始终将他的设计团队（图7-7）的规模保持在25人左右：通常由15人以下的设计师、模型制作者和助理组成团队。

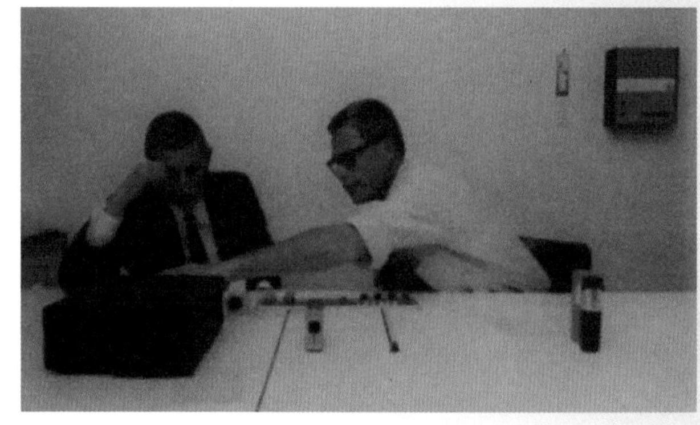

图7-7　弗里茨·艾希勒博士和迪特·拉姆斯（约1966年）

展望未来

展望未来是什么意思？ 首先，指的是回顾过去。对我来说，展望未来一直是设计过程中的一部分，也是我们对博朗和维索创造的产品的态度，这些产品一直处于不断演变之中。 这些东西可以为我们提供未来的灵感，这不是特定产品风格的延续，而是一种方法和态度，一种对于未来事物的反思。

我们当时的设计是那个时代的产物，鉴于当时的条件，我们试图做出更好的设计。现在也应该是这样：要基于今天的技术发展前提。换句话说，我们的指导原则是过程，而不是形式。

我相信，在思考设计问题的时候，我的十条设计原则仍然可以提供设计方向。然而，它们不应被视为硬性规定。

设计师应该始终致力于让世界变得更好，即使只是一点点，因为世界不会自己变好。 我们必须正视战后时代的短板；当今最紧迫的挑战是保护自然环境，克服非理性的消费文化，并对数字化采取明智的、负责任的做法。

但未来的设计师也面临全新的、深远的挑战。产品本身不会再像以前一样成为核心的关注点，在设计过程中要考虑方方面面的问题。

设计师不能带着冷漠与随意的设计情绪去开展设计工作。环境和气候的不稳定状况，加上脆弱的全球经济，要求我们对事物采取新的态度。 我们应该更仔细地考虑我们想要生产的产品，只有当它比“更多”更好时，"少"才是"更多"。直到1998年我离开博朗公司之前，整个设计团队一直秉承着这个设计理念（图7-8）。

我希望看到那些回顾过去、展望未来设计师。这样我们才能设计未来。

——迪特·拉姆斯

图7-8 迪特·拉姆斯离开博朗之前与博朗设计团队的最后一张照片（1997年）

迪特·拉姆斯的设计观点

能力

多年来，每一位高级设计师都专攻某一特定的产品领域，无论是剃须刀、家用电器、钟表、护发产品还是其他产品。这种专业化是有意义的，因为如果没有深厚的技术知识支持以及对相关产品类别的彻底熟识，工业设计——尤其是博朗所理解的设计——是不可能实现的。设计师需要掌握很多不同领域的知识。在开发新产品的过程中，他们还需要与市场和技术部门的合作伙伴保持密切的联系。这种专业分工不是那么明显，因此各个设计师很难按照自己原来的专业方向去开展设计工作。个别项目偶尔会移交给不同的设计师，但总体设计还是由相关的高级设计师负责。

组织

设计部要如何融入公司团体？在何处融入？这可能在外人看来是次要的方面，但它实际上是设计师工作的最重要的先决条件之一。

任务

博朗设计师的任务是对产品整体以及每一个细节进行全方位的设计。他们不但要定义产品的基本形状、尺寸和比例，还要进行操作按键的安排和设计等，同时表面材料、产品结构和色彩的设计也是设计师的工作范围。从平面设计的角度来说，博朗的设计师还需要设计产品上的相关图形，包括字母和符号。甚至包括容器、磁带盒、配件、清洁工具等，都是由博朗设计师完成的。设计师在对产品发展的方向上有很大的发言权，而在今天设计师必须要更多地考虑产品对生态环境的影响。

为了实现如此全面的设计，博朗的设计师从一开始就积极参与到产品的开发中。他们参与落实产品的基本概念，并作为“设计工程师”与技术人员一起工作，以便找到新的建设性设计方案，从而提高产品的实用性。多年来，许多创新的冲动都来自于设计师，他们熟悉技术的进步，并且对新材料和新技术充满了兴趣。

有一个例子可以说明这种以技术为导向的设计工作，同时也可以说明它有多么适合产品的开发过程，那就是所谓的“硬-软”表面外壳设计。手持电器，诸如电动剃须刀等，都应该被妥善、轻松、安全地使用，它们需要一个操作时易上手的外壳。

1977年上市的博朗Micron电动剃须刀采用了当时全新的表面结构：小而圆的凸起“点”。这种表面“点”状表面设计起来可以轻松舒适地操作设备。然而，设计师的意图是对表面结构进行决定性的改良，从而赋予剃须刀更高的内在价值。他们的想法是用一种比外壳更柔软的材料制成“软点”。这种“软点”表面握起来更加舒适。它还可以避免剃须刀从倾斜或潮湿的表面上掉下来（例如在浴室）。

是什么让他们实现了硬壳软“点”结构的想法？普通的外行往往无法理解这项任务背后复杂而繁琐的技术要求。他们必须找到合适的材料，组装成合适的结构，当然，还必须开发出合适的制造技术。这一发展是在设计师的敦促下进行的，并引导他们朝着最为“方便”的表面结构的目标不断前进。在材料技术员、施工员、制造技术员以及塑料制造专家等的长期深入合作下，这种新型专利“软-硬”表面技术最终得以实现。

同样，许多设计方案——从基本结构到操作元件的设计——都是技术上的杰作，只有通过设计师和技术人员的共同努力，在相互尊重的基础上进行合作才能实现。

方法

要解决生活中的许多问题，正确的方法往往是成功的关键。对于设计而言也是如此，但仍有一些局限性。当设计师或“设计工程师”在一个复杂多样的新产品的研发过程中完成他们的特殊任务时，他们必然要融入到结构化、常规化的公司框架中去，以发挥他们的作用。例如，产品的设计必须在规定的时间范围内以规定的方式进行。

但是，在他们“寻找形式”这一特殊的任务框架内，设计师们遵循的是一条精心策划的、有条不紊的道路。对于每一款新产品而言，博朗的设计师都会深入搜索其后续产品的相关信息——包括技术层面、市场行情等，但最重要的还是使用者的愿望和需求。搅拌器、钟表、厨具、吹风机——如果没有精确了解并理解用户复杂多样的需求，就不可能设计出功能优良的产品。

设计师们对手头的任务进行反思，试图找到设计概念的初步特征，并承诺对已有概念进行令人信服的进一步开发。他们确立了自己的目标，与市场部门和技术人员进行交谈，以了解他们的意见。他们会评估设计想法实现的机会，并共同规划下一步的工作。工业设计首先是一项脑力劳动。经过激烈的讨论和测试，这些想法将逐渐被重新审视。在最初阶段，设计师们仍然采用类比的方式——先用图纸来描绘设计思路，或者用容易成型的材料制成初步模型。迪特·拉姆斯将它们称作“三维”图纸。现如今，用来定义设计的工具是电脑。产品的形式不再由图纸和模型所决定，而是数字化的。计算机辅助设计（CAD，computer aided design），将设计师与技术人员联系在了一起，包括科研专家、工程师、质量工程师和计划部门等，他们将在新产品的开发过程中携手并肩合作。同时，代表产品原型的最终模型也将由计算机控制的机器进行制造。

设计概念越具体，模型就越精确、越优秀。它们几乎无法与批量生产单位区分开来。批量生产准备工作的背后支撑——制造工程，已成为设计师的一项重要任务。这就涉及到一个问题：如何找到一个设计解决方案，以完全确保经济化生产。考虑到当今博朗所使用的高产能、全自动化的高科技制造工艺，这的确是一项复杂的任务。设计师也被要求设计的产品能在批量生产中实现并保持供应质量。

迪特·拉姆斯与教育界

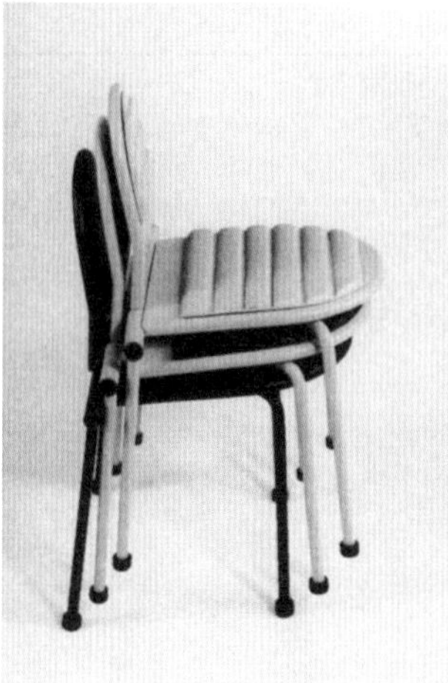

图7-9　安吉拉·诺普（Angela Knoop）设计的椅子

从1981年起，迪特·拉姆斯除了担任博朗设计部主任外，便一直在汉堡艺术学院上课。他认为这不仅是一个特殊的机会，更是一份特殊的职责，因为好的设计源于对好的设计师的培训。

在德国，注重设计的教育质量是一个关键问题，主要是因为学校众多。面对目前及未来复杂而又现实的对设计人才的高要求，大部分学校都没有能力直接培养出企业满意的工业设计师。在迪特·拉姆斯的设计研究中，展示的一些产品并不是他的设计，而是出自博朗设计团队之外的设计师之手（图7-10），例如基于Knaus-Ogino设计的避孕温度计。但他经常给予他们设计方面的提示与指导，这也是他工作的一部分。

汉堡艺术学院会馆椅子的设计是在学院举办的小型竞赛的基础上制作的，它的结构简单，仅仅采用了弯曲钢管（图7-9）。该椅子既可以堆叠，也可以组装成排。有一项最重要的条件是椅子必须由汉堡公司生产。

夹持灯具机械结构（图7-11、图7-12）的解决方案是一个易于打开的杠杆夹具，该夹具模型在早期的功能原型中已进行检查和优化。

卤素台灯（图7-13）的设计概念是通过连接到桌子后面的导轨来调节紧固件，这样一来，台灯就可以进行水平方向移动了。

图7-10　基于Knaus-Ogino设计的避孕温度计，液晶显示屏可显示一个月内所测量的温度（安吉拉·诺普）

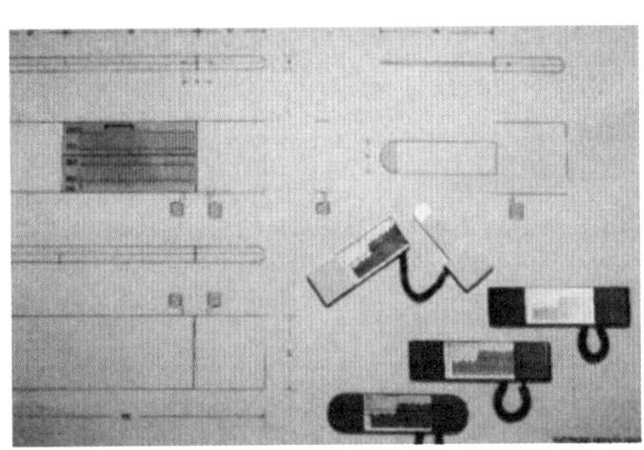

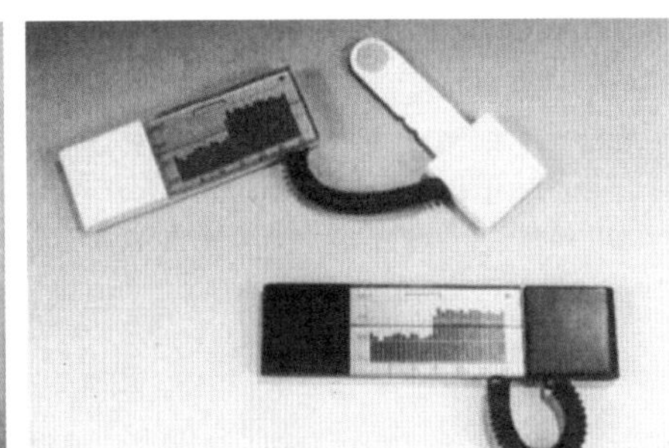

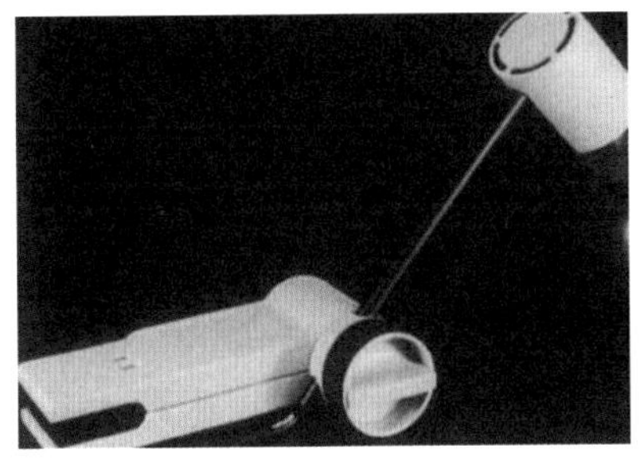

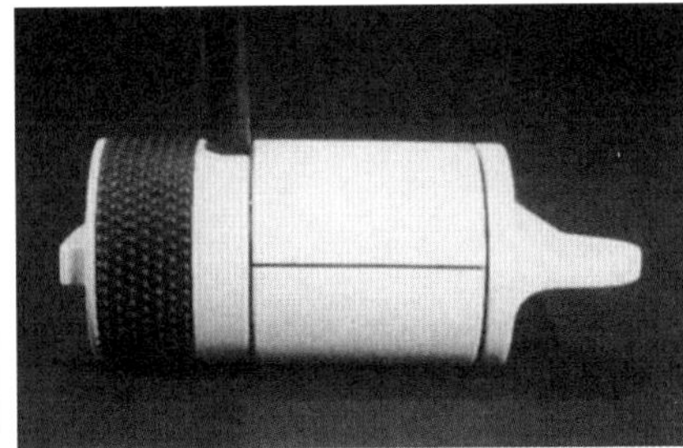

图7-11　安吉拉·诺普设计的夹持灯具

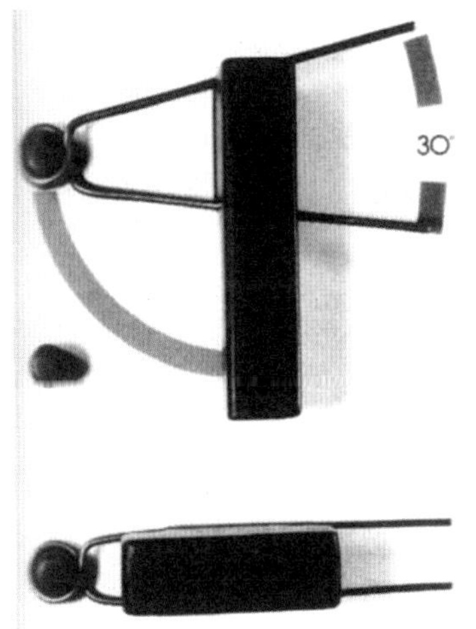

图7-12　夹持灯具的功能模型

图7-13　安德烈亚斯·哈克巴尔特（Andreas Hackbarth）设计的卤素台灯

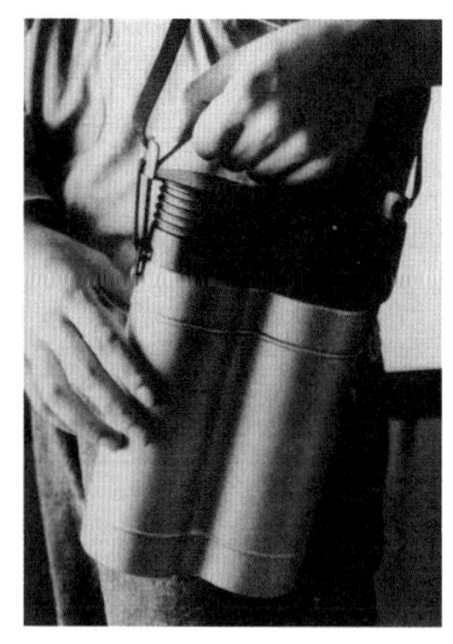

图 7–14　马亚・戈尔格斯（Maja Gorges）设计的保温瓶

保温瓶的设计（图 7–14）背后有一个令人瞠目结舌的想法，它的瓶身是通过两个圆筒，而不是通常的一个圆筒制作而成。尽管它的容积只有一升，但双缸看起来更紧凑、更易握持、更易运输。你可以用背带将它背在肩上或直接拿在手里。此外，可以附加一个双腔容器来容纳牛奶、柠檬汁、糖等液体。

在设计洗衣机时（图 7–15），生态理念是最重要的部分。洗涤时应尽量减少洗衣粉、水和能源的使用。一台与电脑相连的秤将衣物收集起来（图 7–16），并选择最佳的洗涤、烘干和熨烫程序。所有的数据都存储在磁卡上，包括洗衣粉和水的正确剂量，以及整个过程中使用的温度和时间等。该系统配备了一个封闭的水循环回路。清洗站位于其顶部，这里的水被不断过滤，以便重复使用。洗衣机及所有其他部件都是以简单、模块化的方式进行设计的。

不同尺寸、不同结构的洗衣机可以通过提供的模块组合在一起。

图 7–17 展示了一辆电动自行车的设计。我们的目标是通过增加驱动支持系统、改进载具设施和防雨性能为一辆普通的自行车赋予内在价值。这款自行车的前轮上安装了一个电子辅助驱动器，车架由碳纤维制成，载具是集成的并且把手上安装了防雨罩（图 7–18）。

图 7–15　彼得・埃卡德（Peter Eckard）和约亨・亨克尔斯（Jochen Henkels）设计的带有称量终端和水循环系统的洗衣机

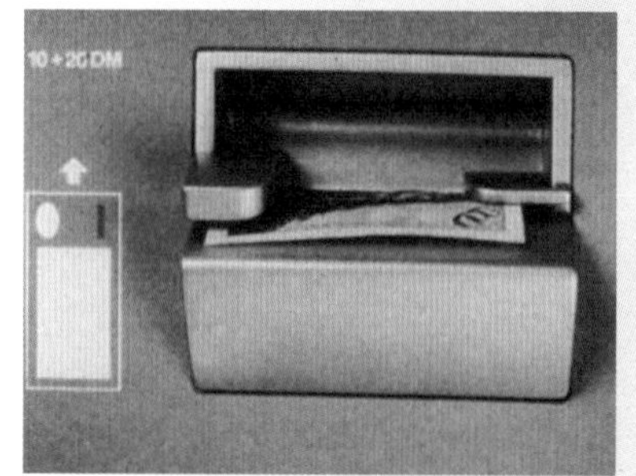

图 7–16　附有秤和支付单元（右图）的洗衣终端的设计

图7-19展示了一辆轻便、可移动、可折叠的婴儿车。它的前后车轴之间有一个大的载物箱，这是一个非常实用的附加装置。负载物可以通过网罩进行固定。

婴儿车折叠起来特别容易，只需要用手或脚将载物箱推到座位下面然后折叠即可。折叠后的婴儿车可以很容易地带着上楼或乘公交车和地铁，因为它的宽度只有58厘米。它的座椅比普通的手推式婴儿车稍高一些，这样婴儿就会被抬高到远离汽车尾气的排放范围。

图7-17　马蒂亚斯·塞勒（Mathias Seiler）、格尔德·施米塔（Gerd Schmieta）和希尔玛·杰迪克（Hilmar Jaedicke）设计的电动自行车

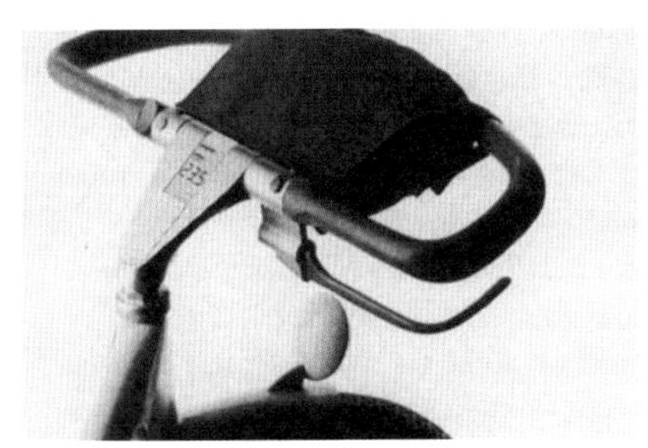

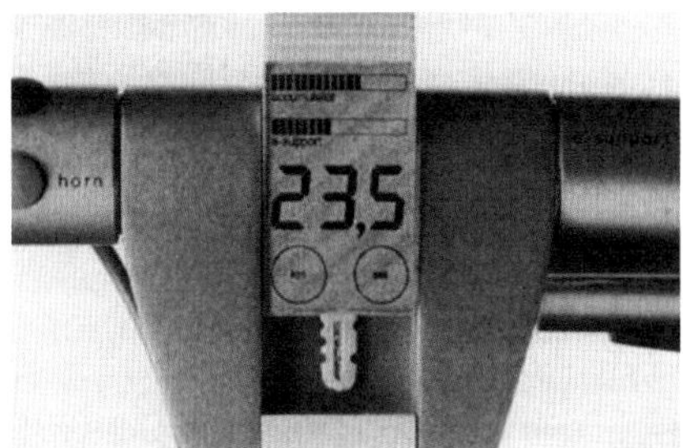

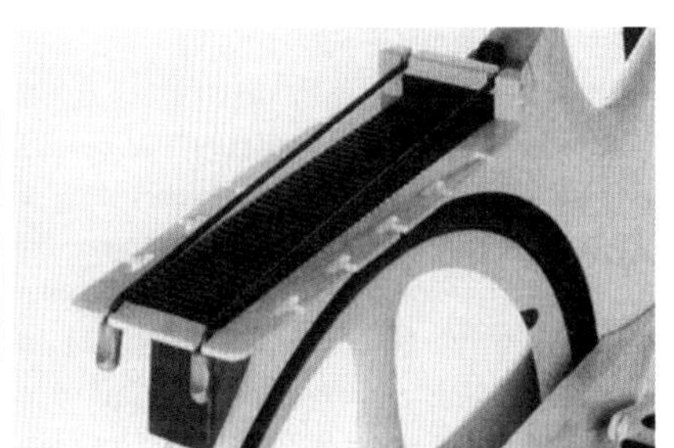

图7-18　所有连接元件都经过特殊设计，可以避免儿童受伤，以确保儿童的安全

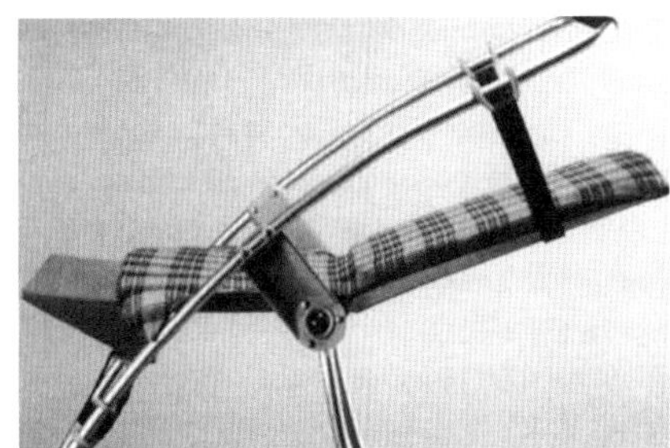

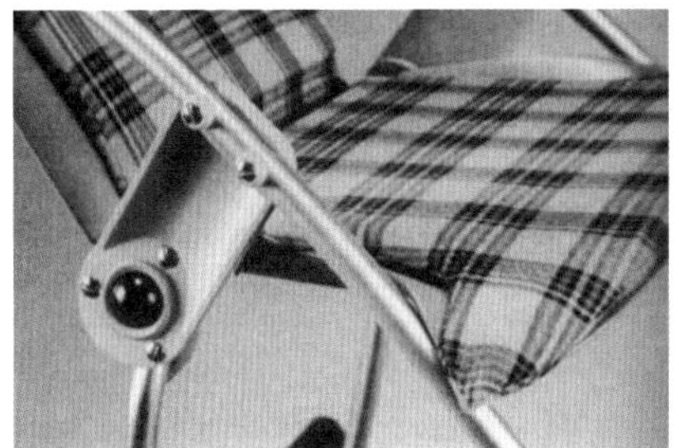

图7-19　科西玛·斯特里佩（Cosima Striepe）设计的手推婴儿车

改善车站的设计是提高公共交通吸引力的途径之一。车站应该提供相关乘车信息，并要保证安全和舒适。图7-20的设计为不同规模、不同结构的车站提供了一个新的模块化系统。墙体由型材钢和玻璃制成，屋顶由铝和塑料制成，所有必要的部件都安装在水平铝制型材上，如折叠座椅、支架、电话、售票机以及交互式信息终端（图7-21）。该终端与中央计算机相连，可向乘客们通报交通情况或提供时间表。

自行车人体工程学测量仪（图7-22）的设计介绍了这样一种设备，它的功能通过设计加以说明。设备中心由一个不断旋转的大圆盘组成，圆盘上安装着一个制动装置，通过形状和颜色来进行强调。座椅和手柄可以根据用户需求和训练模式进行精确调整，而无需下车或使用工具。

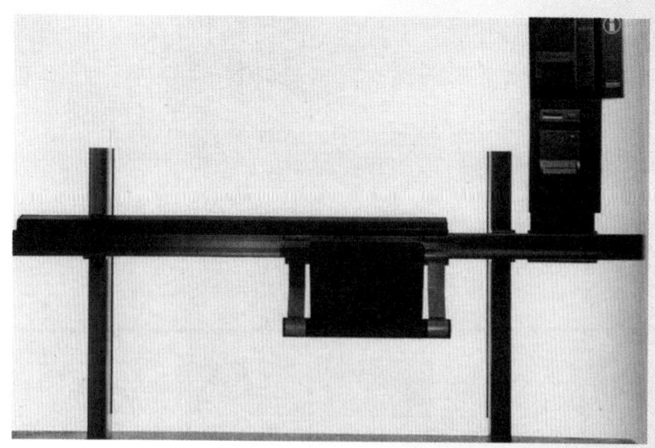

图7-20　公交车站、火车站的设计

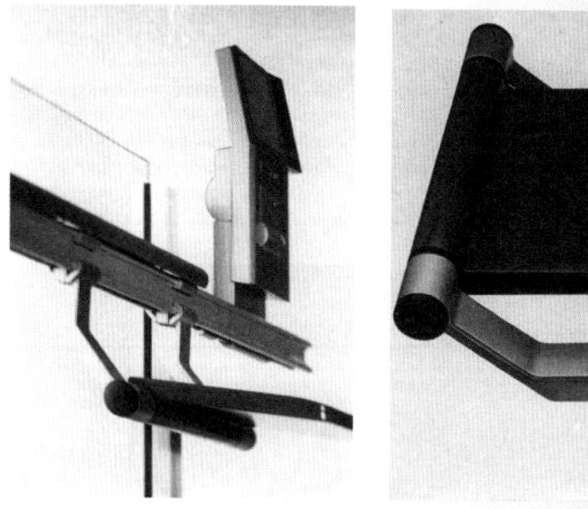

图7-21　交互式信息终端和公共交通折叠椅的设计

图7-22　自行车人体工程学测量仪的设计

迪特·拉姆斯团队的环境设计作品

建筑设计

博朗设计团队一直忙于建筑设计——他们为建筑整体以及各个部分提供建议和方案。他们的任务之一是保持一种适合公司的整体精神，简而言之，就是在当今企业设计中运用他们的影响力。

1994年开始使用的博朗配送中心（图7–23）就是一个很好的例子。现代化的配送中心主要是一个技术系统，它连接起了一个大型高架仓储设施、一个调配区和一个进/出货区。博朗设计团队的主要任务是为这个庞大的仓储建筑寻找到一个美观的解决方案。这个方案中必须考虑的两点是：如何将建筑与环境融为一体，以及如何传达博朗产品的价值。建成的建筑正面呈现出一种淡淡的金属灰色，与天空的浅蓝色和灰色调相互映衬。前面低矮的配电楼被漆成白色，因此显得格外醒目。

图7–23　博朗配送中心（1994年）

图7–24　位于克朗伯格的博朗行政办公大楼（1979年）

图7–25　美国贾夫拉（Jafra）总部的再设计

图7-26　美国贾夫拉总部图（1991年）

图7-27　美国贾夫拉接待大厅

图7-28　FSB的人在Rotis为奥托·艾舍介绍比赛结果

1979年建成的位于克朗伯格的博朗行政办公大楼（图7-24）被漆成深灰色，与十年前建成的博朗总部建筑群相得益彰。图7-25~图7-27所示的这座建筑的正面结构相对复杂，同时又显得封闭而平静。

1985年，FSB（Franz Schneider Brakel），一家领先的金属配件制造商，邀请了来自世界各地的著名设计师参加比赛（图7-28）。1986年秋，门把手、旋钮等设计方案在一个研讨会上被提了出来。其中一些方案被列入FSB的官方计划中，其中包括奥托·艾舍（Otto Escher）设计的两个门把手，他的目的是设计尽可能简单的门把手。艾舍认为，环境已经够复杂了，他一直试图与混乱斗争。

尽管它们的形式都很简单，但为确保能有比较好的抓力，两个版本的门把手都偏圆润。Rgs 2系列门把手的基本形式是他们和设计师安吉拉·诺普（Angela Knoop）合作打造的。后来，在此基础上进一步开发了Rgs 3系列。期间，安吉拉·诺普重新开发了各种细节。这就是Rgs 3模型的产生过程，他相信这两个握把仍然是术语“握和处理”的例子。

和Rgs 1系列门把手一样，Rgs 2和Rgs 3的支撑部分和可见部分是由铝塑铸成的，握把是热塑性塑料。握把展现了设计的优越性：Rag2系列门把手通过门把手上的手指模具加长了把手。Rgs3系列门把手上有一个小的手指模具。

两种材料在技术参数和冷却方面有所不同，但都是用户使用起来相对友好的热塑性材料。

家具

大约四十年前，迪特·拉姆斯开始设计家具系统。随着时间的推移，他设计的家具系统用途广泛。这些家具最初由维索公司和扎普夫（Zapf）合作生产，后来由维索公司单独生产。

直到今天拉姆斯设计的许多产品仍在市场上销售。例如606货架系统已经非常出名。该系统的修改版是由来自米兰的德帕多瓦（De Padua）改造出来的。

在拉姆斯回顾他设计工作的重要环节时，他想试着谈谈他在家具系统设计过程中的动机和思考。比博朗产品更直接的是，家具是根据他的世界观创造出来的，即世界应该如何规划，人类应该如何生活在这个人工环境中。从这个意义上说，每件家具都是对世界的设计，人必须生活在其中，它反映了人们对自己的看法。

在20世纪50年代，迪特·拉姆斯的观点是一个经历了独裁、战争强烈的破坏，当然还有自由和乐观新开端的年轻人的观点。

拉姆斯在培训期间以及作为建筑师的工作期间，熟悉了用一些新的设计来装饰这个世界，这些设计给他留下了深刻的印象，并鼓励他朝着自己的设计方向前进。迪特·拉姆斯迈向了人生的下一个阶段，在这个阶段中，他对于人们想要如何生活，想要生活在怎样的环境这个问题提出了自己的看法：家具在当时对他来说是什么？迪特·拉姆斯认为家具设计的第一个品质是简洁性和简单性。一个合格的书架是不应该让书籍随意堆放的，所有家具都是从他曾经说过的一句悖论中产生的：好的设计就是尽可能少的设计。减少设计的目的绝不是像他和他的一些设计师同行被指责的那样，一种毫无成效的苦行僧式的方法。它不应该支配事物。他想为自己设计一个个性化的环境，既包含了“静”，又包含了“动”。一个仅仅具有基本功能的家具只能意味着限制，这使他感到沮丧。在某种程度上，我们室内数量巨大的手工艺装饰品与其复杂多变的形状对空间是有破坏性的。

迪特·拉姆斯曾经说过：我的目标是忽略多余的内容，以便更加强调本质，形式变得平静、愉悦，可以被理解和持久。我的家具设计的耐用性已经非常明显了。我的书架主体、桌子、椅子的简单设计超越了时代，而这正是因为它遵循着“时代的精神”。

拉姆斯认为家具设计的第二个重要品质是多功能。椅子和凳子应该可以让人以舒适放松的姿势坐着，它们应该易于维护，并且根据用户的需要进行定制。在这个方面至关重要的一点是，这些家具必须具有一定的功能品质，以便它们可以用于多种不同的环境，而不是专门用于客厅、卧室、餐厅或者办公室。

拉姆斯设计的大部分家具都是模块化组件系统，可以有各种可能的组合，架子系统、桌子系统或壁挂式系统都非常能展示他的设计态度。然而，单独的产品，譬如620扶手椅也被设计成了一个系统：所有的组件，例如扶手和靠背被设计成模块，可以轻松地拆卸、连接和更换。扶手椅也可以轻松地转化为两个或者三个座位。

他对实用性、可变性和使用寿命有着较高的质量要求。维索家具系统可以使用、扩展、更改和拆卸，使用寿命可达到数十年之久，这足以证明它们确实符合质量要求。高品质导致了高的价格，这给简单、有用和材料不经济的家具增加了难度，这是他之前没有预测到的。

在他的家具设计中，他试图达到一种既不典型又不装饰，虽不令人印象深刻却实用的美学品质。它的质量体现在各个组件的清晰度、比例的协调性、对表面和细节的精心处理上，直至最小的螺钉也是如此。对他而言，一个带家具的房间以及单个房间的美学品质在于沉稳的和谐感，而不在于特定的特征和色彩所带来的冲击感。

他在克朗伯格的房子被树林围绕着，这很大程度上影响了他部分的建筑概念。房子是他根据自己的想法建造和布局的。他的妻子是一名摄影师，他们从1971年起就住在这里。当然，他们使用了自己参与设计的维索家具。这样，他们就可以了解家具的日常使用情况并找出需要进一步改进和重新开发的细节。维索家具不能解决的部分，他使用了设计概念相关的其他家具。案例有Thonet椅子和Vitsoe table 720餐桌，此外还有Fritz-Hansen-Chair家具，放置在厨房和客厅门之间的早餐台旁边。

在客厅的中心，宽松地摆放了一些椅子，这是他对客厅的设计想法。这是一间拥有花园美景的生动活泼的房间。在这里，他们可以一起坐下来聊天，招待他们的朋友。他们也可以在这里阅读和看电视。植物、书籍和图片决定了这里的氛围。这些房间的设计在很大程度上表达了他设计的基本意图：简约、本质、开放。凡事不要过分夸大，抓住重点，不要做过多的限制，但是它们与背景融为了一体。它们的简约给本质提供了更多空间，这种顺序并非是限制性的，而是辅助性的。对他来说，在这个喧嚣混乱的世界里，设计的任务是寂静的，有助于休息，且让人们放松。与他的观点相反的一个立场是设计本身具有强烈的吸引力，而且会产生强烈的情感。这在某种意义上是不人道的，因为这使设计更加混乱。

迪特·拉姆斯认为自己在家就像在博朗的办公室一样使他能够提升洞察能力和敏感度。他经常在家工作，他的房间像客厅一样通向花园。对他而言，工作并不仅仅是设计，而是反思、阅读和交谈，设计是一种“推测”。一个空旷的房间的美来自于清晰的地板、墙壁、天花板以及精心设计的结构和精心选择的材料，这比欧洲的大众美学、装饰和突兀的形式要精致而复杂得多。

拉姆斯所做的相对小一些的花园设计中，借鉴了很多日本的先锋设计。这不是对某个特殊的日本花园的复制，更多的是对日本园林精神的致敬，是对我们的时代所见风景、所处气候的一种过渡。在他的花园中工作相比在房间中工作更易产生灵感。他的花园里的小游泳池不是奢侈品，是令人惬意能够疗愈身心的地方。

你可能会感到惊讶，他作为一个20世纪的设计师，一个科技产品的设计师，却会涉猎到日本传统建筑的设计文化，而且还对这种传统文化饱含尊重和感激。日本文化的漫长历史令他钦佩并深深地影响了他，在他看来，许多当代设计师对历史缺乏兴趣是一个弱点。

就像日本的设计文化一样，拉姆斯也被日本浪漫时期的建筑所吸引。距离他出生地不远的莱茵高，有一座埃伯巴赫修道院，这是罗马建筑的精髓。在拉姆斯年轻的时候，他经常去这里游玩参观。在他看来，最杰出的建筑之一是由腓特烈二世皇帝建造的蒙特堡。

还有日本的摇床的设计，它的基本结构、完美的表现形式以及良好的解决方案给拉姆斯留下了深刻的印象。

在未来，设计会是什么样子？产品设计的目标是什么？影响产品设计的标准将会是什么？设计意味着什么？它将如何被评估？这些问题是现实且紧迫的，但到现在为止甚至还没有被重新思考。

随着人类工业发展对地球上的生命造成的威胁，保护地球这种深远的变化是不可避免的。我们只能希望，这些——是我们自己有意识地实现的，而不是因灾难强加给我们的，也许它们将导致人类的富裕，而不是导致生活的贫困。

地球文明的危机将迫使我们采用新的设计伦理：将来，必须从最广意的层面上评估设计对生存的贡献，以此来判断设计的价值。

设计首先会采用更高品质的材料，从而提高环境的生态质量，甚至将有助于减少产品的生产。因此，未来产品理念的口号将是“少而精”。如今的设计几乎完全基于创造一种“购买欲望”，这种欲望只会助长消费主义，未来将让位给一种可持续性发展的文明理念。

然而，一个产品的文化改变不能仅仅靠良好的意图来实现。一般来说，产品的文化改变只能通过改变我们的生活方式来实现。一个例子就是消费品“封闭循环”的发展：用户将不是为所有权付费，而是为产品的使用和维护付费，产品仍然是制造商的财产。使用后,产品将被返还给制造商，让服务、维修、回收和放置形成一个循环。

这种结构将改变产品被感知的方式，并因此改变设计的重点，让设计重点从创造更高的“购买吸引力”变为寿命和用途的优化。

从显示新方向的实验项目开始，设计师、设计机构和公司的任务是找到这种结构变化的出发点，进行思考，并将其付诸实践。

设计，是我们所生活的形状，是有关我们生存环境的设计，具有明确的意义。在拉姆斯还是个不知名的年轻设计师时他就相信了这一点，现在他更加相信这一点。

努力生产优质设计的设计师和企业还有很多工作要做：改变当今丑陋的世界，使之变得更好。小至每日琐事，大到城市，我们这个世界需要许多这种改变。

太多的人为是丑陋的，令人混乱。他想起了在一本漫画书中看到的给他留下深刻印象的话：“菲比俯视着洛杉矶那些嵌套在山丘和山谷中的粉红色房子，她思考着生活：这一切意味着什么？”毫无疑问，有人从外面看我们的世界，看到我们的影响也会问自己同样的问题。这一切意味着什么？对他来说，设计任务具有道德层面。好的设计具有价值。

我们建立的更美好世界必须铭记道德价值观。这种态度，与将设计轻视为某种娱乐的过于广泛的方法截然不同。从音乐和装饰到广告和电视节目，所有可以塑造和设计的内容都可以立即吸引其目标受众。只要反映好，就被认为是好的。这种近乎愤世嫉俗的态度充斥着后现代时代，使人们对任何有约束力的价值观都漠不关心。在这个保护伞下要寻求与众不同，都会包含来自功能设计的美学价值。

以拉姆斯的经验，如果只是为了简单而有所不同的事物很少会变得更好，但是如果是为了变得更好的事物几乎　总是会有所不同。

许多人仍然相信，在未来，我们可以通过不计后果的设计来满足自己的每一个微小的需求。他们认为风险很小，而且未来发达的技术将会消除负面影响。这是一个致命的错误，甚至那些本应受教育的人也犯了这个错误。为什么他们所受的教育如此有限？因为自大吗？

如拉姆斯所见，真正的教育是谦虚的、批判的，具有专心和清晰的视野。真正的教育意识到什么是错误的，虽然错误仍然会发生，也能意识到什么不应该发生，什么应该发生。

拉姆斯提出一个具有批判性又现实的推理：如果我们决定只使用意义推理具体事实这样的方式，而不是试图解决很多先入为主的想法、偏见，这将是一大进步。

改善设计伦理是至关重要的，但是如果我们能够改善思维并将之放置到设计的最重要之处，那将是巨大的成就。

现代设计意味着全局性思想、全球意识以及人为技术的减少不停累加。在我们的社会中，设计的新的思考角度将得到发展，这将成为生活质量的衡量标准，但是，只有当设计真正被所有人理解并接受时，生活质量才能通过设计得到持久的提高。

在高科技时代，设计面临着许多全新的挑战。在经济与生态的共生关系日趋严重的今天，它主要的贡献是减少劳动密集型产品的生产，这将促进创新技术的发展以及可持续生态概念的发展。

第八章　博朗的老一辈设计骨干

Phong与博朗设计师马库斯 · 奥特希（Markus Orthey）的对话

马库斯・奥特希认为自己是一个心态开放、善解人意、积极乐观的人。无论是在日常生活中，还是在职业生涯中，他始终秉持着这种态度。马库斯・奥特希作为博朗家电的设计总监，他认为自己有责任将博朗设计理念中的一些美德和理想传递给新一代，而且不局限于教科书式的讲述。在他的观念中，生活与设计的共同点在于以人为本的人文世界观，他认为设计是激情的源泉，他愿意让自己的思绪在大自然中肆意流淌。无论是作为设计师，还是对于个人而言，好奇心和无忧无虑的生活态度都是他最重要的伙伴。

你好，马库斯，让我们了解一下你：对你而言，作为一名设计师，什么样的东西会触动你的内心？

我对很多东西都充满了兴趣。艺术、戏剧、建筑和设计都在我的生活中扮演着重要的角色。我喜欢做饭、和朋友一起酿酒、在唱诗班唱歌，还喜欢花时间陪伴家人和孩子。多年来，我一直是一名钓鱼爱好者。我还喜欢旅游，因为我对未知的文化和世界充满了好奇，作为设计师，我也会从中汲取能量。只要有可能，我就会到葡萄园、田野和森林中去，去这些地方会让我的内心感到踏实，使我与环境紧密联系在一起。而且，我很喜欢喝咖啡，特别是意式浓缩咖啡和卡布奇诺。在我们家的厨房里，有一台德龙意式泵压咖啡机。

你的世界观是如何影响你的设计工作的？

作为设计师，你有能力去改善世间万物，让它们变得更美、更简单，你要坚信这一点。秉持着这样的态度，你的创作过程和生活方式都会变得丰富而有意义。可以肯定的是，没有人能够随时随地选择自己想要的生活。但是，每个人都可以自由地按照自己的想法去看待事物。我的杯子是满还是空？我相信没有人能够比我自己更了解。

你小时候知道工业设计师或产品设计师这类职业吗？

我是在德国Westerwald的一个小村庄里被手艺人们带大的。那时候我还不知道这类职业，但我会去读一些与汽车设计师相关的杂志。小时候我对这方面非常感兴趣，我常常用画笔记录下保时捷、兰博基尼、法拉利这样的汽车，然后挂在房间的墙上。总的来说，我小时候是个“画家”，也是个手工艺爱好者。时至今日也是如此。对我来说，发明东西是很稀松平常的。我家人大多也都从事手艺工作。我的父亲是一个训练有素的电子工程师。在我六岁的时候，我就和他一起蚀刻电路板，并亲手制作了我人生中第一件产品——在一个橙色的小盒子里装了一个红绿相间的闪光LED灯。在学校放假期间，我会定期给村里的油漆工、木匠或砖瓦工打工，从而赚一些零花钱。这段经历塑造了当时年轻的我，我将终生难忘。这些手工艺人的心态、不拘一格的处事方式，以及以目标为导向的创造力，将深深地凝聚在我的血液中。

你为什么会成为一名设计师？是什么促使你进入这个行业的？

小学毕业后，我去了一所有艺术背景的人文高中。人文主义教导我们要以人为中心，要了解人们的需求、情感与恐惧。对于设计师来说，同理心不仅仅是一项敏锐的软技能，也是手工艺技能的重要体现。在高中时，我也受到了很多鼓励，从而能够尽情发挥自己的创造力。我的美术老师是博朗先生，他在艺术方面对我影响很大。通过他的鼓励，我从一个“画家”、一个手工艺爱好者变成了一名设计师。

高中毕业后，我来到美因茨学习室内设计。就像之前那所人文高中一样，这里的老师也时刻鼓励着我，是他们为我指明了方向。在曼弗雷德·图姆法尔特（Manfred Tumfahrt）和弗洛里安·塞弗特这两位教授的启发下，我的工作重心从家具制造逐渐转向产品设计。塞弗特教授曾在20世纪70年代担任博朗设计师，他向我传达了一些博朗公司的设计理念。通过他，我明白了好的设计就是简化设计，它不能妨碍人们的生活，也不能在人面前叫嚣。好的设计是为人服务的，但人们不需要的时候，它却会在一边默不作声。在塞弗特教授的办公室里，我第一次接触到厨房家电、全自动咖啡机、吹风机和血压计的设计。那是1997年的事情，当时我的优势在于，作为一个学生的我掌握了3D渲染技术，所以我有幸能够参与到他的设计工作中。由此，我与塞弗特教授和产品设计结下了终生的缘分。就像第一天来到塞弗特教授办公室一样，当我看到一个主题时，我会深入研究这个主题，形成自己的想法和概念，从而一步步接进最优解。

2001年你从美因茨毕业后成为了博朗公司的一名产品设计师。你在博朗设计的第一款产品是什么？你与团队的资深设计师是如何合作的？

我在博朗工作后不久就进入了第一款产品的项目设计中，那是一款与路德维希·利特曼合作的蒸汽熨斗（图8-1、图8-2）。从那次合作中，我得到了一些启示：我们需要从多个角度去看待事物的对错，在设计过程中，也要有敢于犯错的勇气，这是非常重要的。最后，所有的一切都要归结于产品的某个功能上去。以前从没有人发现这些，也没有人认为它很重要。设计师的核心任务在于探索与发现。后来，在家用电器领域，我与路德维希·利特曼一起花了很多年时间进行设计与创造。我感到非常荣幸，能够在职业生涯之初与这么多具有开拓性的博朗高级设计师合作。

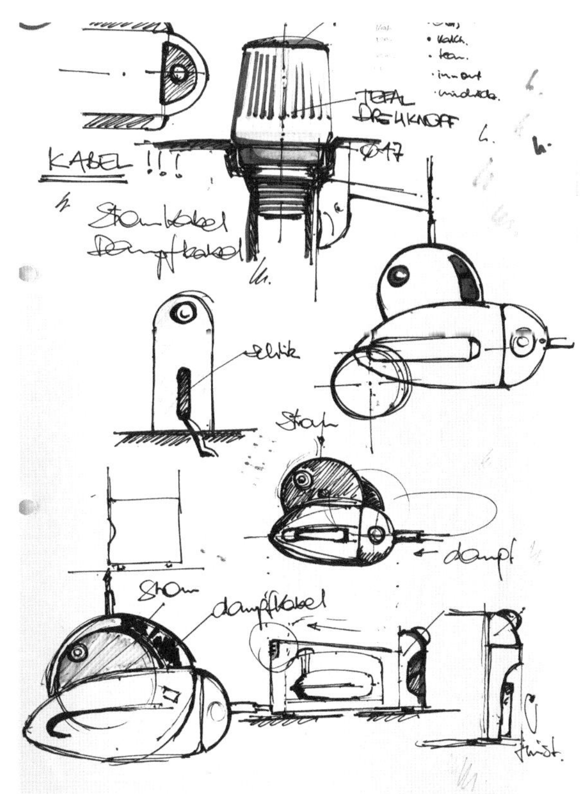

图8-1　马库斯·奥特希为博朗家用蒸汽熨烫设备设计的概念草图

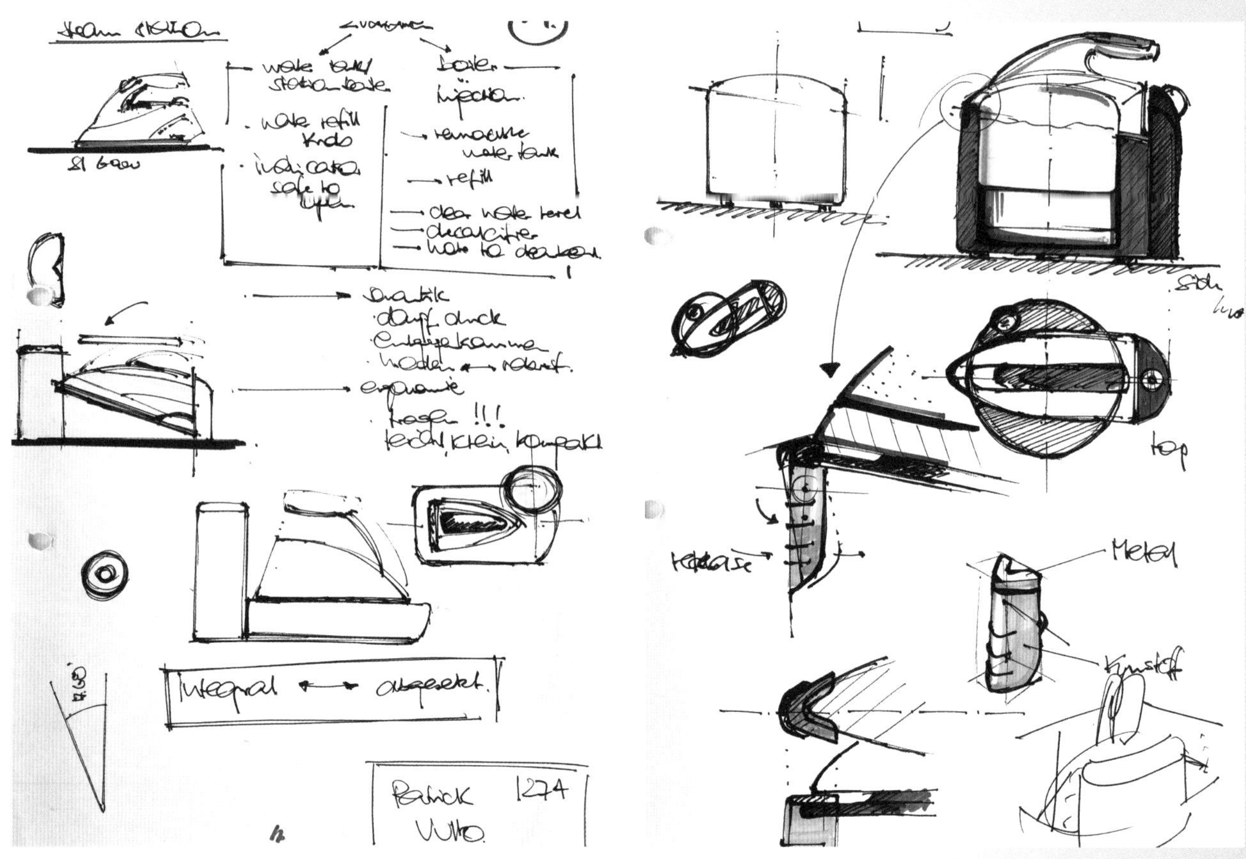

图8-2　从创意到概念再到产品，马库斯·奥特希更倾向于通过脑海中的“图像库”进行草图模拟

罗兰·乌尔曼（Roland Ullmann）教会了我如何精确设计一款剃须刀。彼得·哈特韦恩曾与我一同设计手表，他教会了我严谨而清晰的界面逻辑。当时的主任彼得·施耐德让我看到了跨学科团队工作的重要性。迪 特里希·卢普斯让我了解到完美图形背后的秘密，特别是在数字和字体方面。当时的模型制作负责人克劳斯·齐默尔曼向我介绍了手工制作模型所要遵循的精神与准则。

这些人都是我的导师。我在博朗工作了几年后，这些资深设计师们都逐渐退休了。我曾有幸从他们身上学到如此多的学问，时至今日，我仍引以为豪。我在博朗工作的第四年，成了博朗设计团队中最年长的成员之一。对我来说，这意味着要在短时间内承担更多的责任，并参与到更加重要的项目中去。在这个阶段，我还要不断应对日新月异的挑战，并学会接受团队设计过程中的新情况、新想法。此外，有观点认为：我们所要倾听、关注的重心在于人，我们要以人为本。这一观点也使我受益匪浅。

你最喜欢自己早期职业生涯中的哪一款设计，为什么?

我最喜欢的是博朗的一款手表——博朗PRESTIGE BN0095手表（图8-3），这是我在设计生涯中的一座里程碑。从小时候开始，手表就对我产生了一种特殊的吸引力，我深深地沉迷于手表设计，它的精密性和准确性令我叹为观止——人类的双手怎么能打造出如此出色的精密机械！对我来说，手表是我所期待的最完美的礼物。每当我买到一块新的手表，我都会反反复复地端详它。晚上，我会小心翼翼地将它们放在床边。因此，能够为博朗设计手表真的是一件非常荣幸的事情。回想起来，我仍然怀有谦卑与感激之心。我每天都会戴博朗产的手表，并以此表达对博朗品牌的热爱。

这款BN0095手表设计精确，制造精良。它的外壳是用一块金属铣削而成的。表盘、指针、表冠和按钮的制造精度均为0.01毫米。透过高精度放大镜，其内部的机械结构变得有形有质。

从一名设计师的角度来看，在博朗的这些经典设计中，你认为哪一个设计是完全成功的？

绝对是MPZ 2柑橘榨汁机（图8-4），它是1972年上市的。对我而言，这款产品将简约性与耐用性完美地结合在了一起。此外，这款柑橘榨汁机通过自身的设计语言对功能及用途进行了清晰的表达。我非常欣赏这些简约的产品，因为它们不需要任何进一步的解释，人们完全可以按照产品本意来理解它们，而无需在营销方面费心思。我认为这才是真正的、纯粹的产品。

当你开始进行一个新的设计项目时，你是如何将个人经验、内在态度、知识要点和手工技能全部融入到设计过程中的？

针对新的设计项目，首先，我会尝试理解项目的核心要素，并对当前任务进行分析与评估。随后，我会在脑海中以图像库的形式深化设计主题。我曾尝试从各个角度看待问题，为了考虑那些真正重要的内容，我会绘制草图或制作一些简单的3D模型，这就使得任务以一种可视化的形式呈现出来。但是，在新的环境中，我还需要考虑如何使他们融合在一起。在此期间，我始终要保持清醒的头脑，这样才能进行创造性的思考。为此，我需要一个安静的环境来放空自己。或许电影或谈话中的某些时刻会使我迸射出灵感的火花，从而引导我往正确的方向思考。对我来说，我还是更倾向于通过计算机将自己的想法三维化，这也能够使我保持清醒的思路。

在工作的整个过程中，绝不能有任何东西分散我对目标的注意力，对我来说这是最重要的。我只需要一张整洁的桌子和一个看起来令人兴奋的环境。同样，大自然也会帮助到我。我喜欢带着素描本在葡萄园中漫步，让我的思绪随风飘荡，并试图用素描的形式记录下来。在这里，我的思绪可以自由翱翔，从而探索一切未知的可能。

每个设计师都应该保持一颗天真烂漫的童心，始终充满好奇，时刻保持开放的态度。重要的是，要让自己置身于那些乐观向上、积极奋进的事物之中。我喜欢在生活中创造幽默氛围，如果没有这种幽默，就不可能以一种愉快的方式设计产品。我始终将内心的态度建立在友好与积极之上，以确保在所有情况下都能够保持最佳状态。

你对设计是如何评价的，怎样的设计才是成功的？

当一款产品能够产生其特有的价值时，我才会喜欢它。因为我们可以看出，它是经过精心制作的，它能够经得起时间的考验，它会彰显独特的个性与价值。我认为，如果一项设计对多数人而言都是有用的，或者是能够吸引众多消费者的眼球，那么它就是成功的——这才是设计的重点。就个人而言，我喜欢那些能够陪伴自己一辈子的产品。

图8-3　马库斯·奥特希设计的博朗PRESTIGE BN0095手表（2011年）

图8-4　尤尔根·格鲁贝设计的MPZ2柑橘榨汁机（1972年）

迪特·拉姆斯的十大设计准则在世界范围内享有盛誉。苹果公司的iMac、iPod等先锋产品是应用成功的范例。这些设计准则在当今发展过程中起到了怎样的作用？

迪特·拉姆斯的十大设计准则一直流传至今。如今，在这样一个全新的现代化背景之下，这些设计准则依然象征着“纯粹的力量”。或许人们会在其基础上加以解读或凝练，但“简单、实用、持久”这三点依然是十大设计准则的基础，其象征的价值观仍然流淌在所有博朗设计师的血液中。它们世代延续，并体现在博朗设计的每一款产品、每一个细节中。

让我们再谈谈对细节的关注：你在博朗是如何关注细节的？在生活中呢？

为了设计出质量优异、结构精密的创新产品，关注细节是必不可少的。在设计部门和项目团队中，我们经常对细节进行激烈的讨论。缜密的细节总是能够给人留下深刻的印象。有时候，我们也无法确定某个细节为什么会成功，为什么会吸引用户。间隙、尺寸、分界线、角、边缘、半径……这些微妙的细节都发挥着重要的作用。在感官层面上，博朗的产品采用的都是可触摸或可发声的材料。所有的一切都为了给用户提供更加完美的产品体验。

你已经为博朗家电设计了20多年。你会觉得这样的工作单调乏味吗？

不！在博朗工作期间，我曾参与所有品类的产品设计，包括剃须刀、手表、闹钟、牙刷、湿剃刀、吹风机、直发器，其中也包括为吉列、威娜和欧乐B设计的项目。恰恰相反，我从不会感到无聊。对我来说，每个项目都是一个新的挑战，每个项目都使我受益匪浅。

当工作变得无精打采时，为了让自己的思维流动起来，你会做些什么？你的想法从何而来？

我很喜欢设计，在设计的过程中我总能产生新的想法，我从来不会无精打采，因为这就是我生活的热情所在。我是一个发明家，是一个造型创造者，也是一名设计师。当我研究一项课题时，它会使我昼夜不停地陷入忙碌的工作中。我就是那个彻头彻尾投入精力的人，日日夜夜，一路过关斩将。不仅仅是为了工作，我更想要为科技进步奉献自己的力量。我想参与到更多不同寻常的、未知的事物中去。

那么，对于那些以设计师为职业目标的年轻人，你能为他们提出什么建议呢？

相信自己，倾听自己内心的声音，不要被其他人的意见所动摇。如果你想要有所作为，请坚持自己的理想和目标。时刻保持专注，不要在挫折和失败面前迷失方向。保持清醒的头脑，相信自己正在做的事情。只要你有理想或想法，就永远不要放弃。

最好的是你自己

Phong与博朗产品设计师迪特里希·卢普斯（Dietrich Lubs）的对话

产品设计师迪特里希·卢普斯1938年出生于柏林。他肯定地说，电脑可以让我们更快地完成草图的绘制，并且可以对电子文件随意进行修改，但是这也对作者的原创设计带来了不严肃的干预因素，因此，他以批判的眼光看待设计软件化。这不是文化上的悲观主义或不合时宜，而是对其保持警惕。他认为，设计结果取决于创造性的个性，这也包括爵士乐、绘画、时代精神或建筑。

迪特里希·卢普斯就数字化便利向后代发出警告："你必须比电脑更有创意。"这是他作为产品设计师 40 年来的成功经验。现代软件的出现迎合了人类追求便利的需要，使创意者逐渐忘记了所有艺术创作过程中真正重要的东西，即以开放的心态面对任务和为最佳结果而奋斗。不要让这种情况失控，是我们这个时代的设计师面临的挑战。

设计关乎设计师的个性

迪特里希·卢普斯是博朗的产品设计师之一。与当时博朗设计部门的大多数同事一样，他也是为留在博朗而努力。1962年，他开始在迪特·拉姆斯手下工作，担任产品平面设计师。在随后的时间里，产品图形部门扩大了，他从20世纪70年代初开始担任该部门的负责人，并坚持使用 Akzidenz-Grotesk 公司字体。他于1995年起任副总设计师。卢普斯的细心和博朗在设计经久不衰的产品方面的理念相吻合，卢普斯2002年从博朗退休。卢普斯设计了手表、闹钟、挂钟，并与迪特·拉姆斯一起设计了著名的ET 66袖珍计算器。那么你想听他讲讲他的产品吗？作为一个彻头彻尾的设计师，他主要关注的是其职业的本质。他提醒人们好的设计取决于个性、团队精神和工匠精神，他把自己的成功放在他的职业精神的次要地位。

15岁离开学校后，年轻的迪特里希·卢普斯和许多同龄人一样别无选择，只能追求扎实的手艺。他的父亲，一位柏林的建筑师，坚持这样认为。因此，他在莱茵河畔科隆的汉萨船厂完成了造船学徒的生涯。然后他被聘为船厂设计室的绘图员。在那段时间还有一些东西在他的灵魂中筑巢，并在那里悄然萌芽。回顾过去，迪特里希·卢普斯称其为他生活中的"症结"，这个"症结"开始于1958年在比利时布鲁塞尔举行的战后第一届世界博览会，当时德国馆的设计作品给他留下了深刻的印象，从未让他忘怀。"这种创意印在我的潜意识里，但还没有办法去行动。"一天，在火车站的书店里，他发现了自1957年以来定期出版的设计杂志*form*，他对产品设计的兴趣开始加深。"我身上的一些东西已经开始动起来了。"博朗公司的现代设计理念使专业界在那些年里"坐立不安"。迪特里希·卢普斯在一个城市建筑师的家庭中长大，艺术和设计对他来说并不陌生，但博朗电器的现代性引起了他的好奇心。现在是时候改变了："这时我下定决心，给博朗写信。"迪特·拉姆斯当时正忙于建立设计部门。这位年轻的细节设计师抓住了正确的时机。"拉姆斯来了一封信。他让我介绍自己。"卢普斯的计划书和图纸给乌尔姆设计学院毕业的迪特·拉姆斯留下了深刻印象，他只比卢普斯大五岁。最后，卢普斯找到了一份产品平面设计师的工作，而卢普斯则是拉姆斯多年后所说的他的第一个学徒。

莱因霍尔德·魏斯（Reinhold Weiss），电热锅和团队精神

在博朗第一年的夏天，小团队中的每个人都在休假，只有我一个人在单位里努力，因为我刚刚开始我的产品平面设计师的工作。莱因霍尔德·魏斯正忙于HMT1多功能电热锅的设计，并正在设计手柄。我们的关系非常好，所以有一天他来找我，说："如果你已经独自在这里了，那么试着为这些手柄找到一个解决方案。"我不认为那是一个在设计方面做出成绩的好机会。我顶多是想，好吧，如果是这样的话，那我就做手柄，就这样吧。我的优势是，我可以自己绘制技术图纸并负责制作模型，因为我已经学会了这两方面的技能。于是我提交了几个方案，其中一个很好，然后被产品采用了。实际上，当时我正忙着在绘制无线电产品图形。但在博朗，每个人都是设计师，这个多功能电热锅的手柄是我进入产品设计的起点。我当时非常清楚地意识到，如果任务很明确，如果规格正确，团队人员组合结构可行，那么从一项任务到下一项任务的过渡就会很顺利。

我们部门的团队成员不超过10人。当时的任务和项目还没有像今天这样被称为"管理"，而是被命名。有了项目，我们会讨论一下，很快就找到了一个感兴趣的人来承担该项目。如果我们当时都很忙，那么就由时间不那么紧迫或只是喜欢挑战的人接手。让我们假设这是一个新项目，然后我们中的一两个人就会处理它，并在研讨会上提出一个提案。讨论是公开的，没有评判。不管是谁承担了这个项目，都会尽力去完成它。但团队的建议总是会让项目变得更好一些。

我们也对彼此的工作很感兴趣。因此，讨论中从来没有争议，也从来没有扭曲一个想法或评判一个设计。我们总是很友好，互相合作。作为设计主管，迪特·拉姆斯也一直是我们中的一员。即使在部门和他的责任范围扩大时，他也不会对我们发号施令。因此，当今天的人们告诉我，项目流程是在Excel电子表格或时间表上提前计划好的时候，我怀疑这种管理方式，我仍然会回答："项目需要自然发展，光在清单上是行不通的。"为什么？因为清单没有考虑到个性，但设计却取决于个性和创造力。

关于团队中的人际关系和不存在的博朗模式

设计工作不能脱离清单和要点。设计的驱动力是设计师的个性。他们的性格发展以及与他人的互动方式决定了设计是好是坏。如果在博朗设计部门的早期，我们在一个不超过10个人的小团队中争论不休，就不会有什么创造，甚至可能会有人离开，或者不得不离开。在谈话中，我反复被问到关于博朗模式的问题。它并不存在。当作家们开始写我们的设计并将其理论化的时候，它就出现在公众的视野中了。我们只是简单地设计产品，这就是成功。成功让我们快乐，除此之外，我们主要是努力做好每一件事，做到极致，没有别的。没有哲学或十条准则或任何东西。我们是一群相互了解、一起外出、在工作中相互推动的人，并且在这个过程中创造了对材料、颜色和尺寸的共同感觉。著名的博朗设计就是这一切的结果。

与固定项目一样，我们同样被允许从事个人实践项目。公司允许我们出于个人原因开发自身心目中的产品，而没有要求必须在最后拿出一个可供市场使用的产品的压力。作为产品图形的负责人，我参与了许多正在进行的项目。几乎所有的设备都需要图形元素。由于没有既定的目标，我们对时钟进行了一段时间的实验。我自己很喜欢设计表盘的精确方法，所以我在甚至没有项目的情况下就设计了它。最终，我做了一个时钟来配合它。我只是喜欢设计，在我的工作时间里，我可以自由地开发，可以超前思考，而不必设计出产品。

我想说的是，即使是在大学里，设计师也要睁大眼睛去看世界，并对各种事物产生兴趣。你不能强迫任何东西，但你必须让灵感找到你。那时，我们团队在工作之余做了很多事情，我们一起去电影院，去老城区的酒吧，去法兰克福著名的爵士乐酒窖。我们购买了设计得不太好的产品，把它们拆开，仔细检查，并试图使它们变得更好，我们有充足的研讨时间和实验空间让我们进行这项令人着迷的实践。让年轻的设计师在许多不同的

层面上发展他们的个性，这一点很重要。设计并不只是发生在设计中，设计需要艺术、音乐、机械、飞机和船，需要大的东西，也需要小的东西。如果我现在是一个年轻人，允许自己向所有方向看，那么我最终会意识到什么是我真正感兴趣的。我将得到启发并找到激情。但是，如果我带着狭窄的隧道视野来过我的生活，那么我就把自己交给了电脑。

对白纸的爱和利用电脑

我曾经在*Wallpaper*杂志的采访中说过，我喜欢也不喜欢电脑，因为我认为电脑在很大程度上减少了创造性的工作。也许在年轻设计师的耳朵里，这听起来有点夸张，但我还是想给他们这样的建议：你必须比电脑更强大。如果你不是这样，那么你就不是一个好的设计师，你就会依赖电脑和它的程序。当有数百个项目，而你无法选择最适合你的项目时，电脑不会帮你找到最好的。最好的是你，这一点至关重要，你绝不能成为电脑的奴隶。一般说来，计算机做的是我们告诉它的事情，但真正能告诉计算机他们想要什么的好设计师实在太少了。

在电脑前的日常工作使我们一次又一次进行没头没脑的尝试，而不再质疑这些过程。打开你需要的软件，选择一个工具，然后塑造一些东西。更糟糕的是你在电脑上对拍照的产品进行追踪，我无法理解这个过程，它会创造负面的东西。你必须坚定地知道自己想要什么。只有当你确定了这一点，你才能启动计算机。当开发一个产品时，我先在内心深处构思，并在白纸上设计好它，然后设定尺寸，下一步是三维，我做了一个模型，因为我想知道我的手创造了什么。我们的大脑永远不会忘记我们的手所感受到的东西，当我有疑虑的时候，我要看和触摸，这样我的直觉才会发展。这就是为什么一开始就在电脑上进行设计工作并没有任何好处的原因。当我打开电脑时，我必须做好准备并且知道我想要什么！我不能问电脑这个问题。

对我来说，一切都从那张白纸开始，这是最美丽的事情，也是最困难的事情。所以我从头开始，用一张白纸和一卷描图纸，在上面放一个点或一条线，然后发展我的草图。我改变它，添加曲线或边缘，笔触变得越来越明确，越来越粗，越来越密，有一连串重叠的笔触和变化。一旦想法变浓，我就在草图上铺上我的一卷描图纸，从我认为最好的设计状态中描出轮廓。就这样继续下去：画草图，提炼，在描图纸上描画出最佳状态。这就是我的工作方式，一块一块地在我的描图纸卷上进行设计，最后，显示出整个过程。这就是我在博朗公司工作的这些年的工作方式，手表、袖珍计算器和血压仪都是在这些纸卷上产生的，即使在今天，描图纸卷和三角尺（我用来从卷中分离出个别纸张）仍是我最重要的工具。

迪特里希·卢普斯在博朗公司工作了四十年。这么多年来，他是如何做到在不失去激情和灵感的前提下，始终保持面前的一张白纸？"我不知道自己会在博朗待那么久，我们都不知道。我们留在公司是因为这里的文化，这个有文化的部门。留住我们的不仅仅是工作的乐趣，还有环境的快乐。你今天再也找不到了，那样的公司已经不存在了。今天的大多数公司甚至没有设计部门，他们对它缺乏兴趣。"

设计需要环境

Phong与博朗设计师尤尔根·格鲁贝（Jürgen Greubel）的对话

尤尔根·格鲁贝生于1938年，他常通过设计师的视角来看待生活。"一个设计师必须弄清他的周围环境，把事情理顺，"他说。这毕竟是为了（重新）创造和谐。他很清楚，这不可避免地涉及一种令人恼火的事实，这取决于他的对手："是的，这可能是相当残酷的。"但他对自己的要求也近乎苛刻，他的一个产品上有一个难看的边缘，也许是由于时间的压力，也许是由于成本的原因没有变成圆角，这会成为一个不可原谅的瑕疵留在他的记忆中，多年后还会在睡梦中出现。尤尔根·格鲁贝只在博朗公司做了几年的工业设计师。其它几十年，他一直以自由职业者的身份忠实地与设计部门保持联系，他的设计师的视角被博朗眼镜"磨"得很尖锐。

威斯巴登—法兰克福—伦敦

小时候，尤尔根·格鲁贝经常要给画家工作室送画框的账单，可能是画家工作室里油画颜料的味道唤醒了他心中最初艺术的喜爱。小时候，他还在父亲的木工车间里自由发挥创造力，建造小木船或风筝。

学校毕业后，格鲁贝做了三年学徒、五年工匠，之后参加了工匠大师的考试。结束后，他在威斯巴登应用艺术培训中心（Werkkunstschule）学习室内设计。后来的博朗设计师迪特·拉姆斯和格尔德·阿尔弗雷德·穆勒以及模型制作者罗伯特·奥伯海姆和罗兰·魏根德也曾在被称为人才工厂的应用艺术培训中心学习。1967年，尤尔根·格鲁贝毕业后立即被安排到博朗公司实习。此前，他曾在法兰克福交易会上对博朗的设备赞叹不已。"这正是我一直想做的事情。"八个星期完成了设计部门六年的紧张工作，尤尔根·格鲁贝参与的开发项目将成为博朗设计史上的里程碑。

在迪特·拉姆斯的调遣下，格鲁贝搬到了伦敦，米哈·布莱克（Micha Black）爵士是设计工作室的负责人。在这里，他为伦敦交通的设计工作了两年。格鲁贝夫妇喜欢这个城市、这个国家和这里的文化。"这是我生命中最伟大的时刻。"他被伦敦附近的小提琴制造作坊深深地吸引住了，整个下午都和乐器制造者在一起，在他们练习手艺的时候看着他们的肩膀。随后，格鲁贝把新的冲动带到了德国。作为博朗的自由职业者，他的第一个订单是一个没有手柄的熨斗，只有一个旋钮作为导向元件。他将熨斗作为自己的事业，并开始了作为自由工业设计师的终生职业生涯，他不仅为博朗公司，还为Nixdorf、Wella、Steinel、VS（学校家具）等公司完成了大量的委托设计。

以人为本的设计：设计师们从不熨烫

20世纪70年代，出于保密的原因，博朗在克朗伯格的新址只雇用了一名清洁工，她的工作是保持设计部门的房间清洁。不过，从侧面看，设计团队总是很乐意将她作为产品测试员并向她咨询应用方面的问题。这名妇女的务实评论受到赞赏，并被采纳。在某些时候，这让迪特・拉姆斯说："这个女人必须赚得更多。"

一个非常平坦、没有把手的熨斗，配备了来自美国宇航局的现代技术，即在熨斗停止工作时立即将加热温度降至零：格鲁贝对迪特・拉姆斯1975年从伦敦回来后向他提出的产品想法感到兴奋。熨烫时，引导手放在旋钮上，就像熨斗在衣物上滑行一样，使用者也会有徒手抚平衣物的感觉。近50年后，他承担这项任务的热情丝毫未减："这是在一个漂亮的设备上完成的漂亮工作。"在巴黎进行的技术测试产生了令人不快的结果：熨斗不工作；当不运动时，它不能按预期的那样冷却。结论来得很快：我们不得不告别这个项目。博朗的清洁工也做出了反驳："拉姆先生，这必须有一个把手，熨烫的主要工作是提拉，而不是平推。"

带有旋钮而没有把手的熨斗始终没有实现，它仍然作为一个未完成的想法困扰着公司，它的故事被一代又一代的设计师复述着。这位以直率著称并深受设计师们喜爱的清洁女工后来宣称公司时钟的表盘需要改进："拉姆先生，我早上醒来时从未看到数字，必须有更大的数字。"这种印象更加巩固了拉姆斯心中"这个女人必须赚得更多"的念头。

博朗精神和完美

早年在法兰克福的博朗狭窄的房舍中，充满了团队精神和非常特殊的氛围，不仅是因为披头士乐队的专辑"*Sgt. Pepper's Lonely Hearts Club Band*"整天在办公室播放。

格鲁贝这位年轻的室内设计师从博朗公司的助理做起，对品牌和设备充满热情。他终于觉得自己已经到了凭借自己的才能和激情就能找到正确位置的阶段："这是我的事情。当你能做你一直想做的事情时，它在你的内心深处散发着光芒。"在博朗你既是一个工匠，也是一个设计师。格鲁贝学习了关于设计原则的理论，并在博朗学习了模型制作的方法。在博朗，他所能做的一切和他所学到的一切都相互融合，他将自己沉浸在一个希望培养优秀设计师的氛围中。企业文化领先于时代，开放而现代化，并以员工为中心。博朗关心员工，并给他们时间发展，他们工作在轻松的氛围中。如果一个设计不成功，同事之间会讨论细节，而不作评判。同样，博朗也提供良好的食物和健康服务。有位护士现在已经90多岁了，每年圣诞节前博朗仍会及时通过电话向她致以问候。设计师常常一起举行奢华的派对到深夜，有时工作结束后，他们相约在城里吃上好的德国咖喱饭。

博朗的哪些印象会伴随着设计师的一生？我们一起度过的那些年的精神如何影响以后的生活？在博朗之后，所有的设计师都不再是博朗之前的样子了。尤尔根・格鲁贝说。博朗的气氛很特别，也许迪特・拉姆斯在很久之后制定的"优秀设计十论"是对那些年的感觉的最具体的表达。尤尔根・格鲁贝学会了利用博朗设计语言的优势，其简单和清晰。他意识到，用这种语言设计的产品只需要很小的变化就能引起轰动，成为一个全新的外观。"我总是像为博朗工作一样，甚至在作为自由职业者时。我的结果是，好像是为了博朗。"格劳贝尔强烈反驳了关于博朗的设计多年来已变得过于普通的指责。许多评论家家里会有像迪特・拉姆斯的SK 4 收音机—唱机组合这样的经典之作，并会宣布它是衡量一切的标准。然而，公平的比较不应该是追溯性的，而必须包括当前市场上的竞争对手。他在百货商店的货架上寻找来自博朗以及竞争对手的设备，以敏锐的眼光审视双方。"当你在博朗工作了很长时间后，你对很多相关设计的事情都有判断力。"

1970年初，在公司里，格鲁贝很快就以其工作速度和对快速流程的喜爱而闻名。他是在所有其他同事之前提出解决方案的设计师，是一个能够应对紧迫时间表的人。这一点的反面：匆忙的设计是对理想做出的让步。格鲁贝的Sesamat DS1电动开罐器采用了铬元素，这在1971年似乎完全是革命性的。但格鲁贝缺乏对边缘进行完美设计的时间，这种情况困扰了他很多年。"每次我看着开罐器上的边缘，我都很恼火，我从未忘记这一点。"

Phong：你能够对你的手艺进行很多实验。你直接建造一切，这就是为什么你是一个如此快速的设计师。模型要比画图或绘图更容易让人理解。

尤尔根・格鲁贝：因为有截止日期，在某些时候你必须放下你的设计，让你的手指去工作，所以有时会有一个部分被遗漏。在博朗，我们总是有足够的时间去完成设计，这要感谢拉姆斯先生，他没有催促我们。但是，如果你花很多时间去设计，那么你就可能打破一些东西。设计需要一定的时间，但在某些时候它必须停止。

关于机会之美

"即将在慕尼黑举行的烘干机展示会只剩下几个小时了，时间紧迫，车间里的盖子还没有喷好，放油漆用品的房间被锁住了。但在某处有两个罐子，一个装着绿色油漆，一个装着橙色油漆。"

20世纪70年代，博朗的"个人护理"产品部门，凭借一个又一个产品征服了市场。有美感的商业是好的，设计师和开发商必须做到这一点。尤尔根·格鲁贝反应迅速，公司高层将他视为"成功的创造者"，不言而喻，HLH Astronette充气式烘干机是在1971年由尤尔根·格鲁贝在14天内完成的，并准备在慕尼黑的展会上进行演示。尤尔根·格鲁贝几乎在没有咨询技术人员或迪特·拉姆斯的情况下，主动并极富创新地解决了进气的问题。"这是后话。迪特·拉姆斯不在那里，我意识到我可以自己解决这个问题，我非常自信。"现在剩下的就是给放置电子产品的盖子上漆，使其看起来很吸引人，已经过了晚上11点，公司里除了格鲁贝和一名董事会成员外没有其他人。"我需要油漆，但装有油漆用品的喷漆室是锁着的。"在一个架子上放着的油漆，它们是涂厨房用具上的旋钮时留下的，一个是明亮的绿色，一个是强烈的橙色，他选择了橙色。一件畅销品诞生了，橙色很快就胜过了整个产品系列，HLH Astronette充气式烘干机成为个人护理领域第一个突破百万销售大关的产品。"许多人说那只是橙色，但橙色只是一个巧合。这就是设计中发生的事情。"

所以好的设计也是随机的?

尤尔根·格鲁贝：并不总是这样，但机会也在起作用，你找到的每个解决方案也都与机会有关，如果我当时有更多的颜色选择，我就会把烘干机做成白色的。

Phong：所以好的设计不仅需要机会，还需要勇气、无奈和决定?

尤尔根·格鲁贝：那一刻，你把它称为巧合，事实是，上盖必须要完成，这是为了让空气流通，因为我在没有技术人员的情况下做到了这一点。没有寻求任何帮助，只是遇到了一些寻常的问题。

技术人员对格鲁贝的个人成果感到兴奋，干燥罩的设计明显优于美国的竞争对手。他后来又设计了一个配套的手提袋，可以将烘干机放在里面，另外，还特意增加了一款亮黑色的产品配色选项，在巴黎安迪·沃霍尔"这个装置恰到好处"作品艺术展上展出。

世界上最美丽也最困难的工作

早年在法兰克福的博朗，设计师的办公室门上贴有"产品设计"字样的标志。在这里工作的大多数人都是手工艺人，他们是木匠、造船工人、电工、建筑师或室内设计师。你可以将自己视为代表"乌尔姆学派"的设计师。英文术语"设计"对他们来说太技术性了，只为工程师保留。

无论设计师如何描述自己，对于尤尔根·格鲁贝来说，设计都是一项非常好的工作。设计是多样化的，贯穿生活的各个领域。当事情不顺利时，设计师会理顺它们，任何扰乱和谐的事物都可能会扰乱设计师。和谐不是通过美而生的，和谐是在一切正常时才会自然产生的。所有的设计师都能感觉到并判断这一点。尤尔根·格鲁贝说："设计需要环境，它必须连贯并散发出'吸引力'。产品只有在合适的时候才会具备设计机会，过早或过晚都会失去设计价值。"

格鲁贝作为一名自由设计师的多年里，也不得不学会面对未完成的任务，如在截止日期前，他无法找到合适的解决方案。"这是工作中最糟糕的部分。我有时仍然会在今天的梦中体验到这一点。不完美一直困扰着我。"所以世界上最美丽的工作也是世界上最情绪化的工作，必须将你自己的创意作品提交给营销部门，要承受即使是最好的产品也会因其生产成本问题而失败的事实。是的，设计师必须学会忍受所有这些。

设计师的职业需要什么?

尤尔根·格鲁贝：一份学校毕业证书和技术专业的实习有助于了解你在技术上必须做什么，这个道理适用于工艺、建筑、绘画，包豪斯的学历制度也是优秀设计的核心原则。

MPZ 2 Citromatic **柑橘压榨机** (1972)

尤尔根·格鲁贝最初是作为博朗的产品设计师和自由设计师设计产品的，这些产品制定了市场标准，并在经济上取得了快速的成功。多年来，他主要负责模块化教育游戏 Lectron（博朗于 1967 年获得其许可）、幼儿版“按钮之路”和一本针对年轻人的电子书。这些益智玩具现已转移到法兰克福附近的康复工作室，多年来一直是他的核心项目之一。1972 年，尤尔根·格鲁贝与迪特·拉姆斯一起成功地创造出了博朗最简单、最不言自明的产品之一 MPZ 2 Citromatic 柑橘压榨机，并不断丰富其功能至今。该柑橘压榨机一直针对可用性进行优化，但不会妨碍用户使用。

是什么想法引发了 MPZ 2 柑橘压榨机的开发？

MPZ 2 柑橘压榨机的灵感来源于 1970 年的 MP 50 果汁离心机。1962 年博朗收购西班牙公司皮默尔（Pimer）后，最初巴塞罗那工厂的柑橘压榨机只为西班牙市场生产。想法是将 MPZ 2 柑橘压榨机放置在西班牙酒吧的柜台上，客人可以自己榨出新鲜的果汁。

形式简约而不显眼，什么启发了你？

按压橙子产生的汁液直接流入玻璃杯中，该设计从属于功能性处理且易于清洁，最开始的设计要求只给出了机器的高度。在实验室的许多测试运行中，开发了用于从橙子中挤出汁液的锥体的最佳形状，这一点对研发带滴漏装置的果汁喷嘴非常重要，我以为应直接安装在喷嘴上方。我们通过榨汁机下部的半圆形内凹形状实现了这一点，最初没有打算盖盖子，它是应消费者的要求添加的，这样如果在橱柜中未使用，也不会有污垢进入榨汁机。第一个类似汽车引擎盖的开合结构来自研发部门，我们修改了设计，使其适应榨汁机的典型形状，现在透明的盖子就像一块布覆盖在锥体上，一直延伸到外壳的边缘。

设计过程花了多长时间？

我们从 1969 年开始设计。当时我们还是在画板上做产品设计，自己制作模型，在上面指定形状并进一步发展。这个过程大约用了两年时间。我们于 1972 年推出了 MPZ 2 柑橘压榨机。

你是如何与研发部门合作的？

设计与技术之间的密切合作是博朗的传统。在佛朗哥政府时期，只有在西班牙生产的产品才能在西班牙销售。这就是博朗埃斯帕诺拉（Espanola）在巴塞罗那建立生产基地的原因。家电开发部当时也迁到了那里。

迪特·拉姆斯是否参与了设计过程？

晚上，我们经常在他的办公室讨论产品方案，他总是喜欢用 6B 铅笔勾勒出他的想法，就是通过这样的方式，迪特·拉姆斯想出了充分展示榨汁机上半部分的想法。这种夸张的设计语言赋予了产品跨越时代的设计意义。

图 8-5　MPZ 2 柑橘压榨机

寻求自由

Phong与设计师弗洛里安 · 塞弗特（Florian Seiffert）的对话（图8-5）

1968年，德国大学城响起了 "长袍下，千年的腐朽！"的声音。通过抗议游行和静坐，学生们希望打破战后德国的建制和封建的社会结构。在这一时期，弗洛里安 · 塞弗特作为埃森富克旺根艺术大学工业造型系的学生设计了一台16毫米胶片相机。凭借这台相机，他报名参加了博朗公司举办的第一个国际技术设计大赛并获得了一等奖，奖金为15000德国马克。在颁奖仪式上，评委会称赞塞弗特的相机设计是 "一个全新的概念，突破了常规的发展"。博朗奖也是一个人才招聘窗口，不断为公司在克朗伯格的总部带来新人才，以推动设计部门的发展。塞弗特放弃了进一步的学习，开始为博朗工作。

图8-5　2021年，弗洛里安 · 塞弗特教授（左）与德龙集团设计总监Duy Phong Vu教授在克朗伯格博朗博物馆对话

设计师的职业

摆脱根深蒂固的结构是设计师弗洛里安·塞弗特生活和设计的主题，他1943年出生在勃兰登堡州的贾姆利茨村。他与母亲和三个兄弟在一个他描述的家庭中长大："贫穷，但有品味。献身于文科，在思想上是开放的和人本主义的。"父亲是一名画家、室内设计师和雕刻家，在他出生一年后在第二次世界大战中丧生。祖父是一位视觉艺术家，母亲是一位手工编织者。两个兄弟有着遗传的艺术天赋："他们像世界冠军一样画画，我是最年轻的，但我永远也做不到。即使在今天，我也是一个非常悲惨的绘图员。"

让我们简要回顾一下你的过去。你什么时候知道你想成为一名产品设计师？这个职位那个时候存在吗？

老实说，我不知道这份工作或它的确切名称。当时，我去就业中心寻求职业建议。我想做手工艺品匠人，所以我得到了产品设计师这个职业的文件。在学徒和实习之后，我可以从三所大学中选择学习设计。我没有高中文凭，只会说德语，在乌尔姆设计学院学习起来会有些难度。另一个学校主要是学习珠宝设计，我根本不感兴趣。所以我留在了富克旺根学校，它的思路适合我，我一直读到第七个学期。

当您提交相机设计参加比赛时，您对博朗和博朗设计了解多少？

不了解。当谈到博朗时，我完全没有概念，我的一个兄弟有一把博朗剃须刀，这就是我对博朗了解的全部。富克旺根的教授说我应该提交我的相机设计作为参赛作品，所以我这样做了。一周后我获得了一等奖，我收到了去克朗伯格的邀请，我找到了一份新工作，那时我25岁。

没有情感，设计就如同冰块

1968年11月，弗洛里安·塞弗特获得了博朗奖，当被博朗设计总监弗里茨·艾希勒和设计师迪特·拉姆斯邀请在克朗伯格接受采访时，德国的学生暴动已经过了顶峰。与全国各地一样，富克旺根的学生也已经走上街头。以自由奔放的方式长大的塞弗特正置身其中："我们在大学里彻底清理了埃森的一切，这种清理活动持续了一个学期，我们没有做任何其他事情，那是一段美好的时光。"弗洛里安·塞弗特在求职面试中的态度相对平静："如果他们想要什么，那很好。如果他们不想要，他们也不会这样做。"艾希勒和拉姆斯想要这种特殊的天赋。塞弗特被聘用，他当时是第一批在博朗接受工业设计师学术培训者之一。

你说你一直想成为一名产品设计师，从不后悔放弃进一步的学业到博朗工作。产品设计的哪些方面让你着迷，这对您来说意味着什么？

对我来说，产品设计意味着尝试和设计，直到产品成本更低、外观更好，这一直是我的目标。设计不能不花钱，设计必须要有投入，这对我来说是一回事。另一点，对我来说，设计中的一切都是基于情感的。如果你没有感觉，一切看起来都一样。当我刚从大学毕业来到博朗时，我认为他们的工作完全是错误的。即使是在今天，每个人都为20世纪60年代博朗的产品而感到自豪，但我认为它们不是设计好的产品。对我来说，那个年代所设计的角度太直了。我在1972年设计的KF20 Aromaster咖啡机的原始模型采用了圆润的外观，也是博朗过去很少采用的一种外部形态。然而，就成本而言，这样的咖啡机设计需要投入更多的模具费用，总而言之就是太贵了。我在博朗工作了4年，KF20咖啡机推出后不久我就离开了公司，不过我成功地推出了一系列造型圆润的咖啡机。在克朗伯格的短暂时间里，我设计的12种产品投放到了市场。然后我去寻找自由了，并在意大利待了一段时间。

从现在开始只要自由

从在博朗工作开始，塞弗特就被Tomás Maldonado公司在意大利的一个商店装修项目所吸引。马尔多纳多，前乌尔姆设计大学教授，出生于阿根廷的设计理论家，代表着离开包豪斯，发展工业设计师新的职业形象——"乌尔姆模式"，至今仍然有效。马尔多纳多当时在博洛尼亚大学任环境设计教授。在20世纪70年代，他通过诸如《环境与反抗》之类的著作为环境保护和可持续发展而努力。塞弗特从他那里了解到，设计师必须跳出条框限制，并与技术人员和科学家进行交流。他原本计划在意大利逗留十个月，但最后变成了七年。从这时开始，他的妻子为他在埃森以前的大学注册了学籍。他终于在1978年获得了学位。当时，设计业务主要来自日本公司。然而，总有一天钱会用完。回到德国后，赛弗特在慕尼黑短暂停留后终于在威斯巴登定居。从这里开始，他仍然作为自由设计师在全球范围内为 Krups、Loewe、Matsushita、Moser、Rosink、Schulte-Ufer、Wella AG 工作，并再次为博朗工作。作为教授，他在普福尔茨海姆、美因茨和罗马教学生。

你还说你从马尔多纳多那里学到了“全球思维”。这对你来说意味着什么？

全球化思维意味着理解，例如剃须刀是为世界上每个人制造的，每个人都应该用得起。要做到这一点，你必须能够与人产生共鸣（图8-6）。一旦我知道什么对我有好处，那对别人也有好处。从纯粹的情感角度来看，我最初只为自己设计。我必须喜欢它，当我喜欢时，它至少会吸引一半甚至更多的目标受众。我的目标一直是：我所做的一切都应该在商店中可见。我成功了，我 96% 的设计已经实现了这个目标。

你说你一直崇尚自由的精神，从童年和青年时期就可以做出自己的决定，因为你生活在一个非常自由的家庭中。现在回想起来，是什么让您一直在寻找新的挑战和进步？

当然，如果你在没有时间限制的条件下思考设计，那么很少有设计部门可以容忍你的这种行为。我必须非常清楚，我现在设计工作的依据是基于博朗的现有产品技术和产品的价格。我在市场上做过打火机、咖啡机和剃须刀，但参与博朗的设计还是令我非常振奋，说实话，我还是不明白为什么我能为了设计可以在咖啡机前坐三年，实际上一开始我为咖啡机的设计只预算了三四个星期。如果今天我设计一台全自动咖啡机，14天就够了，但这14天包含着我数年的经验和对产品的体会。

什么是好的设计师？

如果你不想活下去，你就不要工作。如果你没有完成你的工作，或者缺乏同理心并且没有准备好做一切可能的事情，那就放手吧。这听起来很残酷，但确实如此，就像今天你能看到市场上有那么多花哨的设计师，派头十足，但设计的作品一个比一个差。作为一个职业设计师，我今天仍坚持我的信仰，我做设计，从早到晚。

你还在设计吗？

是的，当然，这是我的生活。

图8-6　略微弯曲的Wella Contura理发器

完美的剃须生活

Phong与博朗设计师罗兰·乌尔曼（Roland Ullmann）的对话

图8-7　罗兰·乌尔曼

“博朗所带来的每一款剃须刀，都会使我们离完美的剃须生活更近一步。”1978年，博朗剃须刀的广告刊登在了一本发黄的双面杂志中。20世纪70年代中期，在位于克朗伯格的博朗公司，罗兰·乌尔曼（图8–7）对现代男士剃须刀的发展产生了决定性的影响。作为博朗设计师的38年时间里，他在全球范围内上市了一百多款剃须刀，并注册了130项专利。他仍然记得初入职博朗时所设计的第一款产品原型，以及其后十年所研发的Micron vario 3剃须刀。乌尔曼设计的第一款原型没能成功投入市场，而Micron vario 3剃须刀却大放光彩。这既是一次对理论指导实验的大胆尝试，也是技术创新与设计创新相结合的结果，并最终达到了高收益的目的。当乌尔曼设计出第一款产品原型时，他仅仅是一名大学毕业生，或许那时的他对于技术理念并不是十分清晰，从而导致了失败的结果，而凭借这款Micron vario 3剃须刀，这位设计师大获成功。同样，他的技术理念新颖而大胆。乌尔曼通常以研讨会的形式进行项目合作。时至今日，还没有哪一款博朗剃须刀的销售量能够达到Micron vario 3剃须刀的水平。

从车间到设计公司

罗兰·乌尔曼来自美因河畔奥芬巴赫，"技术"一词逐渐成为他生活中的主旋律。在战后的德国，这位年轻的学徒早上五点就要出发前往法兰克福，他丝毫没有想到，有朝一日自己有幸能够在博朗设计部工作。在法兰克福的西门子车间，他完成了电气工程师的培训。尽管在他的印象中，那段岁月很苦、很累，但"坚持不懈""战无不胜"仍然是那时他对自己的要求。直到法兰克福的一家工厂发生了严重的事故，他才不得不在学徒期结束后重新思考自己的人生规划。是继续留下来做一名电气工程师，还是转向工程院校？不，这些对他来说远远不够。受祖父作为一名木雕与石雕艺术家的影响，乌尔曼冒险参加了当时奥芬巴赫艺术学院（1970年起改为设计学院）的入学考试，以培养自己的创作才能。

他被录取了，后来，他开始研究建筑。在步入学校的第二个学期，一次偶然的机会，他得知一名工业设计新任讲师将在学校举办就职演讲。他饱含热情地去听了这场演讲，并对演讲的内容很感兴趣。他认为自己具备了工业设计师职业生涯的所有先决条件："我受过技术培训，我可以在车床前工作。甚至小时候我就开始擅长画画、设计与手工制作。"从那之后，乌尔曼转变了自己的学习方向，并得到了讲师理查德·菲舍尔（Richard Fischer）的鼓励。当时菲舍尔是一名产品设计师与设计理论家。菲舍尔曾于1960至1968年在博朗工作。如今，他在一所大学里以自由职业者的身份任教，主要研究产品的可用性及其与人体之间的关系。他让年轻的乌尔曼在他的设计办公室从事项目工作，并鼓励他参加比赛。乌尔曼喜欢面对各种各样的挑战，最终，这位年轻学生的雄心壮志得到了回报，并引起了博朗设计总监弗里茨·艾希勒和博朗设计师迪特·拉姆斯的关注。他们邀请乌尔曼参加博朗的面试，随后，在克朗伯格的博朗公司，他的职业生涯就此开始。

年轻人，做吧

战后几年，在乌尔曼家的厨房里，著名的博朗T22皮制手柄便携式收音机播放着音乐，当时的许多德国家庭中都是如此。博朗的收音机、厨房小工具和剃须刀被视为"

图8-8　克朗伯格博朗档案馆中，罗兰·乌尔曼为博朗设计的Rotant剃须刀原型图

德国制造"的高品质证明。1950年S50电动剃须刀在全球范围内获得成功，其在博朗历史上发挥着极其重要的作用。1967年，波士顿的吉列公司收购了博朗，于是，剃须刀的生产线被进一步扩大。不久之后，罗兰·乌尔曼以年轻设计师的身份加入了位于克朗伯格的博朗公司。在工作仅一个月之后，他就参与到Rotant剃须刀项目设计中，这是一个可以证明自己的好机会，但这个任务很棘手。Rotant剃须刀是一个覆盖着剃须刀保护网的滚筒，可以单向旋转。乌尔曼回忆说，已经有不少设计师曾尝试过市场化设计，而Rotant剃须刀的问题在于它的单侧定向。与湿式剃须刀相比，这款剃须刀只能顺着毛发生长方向在皮肤上游走。这位年轻的设计师意识到，如果某个人在清晨半梦半醒间不小心以错误的方式使用这把剃须刀，那么剃须就会成为一种痛苦的体验。他想要避免这种情况发生。由于1962年的六分仪剃须刀SM不仅可以非常精确地实现男士剃须，而且还可以保证剃须过程的温和性与舒适度，不会对皮肤

造成伤害。Rotant剃须刀不仅要针对湿式剃须，还要针对其竞争对手飞利浦来考虑设计产品。当时，罗兰·乌尔曼刚参加工作不久，他面临着前所未有的挑战。面对这项任务，他站在用户的角度进行思考。他认为，剃须刀的设计应引导用户以正确的方式主动握持，并且要避免发生任何违背毛发自然生长方向的意外剃须。他深情地回忆起第一次设计Rotant剃须刀时的灵感："当时，我设计了一款看起来不像剃须刀的剃须刀（图8-8）。它看起来更像是市场上的一款旅行用便携式吹风机。也许我因此受到了启发。我希望使用者能够在早上醒来之后，有意识地以正确的方式使用这把剃须刀。最终，博朗否决了这项设计，这并非是针对这位年轻设计师，而是针对他所研发的新式剃须系统，因为这种模式将要彻底改变博朗剃须刀既定的设计语言。至此，Rotant剃须刀的开发与设计从此步入了一个漫长的阶段，罗兰·乌尔曼凭借自己专业的技术水平和强大的创新能力成为该领域的专家，并为现代博朗剃须刀的发展做出了决定性的贡献。1982年，他在微米不锈钢外壳中嵌入约500个塑料圆珠，这预示着刀头表面设计将彻底革新，同时，刚柔耦合技术在该领域内的应用诞生。2021年，罗兰·乌尔曼设计的Micron vario 3系列剃须刀（图8-9）在克朗伯格博朗博物馆内沿着十米长的横向距离依次排开。

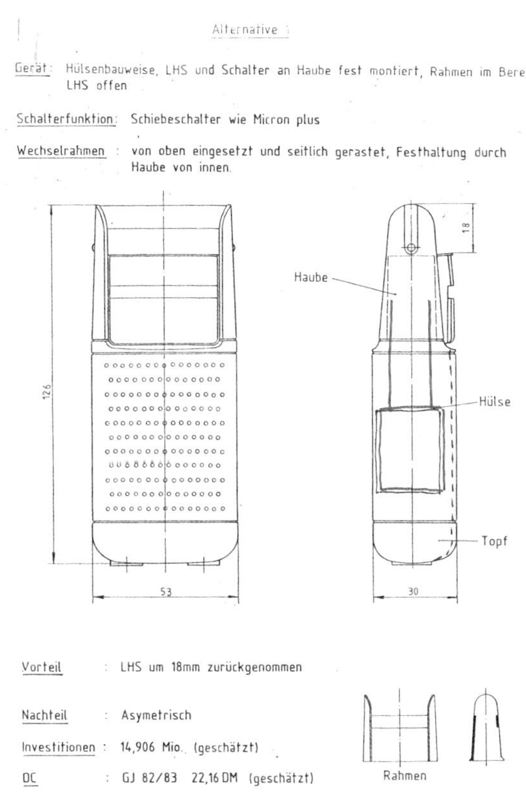

图8-9 博朗Micron vario 3剃须刀草图

单单一个套筒，为何可以把整个装配车间搞得天翻地覆

在Rotant剃须刀问世后的几年，乌尔曼苦苦思索，回望他在博朗所经历的一切，他已经意识到了问题所在。1985年推出的Micron vario 3剃须刀，再次颠覆了剃须刀的设计原理。这款剃须刀之所以能够在市场上取得成功，设计师和工程师的密切合作起到了重要作用。项目计划实施起来很复杂，并且完全颠覆产品过去的生产工艺，极大提高了生产成本。与以往所有的机型相比，新设备更薄、更纤细，然而，对于狭窄的设计空间，内部的产品结构都将作出改变，底部的电源插座也将从侧面移至中心。过去在生产剃须刀的过程中，外壳是由两个半壳组装而成，而现在，预组装的所有零部件直接插入封闭的外壳中，所以整个装配线都重新设置了，以适应外壳结构。根据公司预算，这将付出巨大的生产开发成本，因此，乌尔曼需要在工程师和公司决策者的共同支持下完成这项设计。

他说过："如果想要创造新的设计，首先要掌握技术细节，明确当前面对的挑战。克服技术障碍，才是创新设计的初衷。Micron vario 3之前的所有剃须刀，在使用者手中都感觉不那么顺手，复杂的技术和相对混乱的零件规格

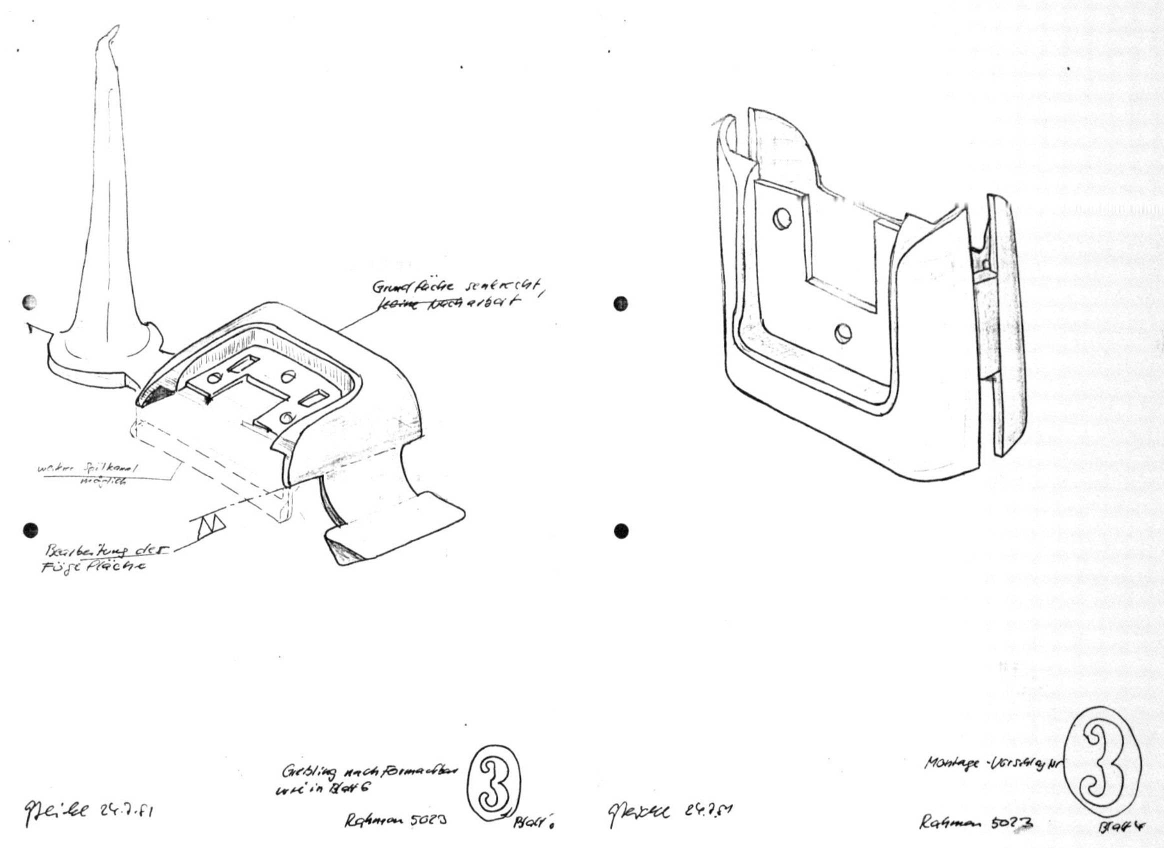

图8-10　设计师为Micron vario 3剃须刀盖所绘制的草图

都是罪魁祸首，体积、尺寸和操作都显得不合时宜，我想改变所有的这些负面情况。Micron vario 3剃须刀的手柄直径通过新的设计变得更小，这样一来，它就会变得更加纤细，握起来也更舒适 。当时，我很喜欢1950年开发的S50剃须刀，它是马克斯・博朗在初期所开发的一款产品。在那之后，就再也没有出现过造型如此精致、刀片如此锋利的剃须刀了。"

在乌尔曼的设计目标中，为了追求纤细而精确的造型，材料的厚度在某些情况下应小于1mm。剃须刀保护网应在皮肤上平滑移动，在与框架的过渡处不会感觉到任何边缘的存在。20世纪80年代初，剃须刀最薄的壁厚为2.5mm，大多数剃须刀头的壁厚为3~4mm。在此之前，从未出现过更薄的壁厚。在生产技术方面，乌尔曼的设计给博朗带来了一个又一个挑战。有一天早上，他和一名模具设计师坐在一起，就想法的可行性进行了探讨。然后，结构工程师开始画起了草图（图8-10）。

尊重能力，与人交谈

时至今日，乌尔曼依然坚信，设计师必须要细心倾听来自所有相关部门员工的专业意见。他说，对于年轻的设计者来说，为了赢得信任和认可，建立起设计相关学科的人脉是非常重要的。早期，在市场上大获成功的剃须刀领域，主要是设计师在发号施令，现在反过来了，他们必须与制造业进行紧密合作，仅有造型优美的设计是不会赢得市场的，必须要把技术方面的论证与精美造型一起摆在桌面上，才有说服力。理想情况下，品牌商当然可以希望降低生产成本，不过这该怎么实施呢？乌尔曼说："首先，最重要的是要说服品牌商，这样才能赢得品牌商的信任。一般来说，设计师必须要学会倾听，要通过对话表现出自己扎实的设计能力，你将从中学到一些东西，甚至能够获得推动设计项目进程的决定权，或许这可以使得设计师实现一种自己渴望已久的新设计思路，或者是一种从未想过的新方案。由于设计师的观点和能力的不同，项目会突然朝着一个新的方向发展，这甚至可以消除一整串的其他问题。当然，对于像我这样经历过大学生涯的年轻人来说，这也是一个学习的过程。但渐渐地，我的解决方案也会受人际交往等因素的影响。因此，我要学会妥协并接受，这非常重要。"乌尔曼在博朗工作期间始终与专业部门保持密切的联系。"有时我无缘无故地去了生产工厂。无论如何，有些工程师总是在路上奔波，他们也会捎我 程。我想过去看 看，和线上的领班工人交流一下。或许在设计师的头脑里都会存在一些疯狂的设计，我要找出这些设计在落地过程中会存在哪些问题。是生产中会产生废料吗？是设计本身的问题吗？设计师需要改变什么？这些在生产线上的对话影响着产品的开发与设计，直到最后一个细节，这就是为什么我认为它们是必不可少的。"

从问题案例到百万销量

罗兰·乌尔曼花了将近五年的时间才开发出Micron vario 3剃须刀。这位前模具经理在20世纪80年代初曾与他坐在一起，为他的项目提供了决定性的解决方案，并为其绘制了图纸，如今他仍为这把剃须刀感到自豪。1985年，Micron Vario3剃须刀投入市场。在随后的几年中，该产品的日产量约为14000件。Micro vario 3剃须刀的销售额超过2000万美元，当时是在全球范围内生产数量最多的剃须刀。罗兰·乌尔曼在博朗公司工作了38年，在此期间，推出了一代代改进后的男士、女士剃须刀。如今，他已经退休了。与年轻设计师交流时，他仍然喜欢透露一些自己的经验：从公司之外的工作中获得新鲜的灵感很重要，普遍的学习对设计师来说也很重要。"由于在同一条产品线上工作多年后不可避免地会产生一种挫败感，因此，公司以外的额外兼职可以避免产生这种挫败的心理，从而对内部绩效产生积极影响。毕竟，在定义新想法时，个人经验扮演着极其重要的角色。"乌尔曼认为，设计师必须要学会终身学习。他们应精通绘图及车间工作，并且能够熟悉车间机器，熟练操作计算机程序。他们必须要感受到一种想要创造新产品、想要实现设计美学的冲动。"设计具有高度的复杂性，它不仅需要技术和方法上的技巧，还需对人性和自己性格有所了解。"设计师不能失去耐心，不仅如此，要使复杂的设计过程和公司结构变得透明，仍需要数年的时间，直到自己的第一件产品走出市场、摆到货架的那一刻。"在博朗，当你的第一个产品问世时，没有人会告诉你它什么时候会投入市场。在某些时候，你需要独自承担产品背后的责任。"

归根结底，模型就是真理

Phong与博朗设计师彼得·哈特韦恩（Peter Hartwein）的对话

"不求出名，只求做好"是慕尼黑建筑师彼得·C·冯·塞德林（1925—2015年）的设计准则。他的建筑风格是线条一致、绝对严谨的质量标准和纯粹完美的技术。博朗设计师彼得·哈特韦恩于20世纪60年代在冯·塞德林的建筑事务所开始了他的职业生涯。在经历了作为木匠的学徒生涯和在威斯巴登工艺学校的室内设计学习后，哈特韦恩被德国南部的大城市所吸引，想在慕尼黑继续发展，特别是当设计是他兴趣所在，而且，他也不必再花时间学习这个科目。我对自己说："这简直多此一举，我已经接受了所有的基础教育并获得学位。"哈特韦恩做出了一个务实的决定，在建筑事务所工作的同时，在艺术学院听讲座，与设计专业的学生接触。不久后，他开始在彼得·C·冯·塞德林的建筑事务所长期工作。

在慕尼黑的一所著名的工作室工作仅仅四年后，你就开始在克朗伯格的博朗公司担任设计师。请告诉我们你是如何做到的？

当我毕业离开威斯巴登工艺学校的时候，我甚至不知道什么是设计，我只是想去慕尼黑。在那里，我从一家建筑公司转到另一家建筑公司，只是因为我对前一家公司不满意，所以我就转去下一家并在那里重新开始工作，那时候就是这么简单。当时建筑公司的人员流动很大，求职者都在门外排队。机缘巧合下，我读到了建筑师彼得·C·冯·塞德林的故事，冯·塞德林曾在美国跟随密斯·凡·德·罗（Ludwig Mies Van der Rohe）学习，并和他一起工作。我想在这里会有很多关于建筑的知识可以学习。不久后，我就开始为冯·塞德林工作了，并参与了一些大型设计项目。从美学的角度来看，这些项目非常有趣。该工作室有着严格的等级制度，老板支配一切，对错误零容忍。当时，我的一位建筑师同事和我谈了很多关于设计和创作过程的问题。渐渐地，我开始考虑将设计作为一种职业选择，这也是因为当时年轻建筑师的收入非常少，现在也是如此。有一段时间，我一直在参加新成立的西门子设计师设计俱乐部的讲座，其中的发言人之一是设计师和图形设计师奥特·艾歇尔（Otl Aicher）。直到今天，我仍然记得艾歇尔在讲座上介绍1972年慕尼黑夏季奥运会，从门票到制服，所有的颜色和形状都是他设计的。我被他的讲座内容所激励，便又开始申请设计师工作。我想继续前进，这次是作为一名设计师，而不是一名建筑师。

经过漫长的寻找和多次申请，你终于获得了两份录取书。一份来自汉斯—维尔纳—里希特（Hans Werner Richter），他是乌尔姆学派的功能主义者，也是著名的多功能TC 100堆叠餐具的发明人。第二份录取书来自博朗公司的设计师迪特·拉姆斯，拉姆斯在看到你的作品集后立即被你的作品所折服。你选择了博朗，那么你对在博朗公司的设计师生涯有什么期望？

当时，博朗在慕尼黑有一个展厅，里面的所有博朗电器供人们试用。这些产品的美学设计引起了我极大的兴趣，我想知道设计师是如何进行这么成功的设计创作的。我还想掌握工业制造，正如包豪斯哲学已经教给我的那样。当时，塑料正在兴起，为工业设计师提供了无限的可能性。迪特·拉姆斯对我的作品集很感兴趣，大概因为我已经习惯了冯·塞德林的严格且清晰的工作模式。而我已经做出决定了，虽然里希特很有意思，但博朗才是我真正的目标，我认为我可以在那学习到更多新的知识。但我并不想草率行事，因为不久前我把我的女朋友也接到了慕尼黑。之后，我去找里希特征求意见，他的意见很明确："哈特韦恩先生，去博朗吧，那是更好的选择，最重要的是它是长久之计。"于是我接受了迪特·拉姆斯的工作，和我的女友结婚并一起离开了我们的梦想之城慕尼黑。

"只是假装服从安排"

现在你不再是一个建筑师，而是作为一个设计新手，你在博朗的第一次工作体验如何呢？

我一开始在迪特·拉姆斯的指示下，成为罗伯特·奥伯海姆的助理。但其实，我一点也不喜欢这样，我不想再做助理了。这让我的兴奋之情大打折扣，我甚至决定辞职。但另一方面，我当然想抓住这个机会，所以我留下来了，并采取了我认为相当聪明的策略：只是假装服从安排。但作为一个设计师，我还是很没有安全感，毕竟，这个行业对我来说是完全陌生的领域。我也一直担心会出问题，这给初学者的我带来了很大的压力。谁知道呢，也许在把我放到奥伯海姆的手下工作时，拉姆斯就已经想到了这一点，他想通过这种方式减轻我过多的任务。实际上，我和罗伯特·奥伯海姆之间的关系很好，我们既没有问题也没有任何争议。我坚持了下来，在之后的偶然一天我收到了人事部的一封邮件，我作为助理的生涯就此结束了。

你还记得你作为设计师设计的第一个产品吗？开发过程是怎样的呢？

我的第一个产品是一个可充电的夹式剃须刀。我的任务是在剃须刀底部的可移动盖子下集成一个插头，剃须刀要插在插座上进行充电，这种夹式原理在可充电手电筒中是非常普遍的。当时，我一直和弗洛里安·塞弗特保持着密切的联系，我很高兴能从他的工作中有所学习和收获。作为一个初学者，我从来没有收到任何博朗指南或其他有关博朗设计语言的规范。根本就没有指导文件，所以我别无选择，只能跟随弗洛里安·塞弗特和其他设计师学习。迪特·拉姆斯要求初学者深入研究模型制作，所以我一直在研究调整剃须刀的模型直到最优，这也是我第一次真正接触到模型制作。直到现在，每当我重新审视模型时，都会惊奇地发现，模型提前揭示了许多关于后来设备的操作和使用的情况。模型总是能提供真实的信息，说明产品是否真的适合消费者，是否能很好地为消费者服务。再好的效果图也不能取代摆在桌面上的模型的有效性，它还能让团队一起进行讨论研究。归根结底，模型就是真理，模型还可以拿在手上试用。事实上，对于产品设计师来说，没有什么比制作模型的效果更好，制作模型仍然是通往成品的最佳途径。

是在这个模型中，你创造了属于自己的第一个产品并推向市场的吗？

哦，没有！但现在回想起来，我的夹式剃须刀模型是在工业设计模型制作中的一个很好的教训。这个设计在部门内部受到了高度赞扬，最后它还吸引到了设计总监弗里茨·艾希勒的注意。尽管如此，夹式剃须刀还是没有生产出来，原因是我们发现这种剃须刀充电需要的时间过长，缺乏显示电池电量的指示灯，而且它的生产成本太高。但我确实获得了一点小小的成功，就是我对夹式剃须刀的剃须头的概念被博朗公司采用了，用在了另一款剃须刀上。顺便说一下，弗洛里安·塞弗特早就知道夹式剃须刀的结果如何了。

商标：根据模块化原则设计

彼得·哈特韦恩在担任博朗公司的助理之后，设计方向很快就从剃须刀转向了照相机和电影放映机。1974年，他设计了专业的Tandem投影系统，这是一个重达14公斤的幻灯片双投影仪，采用了压铸钢板外壳。这个项目实现了他所有的抱负。他回忆道："Tandem投影系统的功能本意是一个整体套件，真让人激动！投影机放置在一个箱体中，是可以堆叠的，当投影片放置在卡槽中是全封闭的，投影出的图像是无框的，并且实现了近距离内相互紧贴。该项目已经开展了一些时间，不过现有原型仍然相当不稳定。"来自开发和高保真部门的年轻同事合力提出了解决方案，他们合力创造出了一个杰作。

用于平行和立体投影的商业投影箱可以组合成整个图像墙，用于贸易展览演示。活动组织者理论上最多可以将16个集成串联的投影箱堆叠起来连接在一起，操作一个多视点屏幕。活动行业对于多个联动投影机能够发挥的作用评价较高。这些箱体可以相互叠加安装，排成半圆形，甚至可以安装在天花板上。"我真正想用联动投影机解决的是模块化应用。"不幸的是，幻灯片很快被视频取代了，所以双投影仪在市场上售卖的时间并不长。彼得・哈特韦恩最重要的个人里程碑式设计产品出现在1976年开始的5年后开发成功的Super-8有声电影放映机。Super-8有声电影放映机 "Visacustic 1000 stereo "被固定在一个用于运输的扬声器盒上，这也是基本设备的一部分。该装置也可以用作为附件的一个额外的扬声器来扩展第二声道的立体声播放。哈特韦恩1979年设计了投影机之后，紧接着就推出了"Visacustic 2000 stereo "，这也成为博朗公司最后一款电影放映机。

同年，彼得・哈特韦恩写了高保真音响设计史，并凭此在纽约现代艺术博物馆获得一席之地。他首创的可模块化扩展唱机系列 "atelier "一直生产到1991年。它是博朗公司生产和销售的最后一个高保真系统，并取得了令人尊敬的地位。由于其高质量和同质化的、细致的设计，高保真设备至今仍能在二手市场上卖出高价。模块化扩展唱机系列是唱机历史上最成功的设计之一。

OC3牙科护理中心再次证明哈特韦恩的系统性思维是以乌尔姆学校为导向的，也体现了他对模块化设计原则的偏爱。在哈特韦恩接手之前，口腔护理套装在公司内是一个相当不受欢迎的项目。彼得・哈特韦恩以务实、系统和创新来处理这项任务。该产品于1984年投放市场，在专家界被誉为 "小奇迹"。精心设计的私人 "牙科实验室 "由一个电动牙刷、一个口腔冲洗器和一个水箱组成。创新的亮点是磁力开关，可以被拆下来清洗，易于操作，主要部件的几何形状清晰可辨。

高保真的纽约客现代艺术博物馆

从1979年到1989年，您一直在高保真（HiFi）领域工作，设计着 "工作室 "系列作品。用户界面的高度复杂性对设计师来说特别具有挑战性，你是如何记住设计过程链的？

是的，对于高保真来说，很多东西都是预先设定好的。"工作室"高保真系列的开端是迪特・拉姆斯和我在1978年制作的RS1接收器。受乌尔姆设计学院的影响，单个元素的模块化扩展在博朗公司一直发挥着重要作用。因此，我们的想法是，对象不应该保持单个元素这一概念，而是应该从构建集合的角度来考虑。所以，我把接收器的发展作为设计元素纳入了新系列。弯曲的控制旋钮和所有唱机元件的整体外观非常平整。现在的问题是，我该如何处理所有的控制器？这是个令人头疼的难题。高保真设备主要由开关和旋钮组成，它们的操作必须直观明了。所以它需要逻辑性的秩序系统。我的指导思想是让一些日常使用不那么重要的功能消失在挡板后面，而只显示真正重要的控件，这将极大地减少开关和旋钮的数量。在背面，电缆也缠绕在一起，不忍直视，因此，电缆也被装在挡板后面。

当然，我已经猜到，后挡板会增加生产成本，这可能是最先就要求要节省的费用。我现在的诀窍是将侧板延伸到设备末端之外的后部，并将可自由挂钩的金属板的悬挂装置连接到悬空处。现在，电缆盖被整合到箱子里了，既实现了预先的功能也不会增加任何的费用。后侧看起来与前侧相同，只是没有旋钮。这样做的好处是 "工作室 "单元可以在房间里自由放置。我们在封面内侧印上了插头触点的名称。开关和控制装置一贯的用户友好和美学安排在当时得到了高度赞扬。当设计一个元素时，我总是自己负责产品图形和所有控制单元的逻辑顺序系统。我做这些事很开心。我会给开发人员提供不同的组织方式，然后他们会讨论出最佳的解决方案。

在从业36年后，您对年轻人有什么建议？哪些核心能力和核心价值对今天的设计师来说是重要的？

这取决于年轻人的个性。我总是能直接分辨谁和我相处得好与不好。培养对人的感觉很重要，找到一个对口单位，能对你的想法给予诚实的反馈，告诉你哪些想法可行，哪些不可行。每个设计师都需要有人对他说：这不是它的工作方式，可能要换个方式才行。设计需要公开交流。设计师和开发者需要相互尊重，进行公开对话，并建立彼此的信任。这不同于建筑业最终决定权永远在老板那里。

第九章　博朗的年轻设计师

一个对可持续发展的未来所负责的工业设计师

Phong与博朗设计师贾拉·弗洛恩德（Jara Freund）的对话

事实上，贾拉·弗洛恩德想要成为一名建筑师，直到一次偶然的机会，她找到了一份自己满意的职业。最初，学生时期的一次实习机会将她带入博朗家电设计部。在那里，她学会了手绘，领略了产品开发的过程。她被这里的一切迷住了，这段经历因此也改变了她对未来的规划。高中毕业后，她在达姆施塔特应用科学大学学习了两年的工业设计。在那里，她被引入设计美学概念的相关工作。在伊拉斯姆顿大学（Erasmus）学习了一个学期后，她转到比利时的西弗兰德应用科学大学（Hogeschool Howest），并沉浸在实践和方法的工作中。她在西弗兰德应用科学大学工作室的团队中从事研究、测试、原型工作，并在一天结束时创造出对应的产品对象。因此，贾拉留在了比利时，并在那里完成了她的学业，获得了工业设计的学士学位。2018年底，她成为了博朗家电的一名初级设计师。

你是如何成为设计师的？为什么选择成为一名设计师？这一切是怎么开始的？你之前了解过与工业设计师或产品设计师相关的职业吗？

幸运的是，我偶然发现了设计师这种职业。我原本打算学习建筑，但在高中的最后几年，我在博朗的设计部实习。我学会了如何画草图，了解了开发产品的过程。我完全被迷住了(现在仍然是)，并开始在达姆施塔特应用科学大学学习工业设计。在达姆施塔特学习了两年之后，我在比利时报名参加了西弗兰德应用科学大学的学习，完成了一个学期的课程。2018年，我毕业于比利时的西弗兰德应用科学大学，并获得了工业设计学士学位。不久后，我申请了博朗家居的初级设计师职位，且一直在那里工作。

你在比利时的经历怎么样？作为一个外国学生有什么特别之处吗？你认为这种跨文化的背景/经历对你现在和将来的工作有帮助吗？

我很高兴自己能够有机会在比利时的西弗兰德应用科学大学学习。我经历了一种全新的、非常受欢迎的文化，并了解了一种不同的方法/观点来学习产品设计。在达姆施塔特应用科学大学中，美学和概念工作是人们关注的焦点，这给我奠定了一个很好的基础来理解设计。另一方面，在西弗兰德应用科学大学，我看到了许多团队合作项目及其关于“动手”的态度，包括探索、测试、原型，并制作出了一些最终可行的东西。回顾过去，我感觉这段大学的经历让我对设计的理解更加深刻。

你在哪里做的设计实习？你是如何准备并如何决定在那里实习的？

我做过多次短期实习，从而能够在不同的角度看待工业设计师的工作。我从博朗家居的设计团队开始，体验了在企业内部设计团队工作的意义，理解了从草图到最终产品发布的过程。真的是一件事情接着另外一件，后来我加入了位于克朗伯格的博朗设计团队的模型室，开始了我的下一次实习。第二年，我在一家年轻的设计公司工作。不同的实习经历对我的工作决心和工作期望有很大的帮助。

对你而言，高中学生实习和设计专业的学生实习有什么不同？你是否认为实习经历越多越好？

大多数情况下，高中学生的实习时间很短，所以我必须在有限的时间里面付出我最大的热情，并在那段时间里完成自己的小项目。尽管这是一段短暂的经历，但这些经历能够帮助我对未来作出自己的决定。设计专业的学生实习是更先进和深入的，因为你可以在设计团队工作大概6个月，并接管各种业务，这真的可以帮助你获得很多经验，学习到很多在大学里无法触及的东西。是的，从这一点上说，我绝对认为你的实习机会越多越好。

你在博朗的第一个产品/项目是什么？与其他团队成员之间是怎样合作的？

我在博朗参与的第一个项目是一条早餐系列产品的设计。这意味着烤箱、水壶和咖啡机都具有一定的家庭设计特征。这个项目由资深的同事负责管理，而我作为一个刚加入博朗的初级员工，通过提出一些概念和想法来帮助他们共同完成。我与整个设计团队紧密合作，并参加了大部分的项目会议，以对项目进程保留深刻的印象，同时也得到了高级设计师的支持，完善了我的概念。

两年或三年之后，产品将推出并上架。

在整个过程中，你从资深设计师那里学到了什么？有什么让你感到骄傲的想法或细节吗？

这是一个成本驱动型的项目，所以有很多限制条件，也不太可能做出很特别的东西。不管怎样，我们找到了一个使它从竞争对手中脱颖而出的方法。

你从哪里得到了灵感？你是如何开始进行一项设计的？在设计最开始的时候，你是把自己的想法画出来吗？或者是通过什么其他的形式表达你的想法，从而使你的想法成型？

我是从了解产品开始的，通过线上研究分析市场上已经存在的设备的基本情况。此外，我使用Pinterest, Dezeen等平台进行头脑风暴，通过草图绘制，产生疑问。这是使想法切实可行的最简单、最快捷的方法。在草图中仍有许多解释空间，这或许会成为另一个好想法的开端。

我认为博朗的许多产品是市场的标杆。其中一些甚至在当时看起来是完美的。那你怎么办？

是的，有些产品在当时看起来很完美。但是时代在变，技术在发展，社会也有不同的需求。因此，及时了解最新的技术非常重要。测试产品可以帮助我们找到改进的新想法，并将创新的想法融入到新的设计中。

你的灵感来源于其他行业吗？还是说来源于你的爱好？

每件事对我来说都可以是鼓舞人心的。参观展览、博览会，甚至在一个新的社区散步，仔细观察我周围的环境，都给了我很多灵感，开启了我的想象力。我觉得通过旅行获得的来自其他国家的新印象对我的创造力提升也很重要。看看新的城市，让自己脱离常规或舒适的环境一段时间，可以真正激发创造力。

所以这些项目在你的脑海中一直存在是吗，甚至是在假期的时候？或者改天再调整一下自己？

虽然不是直接参与项目，但我总是对新事物保持开放的视野，在假期里，我经常会有很多新的灵感，我可以重复思考以激发我的创造力。这是很正常的，如果你被项目困住了，休息一些时间，调整一下思路会让你以全新的眼光看待事情。

新项目如何开始？你是否能够向我们简要描述您的设计流程，你有简报吗？

是的，大多数时候项目团队内部会有一个简报。

此外，新项目开始时，我从研究产品的基本功能和其他竞争性产品开始，放置一块情绪板，用来说明项目的愿景。我首先将最初的想法写在纸上，然后建立粗略的3D模型。当我产生新的迭代方案时会与团队沟通，重建建立或调整我的3D模型，它通常有助于预定模型、尺寸检验和展示。在内部，我们与其他工程师共享初步的研究成果，并将之进一步投入到测试和生产研发过程，根据他们的反馈，再做进一步的调整。通过这种方式，我慢慢地确定了整个产品及其细节。

看得出1：1的模型仍然是非常重要的，即使你可以做出很好的渲染效果图和使用最新的VR演示？

是的，当然了。把一个1：1的原型放在桌子上是我们最接近真实产品的方式。它是有形的，我们可以真实测试它。效果图和3D投影可以帮助将产品形象化，也可以用好的角度、良好的照明和背景将产品渲染。

做设计需要多久才能找到创意？从最初的想法到投入市场大概需要多久的时间？

其中的变数非常大。有时候一个想法突然就出现了，有时候它是一个漫长的过程。在早期阶段，只要产生迭代并且不被自己的完美主义所阻碍，就可以更快地达到目标。太过害怕“愚蠢”的想法会放慢你的速度，限制你的创造力。再往前走，你仍然有足够的时间追求完美。从一个想法到产品投入市场通常需要3年时间。但这也取决于项目的复杂程度。

你是否会同时进行许多项目？一般会同时进行多少项目？你如何管理你的时间呢？

是的，我会在同一时间做许多不同的项目。它的内容跨度很大，有些项目处于概念阶段，因此需要比其他项目更多的关注与维护。作为一名初级设计员，我协助很多项目，而并非只是参与进来，所以我可以更灵活地从一个主题跳到另一个主题，并在需要的地方提供帮助。对我来说，把事情的轻重缓急进行排序有助于我管理时间。

您如何评价设计或什么标准适用于好的/成功的设计？是什么让你的设计最终取得成功？

要评判一个设计，必须要知道设计是在什么样的约束条件下产生的。所以我认为设计的好坏不仅仅是一个审美意义上的决定。设计和艺术是不一样的，好的设计是找到一个解决方案，并结合功能、可用性、设计和可行性，创造出一个真正意义上好的产品。大多数真正优秀的设计都是不可见的，因为它们的目的是服务于用户，并能很好地融入周围环境。

所以你必须先尝试或对产品进行长期测试，然后再给一个合理的评级，是这样吗？

我这么说的意思是，当评价设计时，我要把产品创建时的那些参数考虑进去，例如工具、成本、可行性等。设计师需要面对这些限制条件，并找到最好的解决方案。当然，你可以第一眼就说这个设计是否吸引你，但完全凭第一眼判断一个设计是不可靠的。如上所述，一个好的设计不仅要满足美观性，还要满足功能方面的要求。

博朗设计部（克朗伯格设计工作室）有自己的工作室，就在设计师工作室旁边。手工制作的模型和机器CNC端原型对您有什么重要影响？

不幸的是，我们的模型店位于意大利的德龙总部，而不是在邻近的克朗伯格博朗设计部。然而，我们也在制作大量的模型。因为尺寸和比例很难通过屏幕判断，所以我们为每个项目订购泡沫模型，或者在后期，用3D打印设计模型。为了快速迭代，我们在办公室有一个经常使用的3D打印机。

你有时也在意大利的模型室工作吗？你是自己制作并调整模型吗？

不，位于意大利的模型室有一个模型制作团队为我们制作模型。我们会要求他们到我们的工作室，并在此期间进行密切的沟通合作，而我只能用办公室里的工具对模型做非常粗略的调整。

设计师在工作中与许多人都有接触，例如工程师、营销人员、董事会管理者、外部供应商等，在其中你能看到哪些合作的附加价值？

设计是产品开发过程中必不可少的一部分，涉及到来自所有相关学科的人。在一个拥有不同领域的专家和不同强项的团队中工作是一件很棒的事情。当然，这也具有挑战性，作为设计师，我们必须在这些部门和他们的专业知识之间找到妥协。

但是，如果将一个团队结合起来推动这个项目，那么最终能够实现的成果将是巨大的。我相信最好的设计师一定是一名善于团队合作的人。

你有没有和工程师一起工作的经历？作为一名初级设计师，你如何控制和平衡你的新想法与现实间的关系？

这是团队合作。你只有给予，进而才能够索取。就像一个关乎所有功能的乒乓球游戏。

哪些设计是你自己最喜欢的，为什么？

在我学习期间，我设计了一个叫做IMNU的挂钟（图9–1）。这个设计的重点在于时钟的指针。它们不是固定在表盘中间的大头针上，而是绕着圆周运行。钟面是一个很薄的圆盘，似乎漂浮在墙上。它看起来很简单，但我却花了很多功夫。

你认为博朗或其他品牌的哪些实用项目在设计师眼中是完美无缺的，以及为什么？

一直以来，我最喜欢的博朗产品之一是白雪公主的棺材SK4收音机—唱机组合（图9–2），尽管它并不是我从小看到大的产品，但它对世界和对设计的看法是非常革命性的。这是第一次，功能被集成到产品的外观中，而不是像以前那样被隐藏。设计变得更加诚实，而且使用一种像有机玻璃这样的新材料作为盖子是一个勇敢的选择。轻材质、金属包装和系统的控制组合，使得这个产品改变了对

图9–1　IMNU挂钟

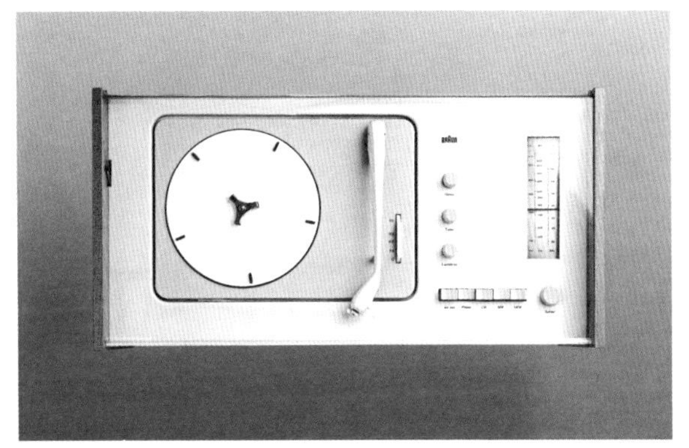
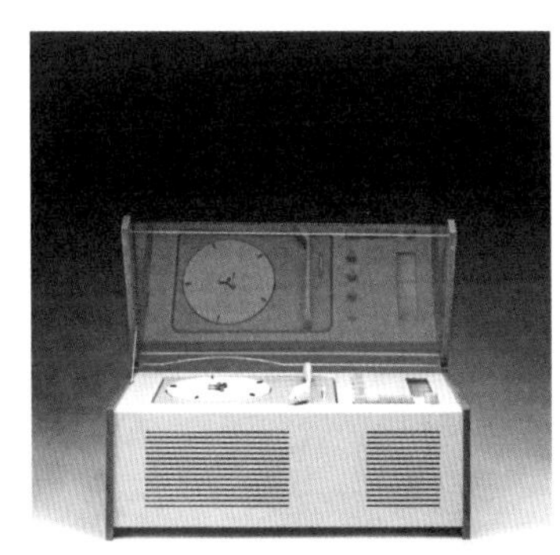

图9-2　SK4收音机—唱机组合

现代家居产品的理解，并启发了其他设计师。

迪特·拉姆斯的十个设计原则在世界上众所周知，那么就博朗设计团队内部而言，在设计过程中是如何处理这些原则的？

迪特·拉姆斯列出的十条设计原则是一个永恒的灵感来源，清楚地说明了什么是好的设计。博朗代表着创新、功能性的产品设计。因此，尽可能好地实现这10个论点，成为了博朗办公室日常生活的一部分。即使多年过去了，它们仍然非常有效，并且为讨论项目建立了一个很好的开端。

新的设计语言“纯粹的力量”以迪特·拉姆斯的理论为基础，结合了博朗的设计传统以及未来的努力方向，所以过去和现在我们都必须携手并进，从而创造未来的博朗产品。

你是怎么理解“纯粹的力量”的？

对我来说，“纯粹的力量”意味着专注于需要的东西，说服消费者，而不是诱惑消费者。“纯净的力量”也是博朗每位设计师都必须流利表达的语言。

我们想更多地了解一下为什么博朗设计被视为是标志性的、具有典型的设计语言，你能告诉我们它的更多内涵吗？

由于博朗拥有如此深厚的设计传统，人们仅仅通过看或使用一款博朗产品就能清晰地明白它的重要意义。我们不仅采用了彻底的简化形式，而且还利用了某些视觉元素来识别品牌，并清晰地将其与其他品牌区分开来。

然而，博朗正在不断向前发展，我们渴望通过定位未来、警醒过去，从而创造一些新的东西。通过这种结合，博朗产品就有了他们标志性的设计语言。

你的意思是，即使产品未标注商标，你还是能认出它是博朗设计的吗？

是的，这是最好的情况。博朗的产品会传输给人们尽可能多的设计语言，即使没有标志，它也是可识别的。

“注重细节”是如何成为博朗所遵循的原则的？

细节是非常重要的。特别是对于强烈简化的形式和产品，细节是至关重要的，细节赋予了产品灵魂。良好平衡的构图、色彩组合、哑光和光泽的表面、精确的对齐分割线和产品图形定义了一个好的设计。品牌识别的特征在于设计清晰度与细节精确性。

即使是细节，也会有这样设计的原因，对吧？就比如，表面处理会有抛光与哑光的选择。

是的，每个细节都是有意识、有目的的。

博朗自1990年开始建立了面向用户的设计主题，现在称之为用户体验。在当今，它依然是更优先的吗？或者说，在你的设计过程中是如何考虑它的？

良好的用户体验永远是产品设计的目标。为了实现这一点，设计师必须了解用户的需求。我觉得现在的设计师更多地关注如何通过设计来解决问题。他们更能意识到人们的需求和欲望，用户体验正从一个奇怪的观点向一个更能解决问题的方法进行转变。

所以即使一个产品只包括物理按钮，你也要考虑用户的需求吗？

一个物理按钮也是一个用户界面，也可以按照用户友好的逻辑方式来安排。用户界面不仅与屏幕绑定，更与发生在用户和产品之间的所有交互绑定。因此，考虑用户的需求并尽可能清晰地设计这种交互是非常重要的。使用测试部门尤其需要直接关注用户体验，他们的工作能够帮助我们更好地理解用户的需求。

德国设计以其纪律严明、条理得当以及有序的思维方法而广为人知。在设计中你认为自己是更为感性还是更为理性呢？

我认为自己是两者的结合。也许我是一个稍微理性一点的设计师，但是在情感部分也总是涉及其中。无论如何，在概念阶段的最开始，我总是感觉一团糟。很多新的信息与想法，很有可能限制了如何开始设计。在这个过程中，我试着一步一步地对所有的组件进行分类，并仔细地做决定。做出这些决定要有一个理性的基础，但在很大程度上它也受我的直觉的影响。因此，设计对我来说是一个非常复杂的过程，这是一项理性和感性交融的决定。这不是一条直线，巧合或灵感可以随时降临，让我走上一条完全不同的道路。与无形的工作相反，产出大多是干净的、系统化的、微小的。

这种良好的感觉应该是非常重要并十分特殊的。它从何而来？你是如何保持住你的良好感觉的？

我认为这种感觉主要来自于经验和反馈。我也相信视觉记忆可以被激发、培养成一定的方向，这也会影响一般的直觉。此外，自我反省也是保持这种直觉并让它成长的一部分。

在博朗家电做设计，你会觉得很单调吗？当工作/发现想法的过程变得很无趣的时候你该怎么办？此时这些想法从何而来？

2018年底，我开始在博朗家居工作。所以这个问题还没有发生在我身上，我不认为它会很快发生。特别是在头两年，有很多新的东西要学、要理解、要发现。我们的产品有不同的类别。在团队中，我们在这些类别之间切换，所以每个人的办公桌上都有不同的项目。这有助于保持新鲜感，在此基础上允许多样性发展。此外，我们通过与大学或设计团队合作来激发我们的创造力，我们每年举办一次设计合作活动，在那里我们探索未来的概念设计，并且不受限制地进行创作。

当然，10年后我也会问同样的问题：你总是喜欢选择你自己喜欢的项目？还是说老板替你选择的项目？

视情况而定。通常项目是由老板直接交代下来的，或者我直接从上级那里得到任务。然而，这也是非常灵活的，如果我对一个项目非常感兴趣，也很有可能参与其中。类似的事情总是会在我们的团队会议上进行管理，这种灵活性关键来源于团队内部的良好沟通。

如何定义你的设计活动？

对我来说，设计师意味着艺术感、好奇心和目标导向。我将设计作为一种解决问题的工具，并希望致力于如何为环境和人类做得更好，优化现有的产品，减少我们的负面影响。

可持续性现在变得越来越重要。我们都试图以一种可持续的方式来思考并设计，这也会改变你生活的一部分吗？

对可持续发展意识的提高无疑影响了我的工作和私人生活。我越来越明白了我们真正需要的是什么，明白了质量比数量更重要。同时，将焦点转移到真正需要什么，而不是可能需要什么，也符合博朗品牌的价值观。虽然不是对每一种潮流都抱有希望，但制作持久的设计是朝着正确方向迈出的一步。

哪些设计技能对你来说很重要？

作为一名设计师，开放的思想和好奇心可能是最重要的软技能之一。观察、研究、测试、发现不同的形式或使用方式是每个设计过程的基础。

技术知识与理解对于工业设计师来说有多重要？艺术品质也会有用/有帮助吗？

当然，掌握一些技术知识并且在生产技术等方面参与讨论是很有帮助的。但它也有局限性。作为设计师，我们正处在一个最有利的位置，去质疑我们一直以来所做的事情。因此，跳出固有思维模式，将知识和创造力结合起来，可以带来令人惊讶的新发明。

你之前接受过工艺培训吗？你是从哪里开始了解建筑、工具等的？

我们在大学里的学习是非常注重实践的，也就是说我们花了很多时间在车间里学习使用不同的机器和材料，通过这个过程，了解了物品是如何被制造出的。在大学课堂上学到的只是基本的建筑知识，而大部分关于工具、成本和构造的东西都是在工作中学到的。

工作中的哪个方面对你来说最快乐？

能做一些实实在在的事情，这让我感到很高兴。我看到了在一天结束时所做的事情，我看到了一种发展，这种发展有时快、有时慢，但总有我参与的过程是愉快的。

与我们这个产品快速抛弃型的社会价值不同，开发一种在技术和审美上都能经得起历史考验的产品是一件值得挑战的事。作为一名工业设计师，我想让产品带给人们快乐，让产品在使用和外观上都与众不同。只有这样，消费者才能爱上这个产品并深深地记住这个品牌。

作为一名设计师，你最喜欢的是什么？

就这个职业而言，我最喜欢的是成为一名创造者，从而积极地塑造我们的世界。设计师就像现代的发明家，因此会对未来生产产生很大的影响。我喜欢创新，喜欢质疑我们周围的事物。

你的工作是否提高了你的生活质量，或者我们也可以说，提高了你家庭的生活质量？

是的，因为我的工作给我带来了快乐，工业设计师的工作给我带来了快乐，我喜欢和我一起工作的团队。这份工作对我的生活质量产生了很大的影响，我很高兴找到了一个与我的热情如此匹配的职业。

做设计师改变了你的生活吗？作为一个富有创造性的人，你在日常生活中所遇到的最大的挑战是什么？

我喜欢做一名设计师，并不断地重新构思产品和物品。与艺术相反，世界是按照一定的实用和现实的规则运行的，这些规则在设计中是不能忽视的。这使它成为一个有趣的日常挑战。

你觉得"中国设计"这个主题如何？中国可以从德国设计中学到什么？

我认为设计并不是完全通用的。它深深植根于文化、社会和传统之中。因此，设计必须适应这个国家和它的人民，而不是与之相反。

你能说说有哪些对于中国来说是新的，并且是你感兴趣的设计吗？

我喜欢小米这个品牌，因为他们的产品非常纯粹，并且是必需品。我认为这个品牌的设计正向着一个非常好的方向发展。

作品集对于设计专业的学生和设计师而言非常重要。令人印象深刻的作品集是什么样的？你们对年轻学生有什么建议吗？

一个有趣的作品集能够展示设计的全过程，而不仅仅是最终产品或概念的效果图。了解设计师是如何思考和工作的、研究设计是如何进行的、在项目中哪些知识导致了哪些决策，这些都是非常有趣的。

你在网络等社交媒体上活跃吗？他们现在对设计学生和未来从业者而言的重要性是什么？

在我看来，如今在网络上露面是非常重要的。有许多网络平台都可以成为你的“垫脚石”。我也常常利用它们与其他设计师/机构联系，分享我自己的项目，或者是寻求灵感。活跃于社交媒体能让你跟上时代的步伐。

你对工业设计的未来如何预测？对于职业目标是成为设计师的这一类年轻人，你能为他们提出什么建议？

如果你想要作出改变，那就成为一名工业设计师吧。工业设计师可以在某种程度上决定我们如何体验并看待未来的世界。设计师通过设计所传达的思想，在很多方面都推动着社会进步。可持续发展、拒绝浪费以及低成本维护的理念都是通过设计加之于人们的，这对我们社会的进步有很大的影响。我希望我们的世界能够产生更多的变化。

每个设计都始于一个故事

Phong与博朗设计师吉安 · 卢卡 · 西维斯特里尼（Gian Luca Silvestrini）的对话

吉安 · 卢卡 · 西维斯特里尼出生于意大利的建筑师世家，他身边从小就聚集了一群富有创造性的人。在费拉拉大学（Ferrara）攻读产品设计学士学位期间，他还是一名自由职业者，负责为设计师制作效果图或3D模型，并陪同他们为客户做项目介绍，从而赚取一些额外的收入。他在米兰的马尔凯里大学（Politecnicio）攻读产品设计硕士学位，学习的最后一年，他在新伊森堡的博朗家电完成了为期六个月的实习。在那里，他得到了写硕士论文的机会。随后，他被公司正式录用为初级产品设计师。在采访中，他告诉我们，作为一名年轻的设计师，他是如何在一家以设计语言闻名于世的公司中保持自己的地位的。

你是怎么成为设计师的？这一切是怎么开始的？你之前知道有工业设计或产品设计专业吗？

在我很小的时候，就接触到了设计。我的祖父是一名建筑师，他对家具制作、产品修理，尤其是电子产品充满了热情。我的父母都在做全职工作，所以我整天都和我的祖父在一起画画、帮忙修理或建造东西。我的母亲也是一名建筑师，随着我逐渐长大，我开始在她的小公司里帮她打理一些事情。当时我并不知道有设计专业的存在，我以为建筑学是设计物品的唯一途径。我是在申请大学的时候发现的，这对我来说是一个很好的途径，一个很好的选择，因为它可以使我专注于我一直感兴趣的“小规模”物体。

你的童年一定很有趣。有一些非常传奇的意大利汽车设计师最初也是建筑师。当你还是个孩子的时候，你是否已经掌握了一些设计思维和技巧？

我认为修理东西是对设计思维的一种很好的训练。在我看来，设计过程和科学训练之间没有区别，它们都是通过观察一些东西、形成一个理论、开发一些工具来证明它。修复物品也是一样的：你的物品坏了，你要从原理上来解释为什么它不起作用，然后你尝试用创造性的方式修复它。然而修东西只是我小时候的一个爱好，我最大的爱好是画画，我还在很多方面都具有创意。我觉得这一点在你选择发展方向上是不一样的，因为如果你只是喜欢修东西，你就会成为一个工程师，但是如果你对美学也非常有热情的话，你就会成为一个产品设计师！

你的设计实习在哪里？你是如何准备的？你是如何决定去哪里实习的？

我在本科期间，为了能够赚点钱，同时提高自己的技能，我开启了自己的第一次实习经历。我曾经以自由职业者的身份为设计师的项目制作效果图或3D模型，并跟随他们一起进行项目展示。

后来，在我读硕士期间，我与博朗之间有一个合作项目，那是我第一次接触马库斯和Phong。我和另一位同学一起被选中进行为期6个月的实习，我很高兴地接受了这份工作，因为我特别期待能去国外体验一下不同的专业环境。后来，我的实习期从6个月变成了1年，因为我被要求在公司内部完成我的硕士论文，再之后我在博朗正式开始从事初级产品设计师的工作。

你第一次做自由职业者的经历是怎么样的？你从这些项目中学到了什么？博朗的实习经历对你来说怎么样？你能把你的硕士论文给我们展示一下吗？当你第一次计划去国外体验的时候你做了哪些准备？我想年轻的设计工业学生可能会对这个问题感兴趣。

我的第一次自由职业经历其实很随意，但很有趣。我认识几个专门从事灯具设计的设计师，他们先是在私下里形成设计概念，然后去一些公司展示，展示的效果栩栩如生。我在做学士论文时也尝试过同样的方法，我有一个关于旅行者摩托车的想法，我想看看是否能找到摩托车公司参与到这个项目中来，至少可以作为参照来询问技术和设计问题。所以我去了杜卡迪公司（Ducati），会有公司的一位导师带着我一起完成项目，并且和我分享了他的专业知识。

在博朗撰写的硕士论文在结果和方法上都和学校有很大不同。当我们是合作关系时，公司正在对很多主题进行研究，所以我必须选择其中一个。这其中有些主题是非常明确具体的，另一些则更灵活、更开放。我决定选择一些更灵活开放的东西，因为我想能够有机会表达我自己的想法和我自己的研究，而不是过多地关注一个已经确定的产品。我在签署的论文合同中被要求必须对结果保密5年，所以我在这里不能透露任何细节。对于一些学生来说这是不能接受的，因为他们想要自由地在作品集中展示他们的项目，但是对于我来说最终的结果并不是那么重要，我的主要关注点是和团队一起努力提高我的技能。

关于出国实习这段经历，我想要热情地把它推荐给每一个有能力的人，因为这是一个开拓思维、获得不同经历的机会。刚开始，当你搬到另一个国家，你不会说那里的语言，一切看起来都很困难，包括从使用洗衣机到打一个正常的电话这些小事。总的来说，我建议在实习开始前几周就先把家搬过去，这样你能够有时间适应这个城市，解决那些需要花费大量时间精力的小问题。我的另一个建议是，无论是在办公室内还是在办公室外，都要以积极的态度度过实习期，如果你实习得开心，享受这段经历，那么它肯定会给你带来好处的！

你在博朗的第一个产品/项目是什么？能够和其他团队成员一起工作是什么感觉？

我接到的第一份项目是在我实习的开始时，是关于一个蒸汽熨斗的。这对我来说是一个挑战，因为我对设计团队的工作流程一无所知。设计概念是独立的，但同时我们也在不断调整方向，每个人都可以随时回顾项目。在一次又一次的调整中，我学到了很多与博朗产品设计相关的方法和知识。这就是我们通常合作的方式，你必须开发自己的概念，但我们总是一起分享过程中的每一步，提高彼此。

你们是一个团队，同时也像是一家人一样，对吗？

我认为作为一个团队意味着互相支持。从一开始我就知道，个人生活比工作更重要。如果你不平衡两者，或者在两者间产生了冲突，你的工作也会受影响。在一个团队中，你应该尽量使自己开诚布公，而并非仅仅注重工作表现。

你从哪里得到灵感，并且你是如何开始设计的？你只在开始设计的时候用草图把自己的想法表现出来吗，或者说，你的想法是如何变得具象化的？

这取决于项目，但通常我总是督促自己从人们的行为和习惯中获得灵感，而不是从美学的方法开始。我喜欢观察人们如何使用物品，并想象他们如何根据我想要讲述的不同故事而去以不同的方式使用它们。对我来说，在没有故事或想法的情况下，我总是纠结于哪种形状才是最美丽的。

你会首先考虑场景吗？你是如何描述这个故事的？

是的，总的来说，我会试着想象一个场景，特别是想象出一个有趣的故事，想象我自己在使用这个产品，或者一个有着特殊的、有趣的理由去使用它的人。当我找到它的时候，我会试着去想象如何推动故事发展，如何塑造产品以强调某种特定的感觉或特定的使用方式。我通过自己使用或观察别人使用这些产品学到了很多东西，也从手摇搅拌器或咖啡机等产品中学到很多不同的方法。以自行车为例，有些人喜欢在周日下午和伴侣一起骑自行车，聊天，享受大自然；有些人喜欢全速下坡，为了肾上腺素而冒着生命危险。物体就是一辆自行车，但根据不同的使用者，它可以有不同的形状。这就是为什么我喜欢在项目开始之前想象人物和场景的原因，要发现的故事是如此之多，以至于仅仅以制作一个优美的形状的意愿开始是一件很遗憾的事情！

你的灵感源于其他行业吗？还是说源于你的爱好？

每个项目在灵感方面都是一项不同的挑战。在我看来，我认为每个设计师都会对同一个项目提出完全不同的解决方案，主要是因为每个人背后都有着不同的背景和经验。这也是我非常喜欢的地方，在这个过程中，有这么多不同的方法来解决一个问题或处理一个主题！

你知道的东西越多，就越容易为项目找到新的灵感。而且，你做的项目越多，你学到的东西就越多……这是一个非常刺激的循环！

你如何拓展你的视野？

在我看来，比较容易的方法就是通过朋友和你认识的人来拓展视野。我认为，拥有不同工作和背景的朋友有助于开拓思维，因为每个人都有不同的观点，喜欢不同的东西。当有人建议我做一项我从未做过的事情时，我从不退缩，因为这对我来说是一种乐趣。

如何开始一项新的项目？你可以简要地向我们描述一下你的设计流程吗？

大多数的情况下，在项目一开始，我们会收到来自市场部的要求，他们会提供我们一些所要进行产品设计的第一手资料，例如价格范围、应该具备的功能或应该遵守的技术限制等。在了解了市场部的要求并看了他们提供的资料后，我们开始进入设计阶段。这个阶段通常根据项目的复杂程度，由两名或更多的设计师进行设计。每个设计师一般只提出一个方案，然后我们会将这些设计方案进行整合，以确保我们能够尝试不同的设计方法。我们在策略上是统一的，这会让我们以更一致和更容易理解的方式呈现所有的想法。产品概念的展示不仅面向设计师，还面向所有项目团队成员，包括市场部和研发部。这样做的目的通常是选择一两个主要概念做进一步分析，在这个过程中，我们通常会对一些高难度的结构做出模型，以便更好地理解这些概念。而在选定概念后，通常由一位设计师负责后续的工作，这往往是耗时最长的阶段，一般需要几年的时间。所有的细节都需要检查与调整，因为有时候可行性或成本问题可能会极大地改变设计，所以以合适的方式坚持或调整概念是十分重要的。

做设计需要多久才能找到创意？从最初的想法到投入市场大概需要多久的时间？

当我上大学的时候，我总是把公司的设计过程想象得十分漫长，这与我在学习中实际遇到的情况相差甚远。然而，在开始工作时，我注意到设计过程实际上与我过去所做的没有什么不同，至少在最初阶段和头脑风暴方面是如此。这个阶段实际上比我预期的要快。一个产品的开发从概念到市场通常持续3年左右，而设计定稿通常是在6个月左右。这意味着思考项目的阶段大概是3周的时间，其余时间将与市场营销和研发团队一起改进并完善。

前三周你的工作强度有多大？

工作强度取决于很多因素，我从来不会把一整天的工作都用于同一项活动，因为这是一种非常奢侈的状态。通常情况下，如果我有3周的时间，我会花1周半的时间来做概念、画草图等，剩下的时间用于CAD工作和演示。但我并不是把所有时间都投入到概念上，也许我每天会花2到3个小时在这个项目上，我还有其他事情要做，第二天我又会接着做。从某种程度上来说，这是一件好事，因为我的大脑会进入一段休息时间，这更有助于新想法的出现。

你是如何评价设计的，或者说，你认为什么标准适用于良好的/成功的设计？是什么让你的设计取得成功？

一个设计是否成功是很难判断的，因为有些时候它取决于无法被设计师控制的因素，比如销售策略、广告投资、电子商务平台等。有时，有些很丑、很差的产品会在市场上很成功，也有些很好的产品却在市场上失败。从设计的角度来看，当我产生想法的时候，我会根据项目的目的，用不同的方法来判断一个设计是好是坏。有些公司更注重创新，而另一些公司则更注重于坚持良好的质量标准与符合产品范围的设计。它们有不同的优先次序，但我认为每种方法的共同之处在于，最终的结果都应该是美学意义上的，是关注每一个细节的，否则这个物体就没有存在的意义。

你有检查设计的清单吗？

不，我们没有一个真正的检查清单，每个产品都有不同的规格和属性，统一所有产品的检查清单是非常困难的。最后我想说，好设计的十条原则就是适用于所有产品的最佳清单！

博朗设计部（克朗伯格设计工作室）有自己的模型制作室，就在设计师工作室旁边。用手工制作的产品原型和用数控机床制作的产品原型相比，哪一个你觉得更好？

我认为这与CNC、3D打印或任何其他的原型技术无关，了解如何构建你的项目是非常重要的。我注意到其中的部分原因在于工作流程中的限制。能够用CAD软件建模是很重要的，但它不会带给你真实的感觉。

你有没有通过用泡沫做草图模型来检验产品的人体工程学和体积？

目前我们的空间有限，无法制作泡沫模型，但我们有时会修改一些现有的模型，比如在模型上添加一点油泥，从人机工程学的角度为模型增加一些小细节。一般来说，为了检验人机工程学和产品体积，我们将设计模型进行3D打印，所以这样我们就有了模型制作的第一感觉。有时，它们也需要一些细微的调整，这时我们可以手动修改，如添加一些油泥使手柄更舒适，但是其他时候只需要重新调整CAD数据并再次3D打印就好了，这样会更快。

设计师在工作中与许多人都有接触，例如工程师、营销人员、董事会管理者、外部供应商等。在其中你能看到哪些合作的附加价值？

我认为作为这个行业的设计工作者，与所有部门合作是非常刺激有趣的一个部分，它是产品即将成为现实的标志。当你进入概念阶段，一切看起来都是可能的、很容易实现的，但我认为最有趣的部分是在这之后，当你与拥有完全不同背景的人一起工作，使项目成为现实时。

除了设计技能和能力，你认为与其他部门的同事或外部合作伙伴合作时，还有什么是最重要的？

当你需要与其他部门或外部人员合作时，沟通技巧当然很重要。特别是在一个公司里，每个不同的部门都有自己的职责和责任，所以有必要与每个部门开诚布公的讨论。与设计部相比，市场部有着不同的优先级。研发部也有自己的观点，有时可能会与你自己的观点不同，但为了在过程的最后有一个好的产品，在不减少其他部门的工作的情况下寻找妥协点是十分重要的。如果你太弱，你就会接受一些妥协，这些妥协可能会让产品看起来更丑或与你品牌的DNA不一样。如果你足够强大并坚持自己的意见，最终的产品可能会更好，虽然它还会有一些其他的缺点，但这些缺点在设计阶段会被忽略或最小化。项目成员之间的平衡和尊重有时也会反映在产品上，重要的是要学习如何倾听设计、研发或营销等方面的不同语言，以便始终在团队中保持平衡和积极的情绪。

你个人最喜欢自己的哪项设计？为什么？

我最喜欢的设计实际上还没有投入生产，所以我想或许我不能提供许多细节！

然而，我认为其中很难有偏爱，因为，我观察一个产品越多，我就越习惯它，不知道为什么它看起来就不再那么特别，或者在我的脑海中出现了使它变得更好或与众不同的新方法。所以我会说，我最喜欢的永远是下一个。

我觉得你在第一年成长得很快。你觉得今天的你和刚来到博朗的你有什么不同吗？你有什么大的进展吗？

我认为我在最初几年取得的大部分进展都与概念之后

的设计过程，也就是当你开始深入产品细节时的这段设计过程有关。当然，与刚开始时相比，我可以更快更好地建模、渲染，但我最喜欢学习与产品的可行性和制造相关的东西。面对所有的挑战、技术上的限制这两点，是现在在大学里很难学到的东西。

你认为博朗或其他品牌的哪些实用项目在设计师眼中是完美无缺的，以及为什么？

我认为市场上还没有一种产品是完美的，最好是这样，否则就不需要进一步的创新和改进了。我们的市场上有很多产品，我估计他们都是出于不同的原因而生产出的。从索特萨斯（Sottsass）的Olivetti Valentine打字机（一款令人惊叹的情感产品，图9-3）到米歇尔·德·卢奇（Michele De Lucchi）为Artemide设计的Tolomeo灯（图9-4）或著名的博朗MPZ2柑橘榨汁机（图9-5），这些都是纯净、品质、永恒产品的典范。我认为产品就像人一样，每个人都有不同的东西可以教给你，没有人在每件事上都是完美的。

迪特·拉姆斯的10个设计原则在世界上众所周知，那么就博朗设计团队内部而言，在设计过程中是如何应用这些原则的？

这10个原则对我来说是牢记于心的。我认为需要强调的是，这些原则不仅适用于设计团队，公司其他部门相关人员也应熟知，因为设计需要与公司所有部门之间的参与来实现目标。设计部本身并不足以实现优秀的设计，我们只能在思考过程中考虑到部分的设计原则，只有所有团队成员都有相同的思维模式，才能让产品完美呈现。

所以你会一直遵循这十条原则，然后尽你最大的努力去说服其他团队成员，就像营销人员一样，是这样吗？这并不容易，对吗？

我认为对于设计师而言，最重要的是在每一个项目中尽自己最大的努力。或许一个项目并非会以可持续发展或创新作为工作重点，但是有时候，其他团队成员因为自己的工作背景很难领悟到设计的重点也是非常正常的，你就可以改变他们的想法，此时你不需要强迫他们就可以改变他们的想法，因为设计师所能做的就是将别人看不到、想不到的东西视觉化，这也是我所知道的唯一能够表达自己的愿景的方式，也是我自己遵循十条设计原则的方式。

图9-3　Olivetti Valentine打字样

图9-4　Tolomeo灯

图9-5 MPZ 2柑橘榨汁机(1972年)

为什么博朗设计被视为是一种标志性的、典型的设计语言，关于此，你能告诉我们更多相关内容吗？

我认为，一个设计要想被认为是标志性的，并不是简单地去掉每一个不必要的细节以达到一个纯粹而和谐的形状，而是你在这个形状中加入了诗意的成分，使其具有识别性和永恒性。在我看来，这也就是博朗的设计语言的特殊性和辨识度，因为它被认为是纯粹的、几何的、本质的，它围绕着一点，但又不断地研究如何赋予产品以诗意。如果你想真正赋予产品以灵魂，你需要有勇气用它来讲述一个故事。

诗意或多或少源于个人成就。你认为一个初级设计师需要多长时间来学习、运用博朗的设计语言及理念？

通常情况下，当你开始作为初级设计师工作时，通常需要1年或1年半的时间才能作为项目所有者开启一个项目。作为所有者，意味着你不仅要在概念阶段提供支持，还要负责整个产品开发，直到产品从发布进入生产阶段。这意味着你的团队公认已经准备好管理项目的所有细节，并有能力维护博朗设计语言。然而，拥有一个项目实际上只是一个开始，而不是你改进的终点。关于品牌理念或语言，总有一些东西需要去学习，一个项目所呈现的每一个新的挑战都是一个了解更多东西的机会。这不是你一个人独自完成的过程，每当我对做些什么产生疑问时，我都可以召开一次会议和所有的设计团队成员一起讨论该怎么做，从而做出一个大家都认可的决定。其中一个例子就是熨烫产品这一类别。一般来说，博朗的产品在颜色方面是非常中性的：黑色，带有一些灰色调的白色只是在几个小细节上有所呈现。然而，在熨烫行业，颜色是非常重要的，它们是人们选择购买的一个重要原因。此外，它的形状总体上更符合空气动力学原理，因为人们会追求轻盈的外观。在这种情况下，博朗语言必须面对一个新的挑战，并寻求一个妥协方案，但这并非由一个设计师所决定，而是整个团队的决定。简而言之，品牌的理念及语言是同团队成员一起成长变化的！

“注重细节”是如何成为博朗所遵循的原则的？

“注重细节”是博朗设计的关键元素之一，这是我们与大多数其他品牌的区别。从项目一开始，我们注定要关注细节，但这在执行过程中是有挑战性的，因为所有的技术约束都有可能把你的产品带向一个你不期盼的方向。我认为这一问题需用良好的沟通来解决。

一方面，在于你的设计团队，因为你需要确保所有不同产品都是一致的，比如图标、颜色、设计元素及按钮的形状等。另一方面，与项目团队的其他成员（如市场营销，特别是研发部门）保持沟通也很重要。在产品开发的每一个步骤中都会出现细微的变化，直到最后，重要的是要不断更新，以便能够纠正这些变化，并及时关注每个细节都应符合博朗设计语言。

博朗自1990年开始建立了面向用户的设计主题，现在称之为UX/UI，在当今，它依然是更优先的吗？或者说，在你的设计过程中它是如何考虑的？

我相信在未来，UI设计对任何一种产品而言都将变得越来越重要，即使它的时机取决于我们所谈论的产品。当然，以新一代咖啡机为例，它需要一个复杂的数字化界面，这仅靠工业设计师是无法做到的，因为他没有合适的工具来模拟每个细节的交互。然而，今天大多数博朗产品仍然有一个非常基本的界面（如开/关按钮或最大旋钮）可以用产品设计师的传统工具进行管理。

我个人不喜欢只把用户体验和用户界面设计联系起来。每个设计师都必须考虑到产品体验的每个步骤，他们只是在不同的层次上使用不同的工具。

我个人认为不一定非要用触摸屏或者某种新技术来提高用户体验。有时候保持简单的方式也不错，甚至可能更好。但博朗沿用传统方式的原因是什么？你们在内部多次讨论过这个问题吗？用不同的方法测试比较过吗？

在内部，我们一直在讨论界面和一些更智能、更技术性好的方法，我相信未来也会有更多的讨论。我们一直在研究这项技术在厨房或一般家庭中的潜力。然而，一个更复杂的数字化的界面应该证明它背后的功能，它首先应该为用户带来更强大、更明确的利益。我们使用一个技术并不是为了炫耀或声称更智能性，它应该是对人有帮助的，这样才是合理的。

德国设计以其纪律严明、条理得当以及有序的思维方法而广为人知。在设计中你认为自己是更为感性还是更为理性呢？

我想说，我努力想成为一个既感性又理性的设计师。我认为，没有规则和结构，什么也实现不了，这些都是设计过程的基本要素。但是一个理性的设计本身是很枯燥的，仅仅被认为是一个好的设计远远不够。每一款产品都需要一个灵魂，一种特殊的东西，它能赋予使用者一定的情感，而设计师的理性部分对此没有帮助。这也是设计团队中的每个人所教给我们的：可以抛弃所有的一切，但不要抛弃诗意。

你会比你的德国同事更情绪化吗？对你而言，做一个极具德国风格的设计会是一个挑战吗？

如何看待我， 这应该由我同事来回答！从设计的角度而言， 这很难说， 这也取决于我们对情感的定义。我们都关心产品的美感和质量， 试图深入到本质， 所以我不能说谁的设计最为 “德国”。 对我来说， 这是我从大学开始就一直遵循的方法， 在加入博朗之前就已经开始了。 我不喜欢不必要的细节， 我总是试图深入到基本的概念中去， 所以我可以说德国设计遵循了最自然的倾向。

你已经为博朗家居做了2年的设计，有时你会觉得很单调吗？发现想法的过程变得很无趣的时候你该怎么办？此时这些想法从何而来？

我自2018年开始在公司工作，所以时间比较短。我不知道，或许总有一天它会变得无聊，但到目前为止，我肯定不是这么觉得的。我们工作的一个重要部分就是产生新的想法，但这并不是唯一的部分。我们大部分的时间都用来提炼概念，与市场部和其他部门讨论，以改进和细化细节，这样我们就可以不断地改进我们正在设计的产品，而且所有的这些经验都将成为我们下一个项目的基础，所以，这是一个良性循环，它能够为我们的思考和创造带来新的可能性。

如何定义你的设计活动？

这取决于我在办公桌上的任务。通常早上一上班，我就会快速地回复那些最重要的邮件，处理一些紧急的文件，以保证我集中精力快速开启一天中具有创造性的部分。预留足够的时间去思考概念是很重要的，因为通常来说，你每天都很容易被收看、回复邮件等意想不到的问题分心。通常我会把最后几个小时用来做那些更容易完成的任务，或者是那些不需要太多思考但需要更多执行力的任务。

你现在同时在做多少个项目？看起来你很善于安排时间。

目前我正在负责7个项目，并或多或少地支持其他3到4个项目。我认为时间管理也非常重要，因为有时你一星期或更长时间都不会从研发部或市场部听到任何关于项目的消息，然后突然有紧急的活动要做。你永远不知道什么时候会有紧急的事情发生，尤其是当项目正处于高级阶段的时候，所以你必须注意留有足够的时间，以防更紧急的事情同时发生。管理时间对我来说尤其重要，这样我才能为提高自己的个人技能留下空间。当你必须在很多项目中做很多事情时，你很难腾出时间去学习新的建模/渲染技术等。特别是对我来说，我的职业生涯才刚刚开始，虽然每天都有很多的任务来分散我的注意力，但是，腾出时间提高技能对我而言仍然是最重要的事。

哪些设计技能对你来说很重要？

这取决于不同的人。每个人都有不同的技能，有些是非常实用的、可操作的，另一些则比较理论化。作为一名产品设计师，总的来说，我认为如果能够用实物模型或CAD软件独立地表现它们，以更好地进行造型把控是很重要的。但即使是在此之前，对你所将要设计的东西保持良好的敏感度也是很重要的，要寻找有意义的策略，以避免那些与你的品牌理念不一致的概念。

对于一个想要申请博朗公司设计实习的学生来说，你认为哪些设计技能是重要的？

一般来说，像建模或渲染这样的实践技能很重要，但在我看来，它们并不是最重要的。对我们来说，实习生是来学习的人，而不是什么都知道的人。我认为重要的是要打破固有思维，能够用新鲜有趣的想法为团队带来自己的观点和贡献。

了解技术知识对于工业设计师来说有多重要？

一直以来，我对这个问题思考颇多，现在也是如此。当然，对于设计师来说，对自己所要创造产品的技术可行性进行深入了解是很重要的，但我认为这在很大程度上取决于我们所说的哪个阶段。事实上，风险在于有时你可能会受到过多技术知识的影响，特别是在项目最初的头脑风暴阶段和创造性阶段。伟大的创意有时往往来自于某一类产品中的新人，他们有些幼稚，但同时他们更幸运地拥有不同的观点。尤其是在我们谈论创新和创意的时候，我总认为这是一种妥协。

从你还是一个孩子的时候，你已经可以帮助修理一些电子产品了，而且这些结构和许多部件对你来说并不陌生，是吗？

是的，我喜欢对产品的技术细节深入研究。在某些情况下，我也会逼迫自己发明一些机构或技术部件，但一旦概念已经被定义，这就更有用了。我的经验是，如果我从一开始就想要包含太多的技术限制，我就会毫无灵感地陷入困境，或者我会做出丑陋乏味的造型。我总是尝试在真正的设计灵感出现之后，尽量保留更多的技术部分。

艺术技能对你而言有用/有帮助吗?

在我看来，艺术技能绝对是设计师必须具备的。有些人更擅长素描，有些人更擅长造型等，但总的来说，我认为设计师的作用是创造美，提供一些想法，进而提供一个和谐的美学形状。不管具备什么艺术技能，重要的是要把每一个想法以一种愉快的方式传达出来，这样可以激发其他人对项目的热情。

你喜欢在纸上画草图吗?你总是会随身携带草图本和笔吗?

我喜欢在纸上画草图，但实际上我并非在任何地方都这么做。对我来说，画草图就像是在思考，我需要冷静，需要全神贯注，需要坐在一个好的位置，以便精确地表达出来。当我在做项目时，我会找一些时间在纸上勾画并评估我的想法。从这个角度来看，我真的非常老派，我并不会像电影里那样坐在树下或沙滩上画图!

工作中的哪一个方面让你最开心?

在我的经验中，当一个非常好的想法出现在我脑海里的那一刻就是最快乐的时刻。我认为，这种热情对设计师来说总是非常特别的，就像一种积极的推动力，有时它会让你忘记这个过程所带来的辛苦和压力。

作为一名设计师，你最喜欢做的是什么?

我喜欢的是，在设计中总有新的东西需要学习。特别是在大学的时候，每一个项目都和以前的项目完全不同，他们涉及的范围很广，很多都是你从来没有见过，所以你每次都要做一些你从来没有思考过的新课题。在公司里工作，虽然会缩小课题的范围，但道理是一样的。尤其是当你作为初级员工开始工作时，你能够有机会学习不同的东西。你被要求支持各个品类的工作，例如从熨斗到搅拌器。

你的意思是，设计师既是发明家又是探险家?

是的，至少从我的角度来看是这样。我认为对于一个设计师来说，不断实验是非常重要的，这并不意味着一定要去发明新产品，探索的方式可以是多种多样的，比如材料、质地、颜色或者光线。最根本的是要不断地给自己提问，不要把任何事情视为理所当然。我喜欢在项目结束时尝试做出比现在更好的东西，不管它只是一个颜色、一个小细节或一个全新的产品架构。

设计师这份工作改变了你的生活吗?作为一个具有创造性的人，日常生活中你所遇到的最大的挑战是什么?

我觉得一般来说，每份职业对生活方式的影响都是同样的。每个工作都有利弊，设计师也不例外。我认为，对于一个有创造力的人来说，最重要的挑战是如何处理好构思过程中可能带来的挫折感。在你没有寻求到好的想法之前，你不能说你做得很好，而当你不得不同时跟进更多的项目时，它就会变得更加具有挑战性。为了解决这个问题，我认为唯一的办法就是在生活中要始终保持积极良好的情绪。因为当你有压力时，当你被消极的想法所干扰时，好的想法是不会出现的!

听起来，你现在的生活非常丰富多彩。调整自己的心态，客观地去评判一个想法或设计是不是很重要?

客观地判断一个想法总是具有挑战性的，因为在这个过程中很容易青睐于一个想法，或者失去焦点，我认为这是一个关乎冷静与自我分析的问题。我总是试着从外部视角观察项目的某个阶段，就好像它不是我的项目一样，从而判断我是否发现了一些可以改进的点。或者考虑一个新的方向，以防旧的方向不起作用。

你觉得"中国设计"这个主题如何?中国可以从德国设计中学到什么?

我认为中国在技术执行、产品质量或总体设计技巧方面，没有什么可以向德国或西方国家学习的。在我看来，之所以到目前为止有所不同，是因为“羞涩”的问题。就像之前所谈到的标志性产品一样，一款产品的独特之处在于它的诗意，在于它所讲述的故事。而讲故事是需要勇气的，因为你需要站在一个有人喜欢、有人可能不喜欢的立场上。

在过去，这种“羞涩”在中国的设计方法中占主导地位，但今天的情况大不相同。我们现在说的是“中国设计”，而不是“中国制造”，这表明中国正在努力扮演积极的角色，有了更多的勇气去表态。说实话，这种如此古老而有趣的文化，如果仅仅在产品开发中起到执行作用，那就太可惜了，我很期待看到在未来会有许多产品被创造出来！

你如何看待大疆的产品？

我有一架大疆公司的无人机，叫Spark。我记得在我选择它之前曾做了准确的调研。我对比了市场上所有的型号以及我的兴趣点。老实说，与市场上的其他产品相比，大疆的产品是最好的。在我看来，正如之前所说，这是一个敢于表态的产品的例子。它的设计极具科技感，同时又具备足够的有机感。它不是一个只会听从一些命令的冷冰冰的机器，相反，它以一种更聪明、更友好的方式面对自己的造型与行为。我认为大疆在以人为本的设计方向上做得很好，新的产品系列恰恰证实了这一点。在大疆的产品中，总是会有新型号的无人机或其他产品推向市场，而且用户目标非常明确，沟通起来也很顺畅。你可以看到他们更了解不同用户的需求，并开发出适合这些需求的产品。

作品集对于设计专业的学生和设计师而言非常重要。令人印象深刻的作品集是什么样的？你们对年轻学生有什么建议吗？

我赞同作品集是设计师最重要的组成部分之一这一观点。在我看来，一部优秀作品集的秘诀在于时间。在我上大学的时候，经常会发生这样的事情：一些教授或者一些公司在参加完研讨会后，突然要求一些学生发送他们的简历和作品集。学生们通常在一两天内很快就准备好了。我认为作品集更应该被看作是一个活的文件，尽可能地保持更新，不断改进。开发一种你喜欢的布局风格是需要时间的。在大多数情况下，几个月过后原本的作品集就会变得有些过时，或者需要更新，因为在此期间你学到了新的技术。其他情况下，需要更新的不是布局，而是项目。通常情况下，最好是展示几个高质量的项目，照顾到每个细节，并以一种技能评估的方式进行展示。这并不需要在一两个晚上完成，如果你能多花几个小时来专注于它，它会给你留下更深刻的印象。

你在Facebook, Linked-in, Behance等社交媒体上活跃吗？他们现在对设计专业学生和未来从业者而言的重要性是什么？

说实话，我在社交媒体上一直不是很活跃。有时我会试着发布一些项目，但我从来没有动力，也没有足够的信心让它成为一种习惯。有时我想我应该在我的虚拟主页上多下功夫，但当我无法看见屏幕对面的人时，我又有点害羞，不想让自己太显眼。

我认为社交媒体不仅仅是用来提高知名度和找工作的，对于设计师而言，社交媒体更有助于他们分享自己的作品，并相互学习。每当你觉得自己擅长某件事的时候，网上搜索几分钟，你就会发现比你更优秀的人，他们会让你给自己设定下一个目标，并提供了一个学习更多东西的机会。

如果我要给在校生提一个建议的话，那就是，不要过于看重Linked-in等社交媒体上的点赞数和粉丝数，只要你一直尽自己最大的努力，对工作充满热情，迟早会有好事发生的。

你对工业设计的未来如何预测？对于职业目标是成为设计师的这一类年轻人，你能为他们提出什么建议？

预测未来是很困难的，但我认为对于一个年轻的设计师而言，未来最重要的将是适应新形势的能力。对于我们的社会而言，艺术的技术水平并非以线性，而是以指数方式发展的。在未来，这一点可能会变得越来越明显，并要求设计师能够使用更多特定的工具。在过去，要成为一名设计师，只需成为一名建筑师，你在任何情况下都要使用笔和办公桌。如今，建筑CAD和产品建模CAD之间的差别是很大的，从一个CAD转换到另一个CAD需要花费更多的时间。新的分支延伸出了新的专业，如今，对于一个产品设计师来说，想要成为一名用户体验设计师已经不是那么容易了，它需要适应精神和良好的心理素质，在我看来这将成为每个职业的必备技能。

参考文献 Reference

[1] [德]齐奥尔格·西美尔. 时尚的哲学[M]. 费勇，译. 北京：文化艺术出版社，2001.

[2] [法]亚历山大·德·圣马里. 理解奢侈品[M]. 王资，译. 上海：格致出版社，2019.

[3] 汪民安. 文化研究关键词[M]. 南京：江苏人民出版社，2007.

[4] 张小虹. 时尚现代性[M]. 生活·读书·新知三联书店，2021.

[5] Artur Braun. The Development of the Braun Design[J]. 第1st edition版. Design+Design zero, Hamburg: 2011: 4–47.

[6] Fritz Eichler. 10 theses on Braun design[J]. Annual report 1972/73 of Braun AG, Kronberg: 1973.

[7] 爱丽丝·劳斯瑟恩. 设计，为更好的世界[M]. 南宁：广西师范大学出版社，2015.

[8] [德]赫伯特·林丁格尔. 乌尔姆设计——造物之道 Ulm Desgin–The Morality of Objects[M]. 王敏，译. 北京：中国建筑工业出版社，2011

[9] Hartmut Jatzke–Wigand. The Development of the Braun Design Until 1965–an Exemplary Product Selection[J]. Design+Design zero, Hamburg: 2011: 110–129.

[10] Owen Hopkins. Jony Ive's legacy as the most important designer of the last two decades is assured[EB/OL]. Dezeen. 2019–06–28/2021–06–05. https://www.dezeen.com/2019/06/28/jony–ive–legacy–apple–head–designer/.

[11] Gary Hustwit. Rams[M]. 2018.

[12] Undercover Spring 2010[EB/OL]. The Fashionisto. 2009–06–19/2021–06–05. https://www.thefashionisto.com/undercover–spring–2010/.

[13] Chang E. UNDERCOVER–Spring/Summer 2010–T–Shirts[EB/OL]. Freshness Mag. /2021–06–05. https://www.freshnessmag.com/2010/01/13/undercover–springsummer–2010–t–shirts/.

后记 Postscript

借由东华大学–博朗暑期大师班，我认识了很多来自博朗公司的朋友，其中包括博朗中国的总经理宗延平先生，副总经理刘俊健先生，博朗总设计师Marcus，还有德龙集团（包括博朗、德龙和建伍）的总设计师Phong。第一次见到Phong是在大师班的开班仪式上，工业设计系有8位同学报名参加大师班，因此我们学校服装学院的吴翔教授也邀请我参加开班仪式，并告诉我博朗的设计总监Phong也会加入并给同学们上第一堂课。我本以为德企的设计师会是个金发碧眼的老外，结果到了教室才发现，讲台上的设计总监和我们一样，是个黑头发、黄皮肤的亚洲人。后来接触久了才知道，Phong的祖籍在越南，他在博朗是个传奇人物，也有着异于常人的经历。他4岁那年为了躲避战乱而去了德国，之后他的整个人生就在德国度过了。考大学的时候，为了方便将来找到工作，他就学了当时就业最好的机械工程，结果到了大三才发现，自己最喜欢的还是工业设计。于是他参加了博朗的国际工业设计大赛，而他机械的背景加上设计的天赋，一下子就被迪特·拉姆斯先生慧眼识珠，不久，Phong便被挑选进入了博朗设计部，一干就是将近30年。他的设计经历丰富，不仅发明了世界上第一款电动牙刷，同时也主持设计了包括电熨斗、厨师机在内的一系列叫好又叫座的产品。

我们打算一起写这本书是因为一次聚会。当时我校服装学院的王朝晖教授、吴春茂副教授和博朗公司的刘俊健先生都在场，大家难得见面，又都是喜欢设计之人，因此相谈甚欢，其间妙语连珠，对于即将赴德国参观包豪斯100周年庆祝活动满心期待。这时恰逢博朗公司成立100周年。博朗公司在过去的100年间代表着德国现代工业设计的发展，而迪特·拉姆斯先生也被很多人公认为是德国的现代工业设计领军人物。因此刘总提议，大家可以一起写一本关于博朗设计的书，把博朗这100年间的设计理念和产品发展介绍给大家。这显然是个好主意。大家商量后，就决定由我校两个学院的老师一起执笔。刘总说Phong也应该加入进来，我们都觉得这个提议好。于是刘总就承担起和Phong沟通的重任，没过多久就传来消息，Phong同意了，大家都很高兴。于是就有了这本书的诞生。

博朗在过去的100年间深入地介入了现代工业发展和工业设计理念全球化的推动，影响了几代人。

在这个阶段的发展过程中，博朗设计和生产了1000多件产品，其中很多产品都是现代产品的典范。甚至到今天，很多国际品牌的设计还常常会向博朗致敬，乔布斯本人特别推崇迪特·拉姆斯的设计思想，并把设计十准则作为自己的信条和公司所有产品的设计原则。更幸运的是，乔布斯后来遇到了一位与自己志同道合的下属乔纳森·艾弗(Jonathan Ive)，乔纳森目前已接替戴森担任英国皇家设计学院院长。作为苹果公司的首席设计师，乔纳森很好地沿袭了乔布斯的这些设计思想，使得苹果公司的产品获得全世界消费者的喜爱。其中，很多苹果的经典产品都有着博朗设计的影子，而这也是业界经常讨论的一个话题热点，但是博朗无论是公司层面还是迪特·拉姆斯本人都明确否认苹果对博朗有任何抄袭的行为。另一方面，乔布斯和乔纳森都公开承认受到拉姆斯的影响，反过来，在工业设计纪录片*Objectified*当中表示：苹果是为数不多遵循他的“好的设计”原则去设计产品的公司。

我们同时也要思考，是什么让博朗的设计成为了全世界优秀产品纷纷“致敬”的对象呢？究其根本，是其扎实的产品开发过程和优秀的设计理念。2019年我在博朗总部参观的时候，博朗现任设计总监Marcus告诉我们，博朗的一件产品的设计周期是三年。我对此感到很惊讶，在中国，没有哪个企业会给设计部门这么充裕的设计时间去完成一件产品的设计。在我们的设计部门，很多设计师脚下甚至放着一床被子，他们经常是加班加点地去完成一件产品的设计工作，对他们来说，这肯定是一种常态。某个国内知名品牌的消费类电子产品在全国开设了不少品牌专卖店，走进去里面是玲琅满目的产品，真让人怀疑怎样的设计速度才能达到。但设计真的需要这么快么？

博朗的产品一点也不便宜。即使是在发达国家，博朗品质的产品也代表着高端、高价。他们的产品不但用料考究，每一个细节也想得很周到。我曾经买过国内一个品牌的蒸汽熨斗，价格大概几百元钱吧，也算不上高档，但是谁不是抱着希望产品物美价廉的心态去选购的呢？刚开始这个熨斗很好用，蒸汽也很足，外观也挺时尚。不过用了差不多半年，我母亲就给我打电话说熨斗不出蒸汽了。我回家看了一下，它也并不是完全不能用，而是蒸汽变得很小。我是个怕麻烦的人，既然东西不贵，而快递去修理这种事情又过于麻烦，我也就懒得再找卖家。于是我就又买了另一个品牌的熨斗继续用了。没过多久，在陪家人购物的时候，我在一家服装店看到一个和我上次买的一模一样的熨斗。于是我问店员，你们的熨斗会不会用一段时间就蒸汽不足啊？她们立马说当然会，我突然就挺激动，看来不是我的运气问题啊！我又问她们那你们是怎么解决的？她们互相看了一眼后笑着说：“第一次不出气的时候我们就给售后打电话，售后和我们说，是熨斗中水的问题。因为有的地方水比较硬，比较容易产生水垢，因此气就出不来了。”这才恍然大悟。看着她们现在使用得这么顺利，我又忍不住问：”那后来怎么解决的呢？“她们说售后态度很好，告诉她们可以倒一些白醋，泡个差不多半天，熨斗就又能用了。我一听高兴坏了，回家之后照着试了试，果然可以。但是后来我又找来盒子里的说明书，却发现里面并没有讲到可能会有水垢阻塞，或是有了水垢之后的清洗办法。于是我又想了想，为什么以前买的一两百的熨斗反而没有这个情况呢？没过多久我就基本想明白了，便宜的熨斗并不追求大喷雾效果，自然气嘴可以做得很大。因为气嘴大，因此即使有水垢也不会容易堵塞。然而，几百块的熨斗勉强算是中端，因此也就要追求一下喷气速度。结果小口径气嘴碰到硬水，被堵的概率就比较大了。但是由于企业经验也比较丰富，因此他们很快就总结出来各种民间办法，于是也就很好地解决了这个问题。但令我疑惑的是，既然这是个问题，那么为什么不在产品开发的时候就将其解决呢？我想恐怕主要问题就在于我们的产品开发速度。试想，现在一般仅仅几个月的开发周期，哪里有时间留给设计师去慢条斯理地解决这些问题呢？同时，我们消费者也习惯了现在的快餐式消费模式，当我们碰到有问题的产品时，因为价格并不贵，因此通常会试着再换一个。但这样的设计动机和消费行为真的有助于我们开发出优秀的产品吗？后来在接触到博朗的熨斗后，让我对这个问题有了别样的思考。

我们学校的特色是纺织，这个专业在全国排名第一，同时我们的服装设计也是极其优秀的，在国内优秀服装设计师的培养上起着引领作用。有一次，博朗的设计师给我打了个电话，想让我试用一下他们的新款电熨斗。对于这个产品，其实我并不熟悉，我自己也不是此类产品的深度使用客户。但是因为有了前面的经历，我就想看看博朗的产品有没有考虑到这些问题，所以便答应了下来。第二天我就收到了一个大包裹，打开后产品的造型首先就惊艳到了我：大大的水箱和主机在一起。水箱的上表面有差不多15度的斜度，尺寸也挺大的，长大概有30厘米。水箱既是储水主体，也充当了底座。灰色磨砂的水箱表面虽然并不透明但看上去也很通透。熨斗的样式中规中矩，但是将这两个放在一起，却呈现出了一种新颖的形式。主机和水箱保型效果都很好，也非常注重箱体中间的倒角和各种转折。对于一名设计素养深厚的设计师来说，这样的面抬升或塌陷在结构和美学上都对设计对象有重要的意义。我们知道，如果是一个简单的立方体，就有12根线条。虽然说这种基本的立方体可以是我们的造型主体，但是我们视觉上会觉得12根线条过于简单。有证据表明，一个中型尺寸的产品通常需要200~300根表面线条，才会显得精致。而在立方体的上边缘做一次倒角则会增加8根线条；如果面的中间抬起和塌陷一个四边形，则会增加12根线条。所以一个有经验的设计师一定会将产品表面线条总数拿捏得很好。除了优秀的产品形态，这款博朗熨斗在使用体验上也很有特色，其中有三点我觉得非常好。第一，熨斗和底座之间有一个锁扣的设计，即一旦锁上，就可以在拎着熨斗的时候同时把整个底座一起拎起来。这样的设计既压缩了产品尺寸，又方便了产品在小空间内的移动。第二，整个产品的按键很少，所有的按键不过就是电源键和蒸汽大小的控制键。蒸汽大小的调节有三个键，分别代表大、中和小，档次的划分很清晰。而且涡轮级别的蒸汽力道十足，即使是用最小级别的蒸汽也让你有信心能够熨平任何衣物。当我研究到这个涡轮功能的时候，我就在想水垢的问题怎么办。果然，博朗没让人失望。第三个优点，就是它有一个水垢去除装置，这样每加7次水之后就可以一键去垢。研究完这款产品后确实能让人感受到其中包含着大量设计师的精力和时间，而且设计师对所有的细节都考虑得很清楚。这样一来，即使用户不看产品说明书，凭着对电熨斗的基本了解也能轻松使用产品。

当然这个熨斗也有着另外一个特点，就是贵。我在京东上看了下这个系列的熨斗，价格区间基本在4000~6000元人民币，远远超过了国内品牌的高端产品价格。根据国家官方数据，2018年中国的人均可支配收入为28228元，很难想象一个月收入不过2000多的主要消费群体会选择消费这样一件产品，所以在京东上这款产品的销量也很少，和其他品牌的爆款产品动不动100000+的销量相比简直不值一提。但从另外一个层面来看，我们国家在改革开放之后，一直是以出口型为主的经济类型，这几年虽然说要提高国内消费所占的比重，但并不意味着用廉价的低端电子产品在国内市场进行倾销就是好办法。这样做最大的问题在于国内消费力有限，因此设计的产品不得不与低下的消费力进行匹配，其结果就是功能缩水，进而粗制滥造。30年前，现在国内企业有一种生产模式叫来料加工。想想，这种模式除了让国家摆脱了落后的经济模式进入世界工厂，更重要的是全面提升了我们的工业水平。后来逐渐有些产品开始出口转内销，不仅仅是因为我们有庞大的市场容量，更重要的是老百姓的设计欣赏水准在逐渐提升，因此愿意花更多的钱购买更好的产品，而这种对产品评鉴的提升速度远远超过了发达国家产品进步的速度，所以现在的进口商品放在市场中也不会显得有多么新奇。从另一个角度看，这也得益于中国的产品正逐步走向世界。不过其中最大的问题是，在我们的制造速度逐渐加快和工厂管理日趋先进的同时，设计并没有得到有效的提升。这个时候最该走向世界的是企业的设计部门，尽管设计眼界和设计习惯通常需要很长的时间才能慢慢磨练，但是一旦进入创新阶段，这对企业的能级提升是无可估量的。

全书由东华大学唐智、王朝晖教授以及德国博朗公司负责人、博朗品牌全球首席设计师Duy Phong Vu教授共同编著。在本书的编写过程中，衷心感谢张璘为相关资料的整理与收集以及图片的修缮等做的大量工作。还要感谢张潇月、杨桪、唐英特参与了编写辅助及校对工作，黄建明、郎蕾、鲍文岚、詹诗熠、徐萌、曾雅雯、李慧芳、刘佳沁、李超群、袁权静梓参与了文献翻译工作。

唐　智